致 读 者

本书由中央军委装备发展部**国防科技图书出版基金**资助出版。

为了促进国防科技和武器装备发展,加强社会主义物质文明和精神文明建设,培养优秀科技人才,确保国防科技优秀图书的出版,原国防科工委于1988年初决定每年拨出专款,设立国防科技图书出版基金,成立评审委员会,扶持、审定出版国防科技优秀图书。这是一项具有深远意义的创举。

国防科技图书出版基金资助的对象是:

1. 在国防科学技术领域中,学术水平高,内容有创见,在学科上居领先地位的基础科学理论图书;在工程技术理论方面有突破的应用科学专著。

2. 学术思想新颖,内容具体、实用,对国防科技和武器装备发展具有较大推动作用的专著;密切结合国防现代化和武器装备现代化需要的高新技术内容的专著。

3. 有重要发展前景和有重大开拓使用价值,密切结合国防现代化和武器装备现代化需要的新工艺、新材料内容的专著。

4. 填补目前我国科技领域空白并具有军事应用前景的薄弱学科和边缘学科的科技图书。

国防科技图书出版基金评审委员会在中央军委装备发展部的领导下开展工作,负责掌握出版基金的使用方向,评审受理的图书选题,决定资助的图书选题和资助金额,以及决定中断或取消资助等。经评审给予资助的图书,由中央军委装备发展部国防工业出版社出版发行。

国防科技和武器装备发展已经取得了举世瞩目的成就,国防科技图书承担着记载和弘扬这些成就,积累和传播科技知识的使命。开展好评审工作,使有限的基金发挥出巨大的效能,需要不断地摸索、认真地总结和及时地改进,更需要国防科技和武器装备建设战线广大科技工作者、专家、教授,以及社会各界朋友的热情支持。

让我们携起手来,为祖国昌盛、科技腾飞、出版繁荣而共同奋斗!

国防科技图书出版基金
评审委员会

V

序　言

在现代高技术战争中,雷达已成为获取战场信息不可或缺的装备与手段。在雷达电子战中,雷达与侦察接收机之间是对立的"矛盾"双方。随着电子侦察技术、反辐射导弹技术的快速发展,雷达作为"矛盾"的一方,在日益复杂的电子战电磁环境中,自身受到的生存威胁愈加严重。低截获概率雷达功耗较低,并且采用频率捷变、复杂调制等技术,因而有效提高了雷达的战场生存能力,近年来得到了快速发展。而作为"矛盾"的另一方,电子侦察接收机的主要作用是在复杂电磁环境中自适应地感知周围的信号,并对其调制方式、参数进行分析、识别及估计,为后续对抗措施提供基础。低截获概率雷达的广泛应用使得电子侦察接收机对信号进行检测、识别及参数估计变得更加困难,处理结果的可信性也难以保证。因此,不仅需要对接收到的低截获概率雷达信号进行精确的分析,而且需要对处理结果的可信性进行分析与判决,以便提高后续处理的精确度。近年来,对低截获概率雷达侦察信号进行分析并对其结果进行可信性评估,成为电子战信号处理领域的一个研究热点。

由胡国兵、宋军、李昌利三位青年学者合著的《低截获概率雷达侦察信号分析及可信性评估》一书共 8 章,内容涉及低截获概率雷达技术基础、常用低截获概率雷达信号的特征分析与调制识别、信号参数估计、盲分析结果的可信性评估等,涵盖了低截获概率雷达侦察信号分析与处理的关键环节。本书涉及到的理论与方法,经典与现代交相辉映、相得益彰,不仅包括常用的最大似然、分布拟合检验,还包括新颖的分数阶傅里叶变换、Bootstrap、极值分布等理论与方法。本书理论推导与仿真分析相结合,并对算法工程实现的复杂度进行了估算。特别地,本书对常用雷达侦察信号分析结果的可信性评估问题进行了较为系统的阐述,提出了一些独特的算法。

作者在各自博士学位论文、博士后研究的基础上,紧密结合相应的科研项目与多年积累的研究成果,并对雷达侦察信号分析领域的最新成果进行凝练,构成了本书的全部内容。本书受国防科技图书出版基金的资助,具有较强的应用价值与较高的学术水平。相信本书的出版对雷达电子战信号处理技术的发展会起到一定的推动作用。

前　言

在现代电子战(EW)中,为了提高雷达的反截获能力,低截获概率(LPI)雷达已得到广泛应用。LPI雷达,由于采用低功率、大带宽、频率捷变及复合调制等技术,对非协作条件下EW中截获接收机的信号处理带来了极大的挑战。对EW接收机而言,必须在缺乏信号先验信息、低信噪比及有限观测时间等条件下,对截获信号的检测、调制识别及参数估计等进行盲处理。因此,除了研究高效精确的处理算法之外,还须对其分析与处理结果的可信性进行评估,以提高整个信号处理系统的有效性与可靠性。目前,对LPI雷达侦察信号分析及其结果的可信性评估已成为雷达电子侦察中的重要课题。

本书是有关统计信号处理理论在LPI雷达侦察信号分析与处理应用方面的专著。针对LPI雷达侦察信号调制识别及参数估计这一主题,书中重点介绍了LPI雷达的技术基础及信号模型,典型LPI雷达调制信号的识别、参数估计及其盲分析结果的可信性评估等若干重要课题。本书在总结国内外相关领域最新研究成果的基础上,结合作者近年来从事有关雷达侦察信号分析与处理方面的研究与应用实践,选取了一系列新的研究成果,具有一定的深度、广度和新颖性。

本书从组织结构上分为三个部分,共8章。

第一部分(第1章、第2章)为LPI雷达侦察信号处理基础。第1章概述了LPI雷达信号处理的历史与现状,LPI雷达信号处理及其可信性评估的意义、方法,并对本书的内容结构进行了介绍。第2章重点介绍了LPI雷达技术和典型LPI雷达信号的模型及特征。第2章是后续章节的基础,不仅分析了LPI雷达的截获因子和实现途径,还重点介绍了常用LPI雷达信号,特别是复合调制雷达信号的瞬时频率特征。

第二部分(第3章、第4章)主要介绍LPI雷达侦察信号调制识别与参数估计算法。第3章分别从简单调制信号与复杂调制信号识别两个方面介绍了常用LPI雷达信号的调制识别算法。针对复杂调制方式,重点阐述了线性调频/二相编码(LFM/BPSK)复合调制信号、频移键控/二相编码(FSK/BPSK)复合调制信号和S型非线性调频信号的特征及识别方法。第4章介绍了常用LPI雷达调制信号的参数估计算法。在总结LFM及BPSK两种单一调制信号参数估计的基础上,重点讨论了基于调制分离方法的LFM/BPSK复合调制信号及FSK/BPSK复合调制信号多参数估计问题,并对S型非线性调频信号的参数估计进行了初步探讨。

第三部分(第5章至第8章)涉及LPI雷达侦察信号盲分析结果的可信性评估方法。第5章介绍了正弦波频率估计的可信性评估方法。针对高斯白噪声背景下正弦波信号单次频率估计结果的可信性评估问题,分别介绍了基于局部最大势(LMP)检验及切比雪夫不等式(CI)的两种处理方法。第6章讨论了LFM信号盲分析结果的可信性评估问题,从时域与频域的角度分别介绍了循环平稳特性及纽曼-皮尔逊(N-P)检验两种方法。第7章从幅度与相位特征两个角度,分别介绍了相关累加模值曲线回归失拟检验、相关序列相位概率拟合分布检验及Bootstrap检验法三种BPSK信号盲分析结果可信性评估算法。第8章以LFM/BPSK复合调制信号为例,重点研究了复合调制信号的盲分析结果的可信性评估问题,介绍了基于相关谱峰值检验及相关谱极值分布拟合优度检验两种基于顺序统计量分析的处理算法。

附录部分给出了书中提及的部分信号模型及关键算法的Matlab代码,供读者参考学习。

本书第1章由胡国兵、宋军撰写,第2章至第4章由宋军、胡国兵撰写,第5章至第8章由胡国兵、李昌利撰写,附录部分由宋军负责整理,全书由胡国兵统稿。

本书是作者在博士后研究工作及博士论文的基础上写作而成的。成书之际作者由衷地感谢导师——南京航空航天大学的刘渝教授,感谢他多年来的培养和悉心指导,有幸在他领导的研究室中参加科研工作并得到锻炼使作者受益一生。同时,感谢周建江教授、张弓教授在作者攻读博士期间给予的学术指导。

衷心感谢河海大学的徐立中教授提供了优良的博士后研究工作环境,奠定了本书的写作基础。感谢美国新泽西理工大学的Ali Abdi博士及东南大学金石教授在访学期间给予的学术指导。此外,本书在写作过程中还得到了作者李昌利的博士学位论文指导教师——教育部长江学者特聘教授、国家杰出青年科学基金获得者、国家自然科学基金创新研究群体项目负责人、长江学者奖励计划创新团队雷达信号处理负责人、西安电子科技大学电子工程学院院长寥桂生教授的鼓励和指导,导师还欣然作序,在此向他致以最诚挚的谢意。

作者在研究和写作的过程中还得到了南京理工大学电子对抗专家赵惠昌教授、西安电子科技大学苏洪涛教授、东南大学赵力教授、厦门大学信息科学与技术学院邓振淼教授及作者工作过的南京信息职业技术学院王钧铭教授、王维平教授、顾斌教授、鲍安平副教授、丁宁副教授、李震涛副教授及现单位金陵科技学院田锦教授、胡兴柳教授、陈正宇副教授、姜志鹏老师的帮助与指导。课题组成员杨莉、吴珊珊及高燕三位老师帮助校阅了全稿,在此一并表示感谢。

本书得到了国家自然科学基金(61101211)、江苏省自然科学基金(BK2011837,BK20161104)、江苏省政府留学基金(JS2007)、江苏省高校自然科学基金（13KJB220003）、江苏省"333 高层次人才培养工程"科研基金（BRA2013171）、江苏省第十二批次六大人才高峰项目（DZXX022）、金陵科技学院高层次人才引进项目（jit‑b‑201630）及南京市重点学科（电子科学与技术）等项目的资助，本书的撰写是在以上科研工作经历的基础上完成的。

在此向所有的参考文献作者及为本书出版付出辛勤劳动的同志表示感谢。

由于作者的水平有限，书中难免会有不妥和疏漏之处，恳请广大专家及同行批评指正。

作者

2016 年 8 月 28 日　于方山下

目　　录

Contents

第 1 章 绪 论

1.1 电子战与 LPI 雷达

1897 年,古列尔莫·马可尼在英吉利海峡进行了人类历史上第一次无线电收发实验,从此拉开了无线电应用的大幕。20 世纪二三十年代,无线电应用的典范——雷达——开始出现在英美的实验室中和军舰上,并在第二次世界大战中得到了长足的发展和大规模的应用。

雷达是英文 Radar 的音译,源自 Radio Detection and Ranging 的缩写,本意即为无线电探测和测距。它被公认为是自 1608 年望远镜诞生以来远距离探测物体最伟大的发明。这种被誉为"千里眼"和"顺风耳"的装置在为人类创造美好生活的同时,更多地被应用于军事领域。特别是 20 世纪 90 年代的海湾战争、科索沃战争和波黑战争,直至 21 世纪初的阿富汗战争、伊拉克战争,雷达的作用愈显突出,几乎在一定程度上决定了战争的代价、耗时和胜负。与此同时,基于雷达的电子战(Electronic Warfare, EW)系统已成为现代战争中不可或缺的要素。EW,指的是敌我双方争夺电磁频谱使用权和控制权的军事斗争,包括电子对抗与反对抗、电子干扰与反干扰、电子侦察与反侦察等,其具体内容如图 1–1 所示[1]。

电子战中,任何一方都希望己方雷达在有效探测对方目标的同时,尽可能不被对方侦察和截获,以占据战争的主动权并提高自身的生存机会。在这样的需求下,低截获概率(Low Probability of Interception, LPI)雷达应运而生。LPI 雷达的定义是:"在雷达探测到对方目标的同时,对方截获到雷达波的可能性小。"低截获概率雷达方面的理论研究和探索源于电子战领域的 Robert G. Siefker 于 1979 年发表的一篇题为《隐身雷达的截获》的论文,随后,英国伦敦大学的 J. R. Forest 在 1983 年发表了 *Technique for Low Probability of Intercept Radar* 一文[2],他把 Robert G. Siefker 的低截获概率方程转换为雷达工程师所熟悉的形式,从而大大推进了 LPI 雷达的研究和实验。

随着信息技术的发展,电子对抗的激烈程度与日俱增,LPI 雷达面临的电磁环境越来越复杂,这促使世界各国愈加重视 LPI 雷达技术,事实上,LPI 雷达的发展与针对 LPI 雷达的电子侦察信号处理的研究是同步的[3,4]。在 LPI 雷达及其电子侦察信号处理方面,国外开展的研究较早,以美国为首的发达国家处于领先的地

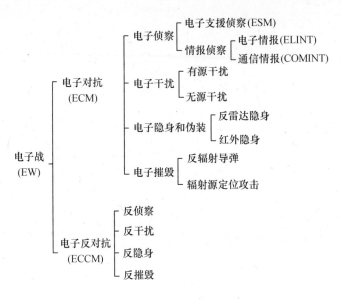

图1-1 电子战的内容与分类

位。目前,美国在 LPI 雷达侦察信号处理领域的技术已形成较完整的体系,且日益成熟,主要表现为信号处理的灵敏度高且动态范围较大,其信号处理的频率范围已涵盖 100kHz ~ 80GHz,灵敏度可达 -110dBm,动态范围约 95dB,截获概率高于 95%[5-7]。在复杂和高密度的电磁环境中,其电子侦查设备亦能准确地进行信号识别和调频电台的分选,还能对微波、超短波及短波波段内的辐射源进行识别和分选,并精确地估计频率、方位及其他技术参数,从而确定辐射源的位置、活动频率和威胁等级。其主要的电子侦察设备和系统,如早期美国休斯飞机公司的边跟踪边扫描雷达(TWSQR),翡翠雷达(Emerald),E-3A 预警机机载雷达(AN/APY-1)和 AN/FPS-117 雷达等。此外还包括著名的美军空中预警与地面整合系统(Advanced Electronic Guidance Information System/Airborne Early-warning Ground Integrated System, AEGIS)即"宙斯盾"系统 AN/SPY-1 被动电子扫描阵列雷达;洛克希德·马丁公司和波音公司为"猛禽"F/A-22 机型定制的 AN/ALR-94 被动探索与综合电子战系统等。美国目前服役的电子侦察信号处理设备还有 AN/ALR-45、AN/ALR-45f、AN/ALR-56、AN/ALR-62、AN/ALR-66、AN/ALR-67 和 AN/APR-49(V)机载雷达告警接收机,AN/W-R 系列和 AN/SLQ-32(V)舰载告警侦察接收系统,AN/TSQ-109、AN/TSQ-112、AN/TSQ-114A 和 AN/MSQ-103A 地面侦察接收系统[8-11]。

除美国之外,世界其他军事大国也十分重视并积极研究 LPI 雷达设备和系统。典型的有俄罗斯的"警笛"系列机载雷达告警接收机,"万专"系列雷达侦察设备和 P 系列通信侦察设备等地面侦察接收系统,"砖"系列和"甜酒桶"舰载电子侦察设备;英国的"后卫"、ARI18223 和 ARI18228 机载雷达告警接收机,"轻剑" – 2000

防空系统,AR-3D 雷达,"马提尔达""海上救星""苏斯""短剑"和 RDL 系列舰载告警侦察接收系统,"巴比坎"地面自动战场雷达方位截获分类与分析系统;法国的 BF、"依利沙"系列、TRS-2215 雷达、DR3012、DR4000 和 TRC 系列告警侦察接收设备;荷兰飞利浦研究室的"领航员"(Pilot)雷达,Nobel Tech 公司的 Pilot MK2 雷达。此外,还有以色列埃尔塔公司的 ELM-2258 轻型相控阵雷达,意大利的 RAT-31S 雷达等均采用了 LPI 技术[12-16]。

从 20 世纪 80 年代起,我国开始进行 LPI 雷达相关的探索实验和相应的电子侦察信号处理研究,由于软硬件条件的限制,当时只是进行了基础性的研究,实验也仅限于近距离场景,性能上与理论值相差较大。近年来,随着经济与科技实力的提升,我国在 LPI 雷达方面的研究也取得了一定的成果,并相继实验成功且装备定型。如采用了伪随机调相连续波与单一脉冲测角复合体制雷达,其最大作用距离大于最大截获距离,雷达波不易被侦察接收机截获。此外,我国的 LPI 雷达也开始采用码型捷变、功率管理、载频随机跳变以及单脉冲测向等防截获措施,这些方法的应用对改善雷达的低截获性能大有裨益[16]。同时,在某些新体制雷达中,复合调制方式的雷达信号也逐步得到运用,如频率编码/二相编码(Frequency Shift Keying/Binary Phase Shift Keying,FSK/BPSK)复合调制信号[17, 18]、正弦调频与相位编码(Sine Frequency Modulation/Phase Shift Keying,SFM/PSK)复合调制信号[19-21]、线性调频/二相编码(Linear Frequency Modulation/Binary Phase Shift Keying,LFM/BPSK)复合调制信号[22, 23]以及 S 型调频非线性调频(Nonlinear Frequecy Modulation,NLFM)信号[24, 25]等,复合调制信号一般都兼具多种优点,具有比单一调制方式信号更大的时宽带宽积、抗干扰特性和 LPI 特性等。例如,在现代军事雷达系统中广泛应用的 FSK/BPSK 复合调制信号,不仅具有 FSK 信号载频捷变的特性,还具有 BPSK 信号的高分辨率、易于实现和抗干扰的优点。此外,FSK/BPSK 复合调制信号具有更大的时宽带宽积和 LPI 特性,在现代雷达系统中的应用越来越广。再如,某现代预警机系统中采用的 LFM/BPSK 复合调制信号不仅解决了雷达脉冲作用距离与距离分辨率之间的矛盾,而且对多普勒频移不敏感,其 LPI 雷达特性也较单一调制方式更加优越,这种复合调制信号在我国现代雷达中的应用越来越广,这些应用与相应的侦察信号处理研究相辅相成。S 型 NLFM 信号从本质上可认为是 S 型三角函数(正弦或正切)与线性调频的复合调制,它通过在脉冲两端增加频率调制变化速率,在中心减小频率调制变化速率(或相反的调制方法),可以不需要频率加权滤波来抑制时间副瓣[24],而且该类型信号的识别和参数估计的难度也大大增加,从而提高了雷达的战场生存能力。LPI 雷达及其电子侦察信号处理的研究和实验凝聚了许多高校和科研院所研究人员的心血,如中国电子科技集团、中国航天科技集团、国防科技大学、电子对抗国防科学技术重点实验室、电子科技大学及西安电子科技大学等都在 LPI 雷达领域做出了一定的贡献[26-28]。

1.2   相关技术的研究现状

LPI 雷达侦察信号的检测、识别和处理是雷达电子对抗和电子支援的核心任务，通过对截获信号的分析、处理，可以了解对方战场的电磁环境和作战意图，为我方提供直接有效的电子支援和决策依据。因此，围绕 LPI 雷达信号的分析与处理（截获、检测、识别等）及其结果的可信性评估两大领域，国内外研究人员展开了深入的研究，并提出了若干有效的方法。

1.2.1   LPI 雷达侦察信号的分析与处理

目前 LPI 雷达信号分析与处理的方法主要有能量检测法、小波变换法、多种时频分析法、分数阶傅里叶变换（Fractional Fourier Transform，FrFT）法、高阶统计量法（含谱相关分析法）以及其他信号处理法。

1. 能量检测法

能量检测法的典型方法是时域自相关方法，属非线性检测器，是一种传统的 LPI 信号检测方案。其基本思想是在高斯白噪声环境中，信号与噪声之和的能量大于噪声能量，然后选择合适门限实现信号的检测，这其中需采用辐射计。由于辐射计没有信号的脉内结构信息，因此，它比雷达接收机受失配影响小。若噪声没有将信号淹没，在无任何先验知识的前提下，能量检测法是最优的[9, 29, 30]。但是，能量检测对强干扰敏感，特别是信号被噪声掩盖时，能量检测法将失效。

2. 小波变换法

小波变换（Wavelet Transform，WT）是将信号的表征变换到另一个域——度域，进而用时间和尺度联合描述信号。采用小波变换处理 LPI 信号有许多优点：由于小波变换是线性变换，因此不存在交叉项影响；小波变换有变化的尺度，适用于处理非平稳信号等。文献[31，32]分别提出时间 – 尺度能量分布、双树（Double-tree）算法对 LPI 信号进行检测，文献[33]采用移不变小波进行干扰项抑制，文献[34]采用小波进行信号降噪处理。小波变换在 LPI 信号处理的各领域都具有广泛的应用。

3. 时频分析法

傅里叶变换只能全局地描述信号在频域的能量分布，为克服这种缺点，人们提出了时频分析方法。时频分析的基本原理是采用时间与频率的二维函数来描述信号，从而更清晰地表达出信号在不同时间和不同频率点/段的能量分布状况。典型的时频分布有 Wigner – Ville 分布（Wigner – Ville Distribution，WVD）和短时傅里叶变换（Short Time Frequency Transform，STFT）等。采用时频分析法处理 LPI 信号，其主要优点是提高时频分辨率。针对 WVD 处理过程中易产生交叉项的干扰，

4

文献[35]基于 Gabor 展开,采用 Gabor 原子的 WVD 来消除交叉项,取得了较好的效果。文献[36,37]将上述方法进一步推广到尺度域,从而产生线性的时间 – 尺度分布。

STFT 的原理是采用滑动的时间窗函数和傅里叶变换来分析有限时间宽度内的信号特性,其前提是假设信号在时间窗函数内是平稳的。STFT 变换运算量较小,原理简单,易于理解,但也存在一定的缺点:若信号的频谱分布不规则且在一定范围内变化较快,则很难找到合适的时间窗函数来满足信号在窗内近似平稳的假设前提。为此,人们对 STFT 进行了改进和应用的一系列研究。文献[38]采用自适应长度的 STFT 算法分析 LPI 信号,采用的窗函数是含有控制参数的高斯窗,这种方法在处理时变信号时具有一定的自适应能力。文献[39]将 Radon 变换与 STFT 相结合,提出了一种基于 STFT-Radon 变换处理线性调频信号。文献[40,41]则将 STFT 与神经网络算法相结合,实现了非平稳噪声中的信号检测。

此外,文献[17,21]采用 Zhao-Atlas-Marks 广义时频分布(Zhao-Atlas-Marks Generalized Time Frequency Representation, ZAM-GTFR)对复合调制信号进行检测和参数估计,由于 ZAM-GTFR 对相位变化极其敏感,且具有交叉项抑制的能力,因此,在处理含有相位编码的 LPI 信号时取得了良好的效果。

4. 分数阶傅里叶变换法

分数阶傅里叶变换(FrFT)是传统傅里叶变换的一种广义形式,传统傅里叶变换可以看作是信号在时频平面逆向旋转 π/2 到频率轴的投影,而分数阶傅里叶变换则是信号在时频平面旋转任意角度后在分数阶域的投影[42-44]。通过在不同旋转角度的投影,人们可以从更多的角度来观察和研究信号特性。此外,通过研究发现,FrFT 可以理解为线性调频基的分解,而且是线性变换,使得 FrFT 特别适于处理 LFM 信号,或含有 LFM 信号的 LPI 类信号。文献[45]采用 FrFT 实现了多分量 LFM 信号的检测、分离和参数估计;文献[46]为解决非标准 FrFT 系数的计算问题,提出了单点快速算法;文献[47,48]分别采用 FrFT 对线性调频/伪码调相(LFM/PRBC)复合调制信号进行检测和参数估计均取得了良好的效果。为进一步提高参数估计精度,相关文献采用插值方法修正 FrFT 的参数估计精度,一定程度上克服了离散变换过程中的"栅栏效应",从而使得 FrFT 离散化的计算方法日趋成熟,基于 FrFT 的 LPI 信号处理已成为国内外学者的研究热点[49]。

5. 高阶统计量法

高阶统计量具有对高斯噪声不敏感的特性,因此可以较好地抑制高斯噪声,这使得它在 LPI 信号的截获、检测和参数估计方面具有优势。高阶统计量法主要包括高阶累积量法和谱相关分析法。文献[50,51]采用高阶累积量和匹配滤波相结合的方法实现低信噪比下信号的检测;文献[52,53]分别采用高阶累积量实现了 LPI 信号的检测、识别和还原。

谱相关法的基础是 W. A. Gardner 等在循环平稳分析理论领域所做的研究[54-58]。该方法本质上也是一种高阶统计量分析法,在信号循环平稳的条件下,谱相关法具有谱分辨率高和抗干扰的优点,能够从噪声中识别多个信号,因此它已经广泛用于 LPI 信号检测、分类和参数估计等领域。文献[59]较早地研究了信号谱相关函数的推导方法及快速算法,为该方法的工程应用和快速实现奠定了基础;文献[19,20]对伪码 – 载波调频信号及几种相近信号的谱相关函数进行了推导研究,并基于谱相关法实现了伪码 – 载波调频复合信号的识别和参数估计;文献[56]基于谱相关方法建立了信号检测的框架,并研究了各检测方法间的联系。此外,也有学者采用谱相关法实现侦察信号的测向、识别和参数提取等[60,61]。

除上述各种方法外,还有诸多方法被应用于 LPI 雷达信号处理的降噪、检测、识别、分类和参数估计中,如离散 Chirp Fourier 变换(Discrete Chirp Fourier Transform, DCFT) 及其修正算法[62],线性正则变换(Linear Canonical Transform, LCT)[63,64],分形技术[65],卡尔曼滤波与粒子滤波[66,67],神经网络与混沌信号处理[68,69],等。

1.2.2 信号盲分析结果的可信性评估

1. 可信性评估的内容与意义

在电子侦察的特定条件(无信号任何先验信息、低信噪比)下,对所截获信号的调制识别、参数估计等只能进行盲分析。显然,分析与处理结果的可信性将对信号的分选、定位与跟踪及辐射源识别等后续环节处理的效果产生影响。实际中,由于针对不同的调制方式信号解调所采用的具体参数模型、算法也有所不同,因此错误的调制识别结果将使得算法与模型之间产生失配,导致参数估计误差变大,得到无效的处理结果。如信号分选时,雷达脉冲字(Pulse Discription Word, PDW)中信号调制方式及其他脉内参数都是重要的分选依据,可信性不高的处理结果将会降低信号分选的可信性,并直接影响辐射源识别及其他后续处理环节的性能。从某种意义上说,低可信性的信号盲分析结果在一定程度上会带来战术上的误导与战略上的误判,导致处理资源的浪费,从而影响整个信号处理系统的有效性与可信性。因此,对信号盲分析结果可信性评估的目标是在无信号调制方式及参数先验信息的条件下,检验分析结果是否正确、可信。目前,对这一问题的研究已成为电子侦察界及认知无线电(Cogntive Radio, CR)中面临的一个新课题[70-73]。

非协作条件下,信号的盲分析首先要进行调制方式的分类识别,一般情况下,参数估计是在调制方式识别之后完成的。因此,盲分析结果的可信性分析包括两个层面:一是调制方式识别是否可信;二是参数估计是否可信。两者从某种意义上是相互影响的。如果调制方式识别错误,则由于模型失配,必然导致参数估计错误;而参数估计误差的大小也可表征调制方式识别结果的正确与否。

2. 信号盲分析结果可信性评估的研究现状

从目前公开的相关文献来看,信号盲分析结果可信性评估的相关研究成果主要可分为对信号检测结果的可信性评估、对信号调制方式识别结果的可信性(度)评估和对信号盲分析结果的可信性评估。

1) 对信号检测结果的可信性评估

认知无线电信号的频谱感知,实质是一个信号检测问题。频谱感知结果的正确与否直接影响后续感知环节的性能。文献[74]针对协作频谱感知中,各个单节点感知结果的可信度进行了分析,用以判断是否存在恶意用户或者故障用户,以提高整个感知系统的可信性。该方法的实质只是对主用户信号进行二元检测的结果可信与否的分析,未对信号调制信息的判断及细微参数的估计处理结果的可信性进行分析。

2) 对信号调制方式识别结果的可信性(度)评估

(1) 机理研究。调制识别结果的可靠与否往往直接影响后续信号参数估计、解调的性能,从而影响整个信号处理系统的性能。因此,研究模型失配时参数估计性能与识别结果之间的统计关系是实现识别结果可信性评估的前提,也即可信性评估的机理研究。近期的相关文献针对模型失配条件下信号参数的最大似然估计性能变化进行了研究。文献[75,76]将失配时参数的最大似然估计称为准最大似然估计(Quais Maximum Likelihood Estimator, QMLE),并得出结论:当样本个数趋于无穷时,QMLE趋于高斯分布,且其均值收敛于某个极限,达到这个极限时样本的正确概率分布与错误设定的概率分布之间的K-L(Kullback-Leibler)信息标准达到最小。文献[76]应用QMLE理论,分析了确定性信号及随机信号模型条件下,信号到达角(Direction of Arrival, DOA)估计性能变化与信号个数估计失配之间的关系。文献[77,78]基于非线性回归理论,研究了天线个数估计正确及错误时,DOA估计均方误差的变化情况。结果表明,在天线个数估计错误时DOA估计的方差变大,而且随着信噪比及失配程度的增加,这种差异越明显。文献[79,80]研究了高信噪比条件下QMLE的渐近性能,得到了与文献[75]类似的结论。文献[81]研究二分量混合零均值高斯白噪声背景下信号参数估计的克拉美罗限,并分析了在混合参数失配时最大似然估计的渐近性能。文献[82]利用QMLE理论,分析了地点位置敏感的Gamma射线检测器中,由于真实似然函数的近似引起的模型失配对检测性能的影响。该文献将原先固定样本条件下的QMLE推广到了随机样本个数情形。文献[83]基于QMLE理论研究了半监督分类器的性能与模型失配之间的关系。结果表明,模型失配时QMLE参数估计性能下降将引起分类器性能的下降。

(2) 方法研究。对信号调制盲识别结果的可信性评估问题,已引起相关学者普遍重视。美国军方在军用非协作条件下的信号处理系统中,已将调制识别结果的可信性信息作为调制识别之后一个独立的新环节[70, 84]，但并未给出具体的实现算法。根据认知无线电的 IEEE P1990. 6 标准中报道：部分民用无线信号感知设备已经将调制识别的可信性评估作为其中一个输出参数，如 Agilent 公司的 E3238S 型信号检测与监测系统中，调制方式识别可信度与信号的频谱、载频、频偏、信噪比等信息并列，作为信号分析系统的输出结果之一[85]。但对于具体可信性评估方法的研究，并未提及。文献[86]在讨论利用谱相关特性及神经网络分类器，对 CR 信号进行分类识别时，首次提出将多层神经网络分类器的最大输出值与次大输出值之间差值的一半作为分类器的可信度度量。文献[87]提出了一种基于信息熵的调制识别结果可信性分析方法。先利用各种信号模型假设下对应的似然函数值构造特征向量，而后计算该向量的信息熵来度量调制识别结果的可信性。信息熵的大小体现了特征向量中各似然值之间的差异大小，从某种意义上体现了调制识别结果的可信性高低。

3）对信号盲分析结果的可信性评估

信号盲分析结果可信性评估的研究将调制方式识别及参数估计看成一个整体，然后对其结果的可信性进行评估。作者所在课题组自 2009 年开始对雷达脉内调制信号盲识别算法及其分析结果的可信性问题进行了初步探索[88, 89]。相关文献针对雷达脉内分析中常用调制信号，利用幅度、相位等特征，对其盲分析结果的可信性进行了统计分析。文献[71]针对 BPSK 信号，提出了一种基于线性回归失拟检验的盲分析结果可信性评估方法。借鉴匹配滤波原理，以调制识别及参数估计结果为依据构造参考信号，通过检测参考信号与观测信号相关累加模值曲线是否为直线来判定 BPSK 信号盲分析结果的可信与否。该方法也可推广到其他调制信号盲分析结果的可信性评估中，但线性回归失拟检验的性能受信号聚类数的影响较大，从而影响了该方法的鲁棒性。文献[73]从相位特征的角度，提出了一种基于柯尔莫哥洛夫 - 斯米尔诺夫（Kolmogorov-Simirnov, K-S）分布拟合检验的 BPSK 信号盲分析结果可信性评估算法。先提取参考信号与观测信号相关后的相位序列，后对其概率分布做拟合优度检验，完成对 BPSK 信号盲分析结果的可信性检验。文献[72]针对 LFM 信号的盲分析结果可信性评估，从时域角度提出了一种基于 N-P 准则的似然比检验算法。该算法通过分析不同假设下参考信号与接收信号相关累加模值的概率分布差异，利用似然比检验，对线性调频信号盲分析结果的可信性进行评估。上述两种方法均需对信噪比进行估计且信噪比低（小于 - 6dB）时性能较差。文献[90]从频域角度提出了一种基于循环频率特征分析的 LFM 信号盲分析结果可信性评估算法。首先对观测信号进行调制方式识别及参数估计，建立参考信号，后将观测信号与参考信号做相关运算，通过检测相关序列在零频率附近是否存在循环频率，实现对 LFM 信号盲分析结果的可信性检验。该方法利用了频域信息，其处理信噪比门限可达到 - 15dB。文献[91 - 93]分别讨论了基于局部最大势和切比雪夫不等式的两种正弦波频率估计可信性评估方法，给出了正弦波频率估计可信性评估的假设检验模型、判决统计量的推导及相应门限的设定方法，并对两种算法的统计性能进行了详细的理论分析及仿真验证。仿真结果表明，所提出的算法可对单次频率估计的绝对误差大小进行统计检验。图1-2所示为现有信号盲分析结果可信性评估算法的分类谱系图。

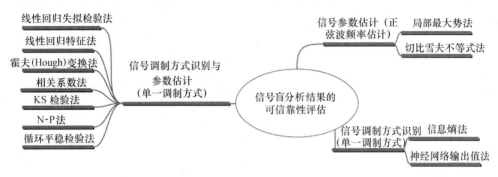

图1-2　信号盲分析结果可信性评估算法分类谱系图

本书的第5章至第8章将分别从正弦波频率估计到常用调制信号的盲分析结果可信性评估的理论与方法做全面叙述。

1.3　本书的内容与结构

本书以低截获概率雷达侦察信号的调制识别及参数估计为主线，分别从LPI雷达技术基础、调制方式识别、参数估计及处理结果的可信性评估四个方面展开，重点讨论了LPI雷达信号的模型及特征分析、常用LPI雷达调制信号的识别及参数估计算法、典型LPI雷达信号盲分析结果的可信性分析算法，其中针对复合调制雷达信号的特征分析、识别与参数估计及常用LPI雷达调制信号盲分析结果的可信性评估两大内容是本书的特色之处。书中所用的统计信号处理算法，既包括经典统计学方法，又涉及非经典统计学中Bootstrap方法，特别地还将极值理论引入到LPI雷达信号盲分析结果的可信性分析中。

本书在算法讨论中不仅充分关注数学细节，给出详细的推导与论证过程，而且对算法实现层面的问题也进行了评估，对每一个算法都做了广泛而全面的仿真分析，并对算法核心环节的运算量及复杂度进行了估算。此外，针对相关主题，本书列出较为全面的参考文献，便于一般电子工程专业学生或者研究人员进一步研究与学习。各章内容简述如下：

第1章概述了LPI雷达侦察信号分析与处理的意义、价值以及相关技术的国内外研究现状，并对本书的结构与主要内容进行了介绍。

第 2 章介绍了低截获概率雷达技术和典型 LPI 雷达信号的模型及特征。第 2 章是后续章节的基础,不仅分析了 LPI 雷达的截获因子和实现途径,还重点介绍了几种 LPI 雷达信号,特别是复合调制雷达信号的瞬时频率特征。

第 3 章讨论了 LPI 雷达信号的调制方式识别算法。分别对简单调制、复杂调制类型 LPI 雷达信号识别算法进行了介绍。简单调制信号识别算法,重点针对常规信号(Normal Signal,NS)、线性调频信号(LFM)、双线性调频信号(DLFM)、二相编码信号(BPSK)、四相编码信号(Quadrature Phase Shift Keying,QPSK)及多项式相位信号(Polynominal Phase Signal,PPS)等六种常用单一调制信号的识别,给出一种基于能量聚焦效率检验的识别算法。复杂调制信号识别部分,重点讨论了三种典型信号的相位特征及相应的调制识别算法:LFM/BPSK 复合调制信号、FSK/BPSK 复合调制信号和 S 型非线性调频信号。

第 4 章讨论了常用 LPI 雷达调制信号的参数估计问题。复合调制信号的参数估计往往可以通过某种变换,降阶为对单一调制信号的处理。为此,首先对 BPSK 及 LFM 两种信号的参数估计算法进行了介绍。考虑到复合调制信号的处理过程中大都要进行非线性变换,从而带来了处理信噪比的下降,介绍一种易于工程实现的分段滤波算法,以提高后续处理环节的信噪比。而后,分别讨论了基于采用调制分离思想的 LFM/BPSK 和 FSK/BPSK 复合调制信号多参数估计算法。最后对 S 型非线性调频信号的参数估计进行了初步探讨。

第 5 章介绍了正弦波频率估计结果的可信性评估方法。首先,对常用经典正弦波频率估计算法进行了总结。而后针对高斯白噪声背景下正弦波信号单次频率估计结果的可信性评估,介绍了基于局部最大势(Locally Most Powerful,LMP)检验及切比雪夫不等式(Chebyshev's Inequality,CI)的两种处理方法,对两种方法的统计量推导、判决门限确定及性能分析进行了深入探讨。

第 6 章讨论了 LFM 信号盲分析结果的可信性检验问题,分别介绍了基于纽曼 – 皮尔逊(Neyman-Pearson,N-P)准则及循环平稳特性分析两种 LFM 信号盲分析结果可信性处理算法。N-P 准则法,是从时域的角度,以不同假设下参考信号与观测信号相关累加模值的概率分布参数差异作为可信性检验的依据;循环平稳特性分析法,则是从频域的角度,将可信性检验问题转化为对参考信号与观测信号相关谱在零频率附近的循环平稳性检验。书中详细阐述了两种算法中统计量的选择、判决门限的确定及性能分析等内容。

第 7 章介绍了 BPSK 信号盲分析结果的可信性评估问题。从幅度特征角度,以观测信号与参考信号相关累加模值为依据,研究了线性回归失拟检验法及基于 Bootstrap 的相关累加比值检验法两种算法;从相位特征角度,以参考信号与原始观测信号相关序列的相位概率分布为分析依据,提出一种基于 Kolmogorov-Smimov 分布拟合检验的 BPSK 信号盲分析结果可信性评估方法。本章对三种方法的统计量

10

分析、判决门限确定等进行详细分析与阐述,给出的线性回归失拟检验法及相位概率分布拟合检验法属经典统计范畴,Bootstrap 比值检验法则属于非经典统计学方法。

第8章介绍复合调制信号盲分析结果的可信性评估方法。以 LFM/BPSK 复合调制信号为例,通过分析不同可信性假设下参考信号与观测信号相关谱的最大值分布特性,基于顺序统计量理论,分别提出了基于相关谱最大值存在性检验、相关谱通用极值(Generalised Extreme Value,GEV)模型分布拟合检验两种处理算法。

本书各章节的结构如图 1-3 所示。第 2 章是全书内容的基础,第 3 章涉及信号调制识别问题,第 4 章属信号参数估计范畴,第 5 章至第 8 章归为信号盲分析结果的可信性评估问题。从调制识别、参数估计到处理结果的可信性评估,以信号分析与处理的一般流程为逻辑,形成了一个较为完整的体系。在算法的描述过程中,兼顾了理论分析与工程应用中的相关议题,以信号模型与假设、算法原理的数学推导、算法性能的理论与仿真分析及算法复杂度分析为框架,针对 LPI 中简单调制信号与复杂调制信号进行了分类叙述,具有较强的系统性。

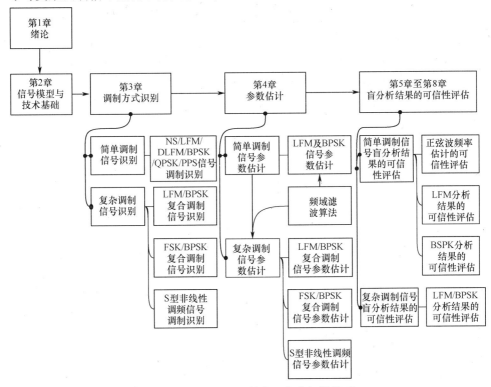

图 1-3　本书的组织结构及各章间的关系

参 考 文 献

［1］ Richard G. ELINT: the interception and analysis of radar signals［M］. 2nd ed. Dedham: Artech House, 2006.

［2］ Forest J. Technique for low probability of intercept radar［C］. Brooklyn: Proceedings of the Microwave Systems Applications and Technology Conference, 1983: 496 – 500.

［3］ Johnston S L. Radar ECCM in world war Ⅱ［J］. Journal of Electroinic Defense, 1990, 13(1): 57 – 62.

［4］ Li N J, Zhang Y T. A survey of radar ECM and ECCM［J］. IEEE Transactions on Aerospace and Electronic Systems, 1995, 31(3): 1110 – 1120.

［5］ 张永顺,董宁宁,赵国庆.雷达电子战原理［M］.北京:国防工业出版社,2010.

［6］ Wiley R G. Electronic intelligence: the Interception of radar signals［M］. 2nd ed. Dedham: Artech House, 1993.

［7］ Wiley R G. Electronic intelligence: the Interception of radar signals［M］. Dedham: Artech House, 1985.

［8］ Denk A. Detection and jamming low probability of intercept (LPI) radars［D］. Monterey: Naval Postgraduate School, 2006.

［9］ Park K Y. Performance evaluation of energy detectors［J］. IEEE Transactions on Aerospace and Electronic Systems, 1978, 14(2): 237 – 241.

［10］ Taboada F L. Detection and classification of low probability of intercept radar signals using parallel filter arrays and higher order statistics［D］. Monterey: Naval Postgraduate School, 2002.

［11］ Khalil N H. Wavelet analysis of instantaneous correlations with application to frequency hopped signals［D］. Monterey: Naval Postgraduate School, 1997.

［12］ Wright S J. A study of the interception of LPI radar［R］. Ottawa: Carleton University, 1993.

［13］ Jarpa P F. Quantifying the differences in low probability of intercept radar waveforms using quadrature mirror filtering［D］. Monterey: Naval Postgraduate School, 2002.

［14］ Schleher D. LPI radar: fact or fiction［J］. IEEE Aerospace and Electronic Systems Magazine, 2006, 21(5): 3 – 6.

［15］ Lynch R S, Willett P K, Reinert J M. Some analysis of the LPI concept for active sonar［J］. IEEE Journal of Oceanic Engineering, 2012, 37(3): 446 – 455.

［16］ 张刚兵.单站无源定位与跟踪关键技术研究［D］.南京: 南京航空航天大学, 2010.

［17］ 曾小东, 曾德国, 唐斌.基于 ZAM-GTFR 的 2FSK/BPSK 复合信号参数估计方法［J］.电子信息对抗技术, 2011, 26(2): 9 – 14.

［18］ 宋军,刘渝,王旭东. FSK/BPSK 复合调制信号识别与参数估计［J］.电子与信息学报, 2013, 35(12): 2868 – 2873.

［19］ 熊刚, 赵惠昌, 林俊.伪码 – 载波调频侦察信号识别的谱相关方法(Ⅰ)——伪码 – 载波调频信号的谱相关函数［J］.电子与信息学报, 2005, 27(7): 1081 – 1086.

［20］ 熊刚, 赵惠昌, 王李军.伪码 – 载波调频侦察信号识别的谱相关方法(Ⅱ)——伪码 – 载波调频信号的调制识别和参数估计［J］.电子与信息学报, 2005, 27(7): 1087 – 1092.

［21］ 张淑宁, 赵惠昌, 黄光明.基于 ZAM 分布的伪码调相与正弦调频复合引信信号特征参数提取技术［J］.宇航学报, 2009, 29(6): 1965 – 1969.

［22］ 薛妍妍, 刘渝. LFM-BPSK 复合调制信号识别和参数估计［J］.航天电子对抗, 2012, 28(1): 60 – 64.

［23］ 宋军,刘渝,薛妍妍. LFM-BPSK 复合调制信号识别与参数估计［J］.南京航空航天大学学报, 2013, 45

12

（2）：217 – 222.

［24］ 鲍坤超，陶海红，廖桂生. 基于多项式拟合的非线性调频波形设计［J］. 信号处理，2008，24（2）：189 – 191.

［25］ 赵锋. 基于相位展开的雷达信号调制方式识别算法研究［D］. 南京：南京航空航天大学，2011.

［26］ 雷雪梅. 低截获概率信号识别与参数估计研究［D］. 成都：电子科技大学，2010.

［27］ 侯小林，羊彦，高健健，等. 雷达低截获概率信号及验证方法［J］. 西安电子科技大学学报，2012，39（4）：184 – 190.

［28］ 熊坤来，罗景青，吴世龙. 基于时频图像和神经网络的 LPI 雷达信号调制识别［J］. 弹箭与制导学报，2012，31（5）：230 – 233.

［29］ Chung C D, Polydoros A. Detection and hop-rate estimation of random FH signals via autocorrelation technique ［C］. Los Angeles：Proceedings of the Military Communications Conference, 1991：345 – 349.

［30］ Rayit R，都书君. 用自适应前端检测 LPI 雷达［J］. 电子对抗技术，1995，10（5）：21 – 24.

［31］ Rioul O, Flandrin P. Time-scale energy distributions：a general class extending wavelet transforms［J］. IEEE Transactions on Signal Processing, 1992, 40（7）：1746 – 1757.

［32］ Herley C, Kovacevic J, Ramchandran K, et al. Tilings of the time-frequency plane：construction of arbitrary orthogonal bases and fast tiling algorithms［J］. IEEE Transactions on Signal Processing, 1993, 41（12）：3341 – 3359.

［33］ Ramchandran K, Vetterli M, Herley C. Wavelets, subband coding, and best bases［J］. Proceedings of the IEEE, 1996, 84（4）：541 – 560.

［34］ Lebrun J, Vetterli M. High order balanced multiwavelets［C］. Seattle：Proceedings of 1998 IEEE International Conference on Acoustics, Speech and Signal Processing, 1998：1529 – 1532.

［35］ Qian S, Morris J M. Wigner distribution decomposition and cross-terms deleted representation［J］. Signal Processing, 1992, 27（2）：125 – 144.

［36］ Qian S, Chen D. Decomposition of the Wigner-Ville distribution and time-frequency distribution series［J］. IEEE Transactions on Signal Processing, 1994, 42（10）：2836 – 2842.

［37］ Qian S, Chen D. Discrete Gabor transform［J］. IEEE Transactions on Signal Processing, 1993, 41（7）：2429 – 2438.

［38］ Czerwinski R N, Jones D L. Adaptive short-time Fourier analysis［J］. IEEE Signal Processing Letters, 1997, 4（2）：42 – 45.

［39］ 邹红星，周小波. 基于 Radon-STFT 变换的含噪 LFM 信号子空间分解［J］. 电子学报，1999，27（12）：4 – 8.

［40］ Xia X G. A quantitative analysis of SNR in the short-time Fourier transform domain for multicomponent signals ［J］. IEEE Transactions on Signal Processing, 1998, 46（1）：200 – 203.

［41］ Kwok H K, Jones D L. Improved instantaneous frequency estimation using an adaptive short-time Fourier transform［J］. IEEE Transactions on Signal Processing, 2000, 48（10）：2964 – 2972.

［42］ Namias V. The fractional order Fourier transform and its application to quantum mechanics［J］. IMA Journal of Applied Mathematics, 1980, 25（3）：241 – 265.

［43］ Almeida L B. The fractional Fourier transform and time-frequency representations［J］. IEEE Transactions on Signal Processing, 1994, 42（11）：3084 – 3091.

［44］ Soo C P, Jian D. Fractional Fourier transform, Wigner distribution, and filter design for stationary and nonstationary random processes［J］. IEEE Transactions on Signal Processing, 2010, 58（8）：4079 – 4092.

［45］ Qi L, Tao R, Zhou S, et al. Detection and parameter estimation of multicomponent LFM signal based on the fractional Fourier transform［J］. Science in China Series F: Information Sciences, 2004, 47(2): 184 – 198.

［46］ 赵兴浩, 邓兵, 陶然. 分数阶傅里叶变换的快速计算新方法［J］. 电子学报, 2007, 35(6): 1089 – 1093.

［47］ 唐江, 赵拥军, 朱健东, 等. 基于 FrFT 的伪码 – 线性调频信号参数估计算法［J］. 信号处理, 2012, 28(9): 1271 – 1277.

［48］ 向崇文, 黄宇, 王泽众, 等. 基于 FrFT 的线性调频 – 伪码调相复合调制雷达信号截获与特征提取［J］. 电讯技术, 2012, 52(9): 1486 – 1491.

［49］ Ozaktas H M, Arikan O, Kutay M A, et al. Digital computation of the fractional Fourier transform［J］. IEEE Transactions on signal processing, 1996, 44(9): 2141 – 2150.

［50］ 李鹏, 陈刚, 张葵. 基于高阶累积量和匹配滤波的信号检测新方法［J］. 系统工程与电子技术, 2006, 28(1): 31 – 33.

［51］ Giannakis G B, Tsatsanis M K. Signal detection and classification using matched filtering and higher order statistics［J］. IEEE Transactions on Acoustics, Speech and Signal Processing, 1990, 38(7): 1284 – 1296.

［52］ Yang S, Chen W. Classification of MPSK signals using cumulant invariants［J］. Journal of Electronics (China), 2002, 19(1): 99 – 103.

［53］ Ravier P, Amblard P O. Combining an adapted wavelet analysis with fourth-order statistics for transient detection［J］. Signal processing, 1998, 70(2): 115 – 128.

［54］ Gardner W A. Measurement of spectral correlation［J］. IEEE Transactions on Acoustics, Speech and Signal Processing, 1986, 34(5): 1111 – 1123.

［55］ Gardner W A. Spectral correlation of modulated signals: Part Ⅰ—analog modulation［J］. IEEE Transactions on Communications, 1987, 35(6): 584 – 594.

［56］ Gardner W A. Signal interception: a unifying theoretical framework for feature detection［J］. IEEE Transactions on Communications, 1988, 36(8): 897 – 906.

［57］ Gardner W A, Brown W, Chen C K. Spectral correlation of modulated signals: Part Ⅱ—digital modulation［J］. IEEE Transactions on Communications, 1987, 35(6): 595 – 601.

［58］ Gardner W A, Spooner C M. Signal interception: performance advantages of cyclic-feature detectors［J］. IEEE Transactions on Communications, 1992, 40(1): 149 – 159.

［59］ Brown W, Loomis H H. Digital implementations of spectral correlation analyzers［J］. IEEE Transactions on Signal Processing, 1993, 41(2): 703 – 720.

［60］ 袁本义, 于宏毅, 田鹏武. 基于信号二次方谱相关特征的 MPSK 调制识别［J］. 信号处理, 2011, 27(4): 558 – 562.

［61］ 刘孟孟, 张立民, 钟兆根. 基于谱相关的直接序列扩频信号参数估计［J］. 兵工自动化, 2013, 32(3): 57 – 59.

［62］ Xia X G. Discrete chirp-Fourier transform and its application to chirp rate estimation［J］. IEEE Transactions on Signal Processing, 2000, 48(11): 3122 – 3133.

［63］ Zhao H, Ran Q W, Ma J, et al. On bandlimited signals associated with linear canonical transform［J］. IEEE Signal Processing Letters, 2009, 16(5): 343 – 345.

［64］ Healy J J, Sheridan J T. Sampling and discretization of the linear canonical transform［J］. Signal Processing, 2009, 89(4): 641 – 648.

［65］ 吕铁军, 魏平. 基于分形和测试理论的信号调制识别［J］. 电波科学学报, 2001, 16(1): 123 – 127.

14

[66] 夏楠,邱天爽,李景春,等.一种卡尔曼滤波与粒子滤波相结合的非线性滤波算法[J].电子学报,2013,41(1):148-152.

[67] 张淑宁,赵惠昌,熊刚.基于粒子滤波的单通道正弦调频混合信号分离与参数估计[J].物理学报,2014,63(15):158401-158410.

[68] 张家树.混沌信号的非线性自适应预测技术及其应用研究[D].成都:电子科技大学,2001.

[69] 吕铁军.通信信号调制识别研究[D].成都:电子科技大学,2000.

[70] Wei S, Kosinski J A, Yu M. Dual-use of modulation recognition techniques for digital communication signals [C]. Binghamton: Proceedings of the Systems, Applications and Technology Conference, 2006:1-6.

[71] 胡国兵,刘渝.BSPK 信号盲处理结果的可靠性评估算法[J].数据采集与处理,2011,26(6):637-642.

[72] 胡国兵,徐立中,金明.基于 NP 准则的 LFM 信号盲处理结果可靠性检验[J].电子学报,2013,41(4):739-743.

[73] 胡国兵,徐立中.基于 K-S 检验的 BPSK 信号盲处理结果可信性评估[J].电子学报,2014,42(10):1882-1886.

[74] Nguyen N T, Zheng R, Han Z. On identifying primary user emulation attacks in cognitive radio systems using nonparametric Bayesian classification [J]. IEEE Transactions on Signal Processing, 2012, 60 (3): 1432-1445.

[75] White H. Maximum likelihood estimation of misspecified models[J]. Econometrica: Journal of the Econometric Society, 1982, 50(1): 1-25.

[76] Pei J C. Stochastic maximum likelihood estimation under misspecified numbersof signals[J]. IEEE Transactions on Signal Processing, 2007, 55(9): 4726-4731.

[77] Pei J C. More on ML estimation under misspecified numbers of signals[C]. Cardiff: Proceedings of the 15th International Conference on Digital Signal Processing, 2007:83-86.

[78] Pei J C. Performance Analysis of ML estimation under misspecified numbers of signals[C]. Proceedings of the Fourth IEEE Workshop on Sensor Array and Multichannel Processing, 2006:181-184.

[79] Ding Q, Kay S. Maximum likelihood estimator under a misspecified model with high signal-to-noise ratio[J]. IEEE Transactions on Signal Processing, 2011, 59(8): 4012-4016.

[80] Ding Q. Statistical signal processing and its applications to detection, model order selection, and classification [D]. Rhode Island: University of Rhode Island, 2011.

[81] Kalyani S. On CRB for parameter estimation in two component Gaussian mixtures and the impact of misspecification[J]. IEEE Transactions on Communications, 2012, 60(12): 3734-3744.

[82] Lingenfelter D J, Fessler J A, Scott C D, et al. Asymptotic source detection performance of Gamma-ray imaging systems under model mismatch [J]. IEEE Transactions on Signal Processing, 2011, 59 (11): 5141-5151.

[83] Yang T, Priebe C E. The effect of model misspecification on semi-supervised classification[J]. IEEE Transactions on Pattern Analysis and Machine Intelligence, 2011, 30(10): 2093-2103.

[84] Wei S. Signal sensing and modulation classification using pervasive sensor networks[C]. San Diego: Proceedings of IEEE International Conference on the Pervasive Computing and Communications Workshops, 2013: 441-446.

[85] Pucker L. Review of contemporary spectrum sensing technologies(For. IEEE-SA P1900.6 Standards Group) [S/OL]. [2009-7-26]. http://grouper.ieee.org/groups/scc41/6/documents/white_papers/P1900.6_

15

Sensor_Survey. pdf.

［86］ Fehske A, Gaeddert J, Reed J H. A new approach to signal classification using spectral correlation and neural networks［C］. Baltimore：Proceedings of the First IEEE International Symposium on New Frontiers in Dynamic Spectrum Access Networks, 2005：144 – 150.

［87］ Lin W S, Liu K J R. Modulation forensics for wireless digital communications［C］. Las Vegas：Proceedings of the 2008 IEEE International Conference on Acoustics, Speech and Signal Processing, 2008：1789 – 1792.

［88］ 胡国兵. 雷达信号调制识别相关技术研究［D］. 南京：南京航空航天大学, 2011.

［89］ 陈役涛. 雷达信号调制方式识别可信度研究［D］. 南京：南京航空航天大学, 2008.

［90］ 胡国兵, 徐立中, 吴珊珊, 等. 基于循环平稳分析的 LFM 信号盲处理结果可靠性评估［J］. 电子学报, 2016, 44(4)：788 – 794.

［91］ 吴珊珊, 胡国兵, 丁宁, 等. 正弦波频率估计结果的可靠性评估算法研究［J］. 现代雷达, 2015, 37 (3)：31 – 35.

［92］ 胡国兵, 徐立中, 鲍安平, 等. 基于 LMP 检验的正弦波频率估计可靠性评估［J］. 通信学报, 2015, 36 (05)：93 – 101.

［93］ Hu G, Xu L Z, Gao Y, et al. Credibility test for frequency estimation of sinusoid using Chebyshev's inequality［J］. Mathematical Problems in Engineering, 2014,2014(12)：1 – 10.

16

第 2 章　LPI 雷达技术及信号模型

2.1　引　　言

为提高战场生存概率,LPI 雷达已经成为现代雷达发展的一个重要方向[1]。对 LPI 技术及其信号模型进行研究具有重要的工程意义。本章将首先对 LPI 雷达截获因子及影响截获因子的因素进行介绍,然后分析常见的 LPI 雷达信号模型,如线性调频信号、非线性调频信号、频率编码信号(FSK)、线性调频/二相编码复合调制信号、频率编码/相位编码复合调制信号等,并对各自信号模型的瞬时频率曲线特征和频谱进行研究与总结。

2.2　截　获　因　子

为了定量地分析雷达的 LPI 性能,20 世纪 70 年代 Schleher 提出了截获因子 α 的概念[2],它定义为截获接收机检测 LPI 雷达的距离 R_i 与 LPI 雷达能够探测的最大距离 R_r 之比,即

$$\alpha = \frac{R_i}{R_r} \tag{2-1}$$

当 $\alpha > 1$ 时,即截获接收机的截获距离 R_i 大于雷达探测的最大距离 R_r,此时截获接收机占优势,雷达将处于被动或危险的境地;当 $\alpha < 1$ 时,即雷达探测的最大距离 R_r 大于截获接收机的截获距离 R_i,此时截获接收机不易探测到雷达的存在,雷达处于主动的位置,雷达具有 LPI 特性。R_i 与 R_r 的关系示意图如图 2-1 所示,显然 α 越小,说明该雷达的 LPI 特性越好。

根据雷达距离方程和截获接收机的作用距离方程,文献[3,4]将截获因子 α 表示为

$$\alpha = \left(\frac{1}{4\pi\sigma}\right)^{1/4} \left(\frac{\lambda G_i G_{ti}}{L_i (S/N)_i}\right)^{1/2} \left(\frac{P_t F_r L_r (S/N)_{\min}}{F_i^2 kT_0 \tau B_i^2 G_r G_t}\right)^{1/4} \tag{2-2}$$

式中:P_t 为雷达发射脉冲功率;L_i 为截获接收机损耗(包括极化、传输等损耗);kT_0 为常数;F_r 和 F_i 分别为雷达接收机的噪声系数和截获接收机的噪声系数;L_r 和 L_i 分别为雷达接收机和截获接收机的损耗因子;G_t 和 G_r 分别为雷达发射和接收增

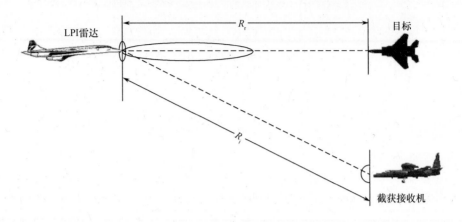

图 2 - 1　雷达作用距离与被截获距离示意图

益;G_{ti}为雷达发射天线在接收机方向的增益;G_i为截获接收机在雷达方向的天线增益;$(S/N)_{min}$为雷达可以检测的最小信噪比;$(S/N)_i$为截获接收机的灵敏度;λ为波长;τ为雷达脉冲宽度;B_i为截获接收机的有效带宽;σ为截获接收机平台的雷达散射截面(Radar-Cross Section,RCS)。

2.2.1　影响截获因子的因素

1. 雷达自身因素

雷达截获因子与接收机天线增益、波形复杂度、信号的时宽带宽积等诸因素密切相关,如下式表示[5,6]:

$$\alpha \propto \left(\frac{\lambda^2 P_t L_r (S/N)_{min}}{G_r G_t} \right)^{1/4} \qquad (2-3)$$

式(2-3)表明,截获因子反比于雷达天线接收增益的4次方根,此外,α还与雷达波长、雷达损耗、雷达可以检测的最小信噪比等密切相关。经进一步分析,截获因子还与雷达信号的时宽带宽积有关,即采用大时宽带宽积的雷达信号能够有效地降低截获概率。

2. 目标因素

雷达截获因子与目标的RCS密切相关。若目标的RCS较大,对雷达辐射信号的反射较强,则雷达可适当降低发射功率,从而降低雷达截获概率,即 $\alpha \propto (1/\sigma)^{1/4}$。

3. 截获接收机的因素

截获因子与截获接收机方向上的天线增益,以及截获接收机的接收天线增益密切相关。具体来说,若雷达辐射方向为截获接收机的天线,则信号能量较大,容

18

易被截获,此时截获因子 α 较大;反之 α 较小。同理,截获接收机的接收天线增益越大,其截获信号能力越强。文献[5]给出了相应的截获接收机影响因素的表达式:

$$\alpha \propto (G_{ti} G_i / L_i (S/N)_i)^{1/2} \tag{2-4}$$

2.2.2 低截获概率技术

低截获概率技术是雷达抗干扰、抗侦察、抗摧毁等技术的综合体现。在当今日益复杂的电磁环境下,低截获概率雷达信号是提高雷达工作能力和生存能力的重要途径之一,是电子对抗的有效措施。目前,现代雷达主要从以下几个方面提高低截获概率特性,一般采用以下几种或全部的手段来达到低截获目标。

1. 基于雷达工作模式选择的低截获概率技术

(1)对雷达进行功率管理。为同时满足雷达对目标的良好检测能力和自身低截获概率要求,一般采用一定的方式对雷达发射峰值功率进行约束——雷达功率管理[7]。只有当有必要进行目标探测时,才辐射电磁波并根据目标大小以及距离选择不同的辐射功率。

(2)采用双基或多基雷达体制[6]。双基或多基雷达是收发分置的雷达,其雷达接收机与发射机布置在不同区域以避免被同时攻击的危险,同时,相比较单基地雷达,其在利用电磁空间中的目标信息方面也更加有效。双基或多基雷达工作隐蔽,抗干扰能力较强,可降低受攻击的概率,同时还具有对抗隐身目标的能力。

(3)高灵敏度、大动态接收机的使用。雷达接收机能够检测的最弱信号由灵敏度和动态范围决定,因而,提高接收机的灵敏度和动态范围是雷达 LPI 特性的要求之一。

2. 基于雷达增益处理的低截获概率技术

(1)采用频率分集。在天线满足带宽的前提下,采用多载频信号,此时较单一载频信号,信号处理增益提高。

(2)脉冲压缩处理。根据匹配滤波理论[8,9],对脉冲压缩比为 $1:m$ 的信号,脉冲压缩前后的信噪比可提高 m 倍。这样,可使雷达降低辐射的峰值功率,降低检测时所需的单脉冲信噪比。现代雷达中采用的脉冲压缩信号一般有线性调频信号、非线性调频信号及伪码相位编码信号等。

(3)采用相参累积换取峰值功率的降低[10,11]。一般地,要实现低截获概率特性,简单的方法是降低雷达的辐射功率,但辐射功率的降低将影响雷达的作用距离,针对这一问题,人们采用长时相参与非相参累积技术,以增加可被利用的信号能量。同时,由于合作接收机已知其发射信号的特征,因此可以在较长的时间内进行相参累积,而非合作接收机由于没有先验知识,故只能进行非相参积累。

3. 基于雷达波形设计的低截获概率技术

（1）采用连续波发射体制。连续波占空比为1，它可以大幅降低雷达辐射的峰值功率，这样，对一些检测峰值功率的截获接收机来说，截获的难度将增加。

（2）采用扩谱信号[12,13]。频谱扩展可以使雷达获得比非合作接收机更高的处理增益，因此有利于目标检测而不利于截获。

（3）采用时宽带宽积大的信号[14]。由截获因子与时宽带宽积的关系可以发现，大时宽带宽积信号有利于降低截获因子，取得更佳的低截获概率特性。

（4）采用欺骗诱导脉冲[7]。将一组信号参数与雷达真实波形不同的脉冲交叉辐射，以达到欺骗和诱导的目的。

（5）抗分选的雷达调制参数复杂化和随机化技术[15-17]。在日益复杂和密集的电磁环境中，截获接收机必须通过识别和类型分选，才能确定目标类型。采用多种调制方式复合的雷达波形，使雷达信号的参数更加复杂多变，或者使信号的幅度、载频、相位等随机跳变，这样，对非合作接收机而言，截获和识别的难度都将大为增加。

2.3　低截获概率雷达信号模型

低截获概率雷达信号种类较多，按调制方式一般可分为单一调制方式信号和复合调制方式信号，而且无论是单一调制还是复合调制类型中又包含多种调制类型，具体分类简表如图2-2所示。

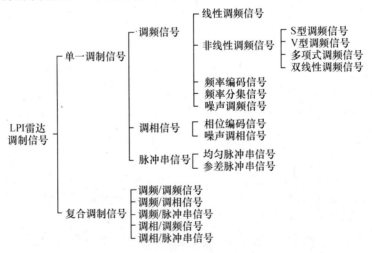

图2-2　LPI雷达调制信号的分类

2.3.1　线性调频信号

线性调频信号构造较容易，是现代雷达经常采用的信号之一。它通过对信号

20

频率线性调制获得大的时宽带宽积,是脉冲压缩信号中研究较早应用较广的典型信号类型。LFM 信号具有对多普勒频移不敏感的优点[18,19],这意味着即使回波信号的多普勒频移较大,匹配滤波器仍然具有脉压的作用。

LFM 信号的离散形式可表示为

$$s(n) = A \cdot \exp(\mathrm{j}\theta_0 + \mathrm{j}2\pi f_0 \cdot n \cdot \Delta t + \mathrm{j}\pi k \cdot n^2 \cdot (\Delta t)^2); \quad n = 0,1,\cdots,N-1$$

$$(2-5)$$

式中:Δt 是采样间隔;A,θ_0,f_0,k 分别为信号的幅度、初相、起始频率和调频系数。图 2-3 为 LFM 信号的瞬时频率曲线和频谱图。

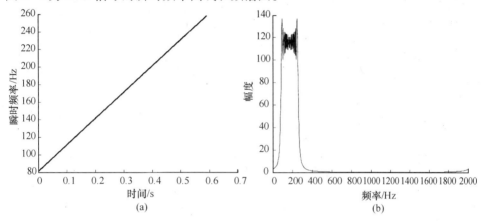

图 2-3　LFM 信号的瞬时频率曲线和频谱图
（a）瞬时频率曲线；（b）频谱图。

2.3.2　非线性调频信号

非线性调频信号的类型较多,典型的主要有多项式相位信号(Polynomial Phase Signal, PPS)[20]和 S 型非线性调频信号[21]。PPS 的特征是将信号瞬时频率建模成高阶多项式;S 型非线性调频信号则是将信号瞬时频率通过正切函数或正/余弦函数建模成 S 型曲线。与 LFM 信号相比,NLFM 信号的优点明显[21]。设计者可通过调频方式的设定,使其产生所期望的时间副瓣电平的频谱,故 NLFM 信号不需要进行频域加权来抑制时间副瓣。无论是 PPS 还是 S 型非线性调频信号,对于非合作接收机而言,其调制方式识别与参数估计的难度都将大大增加,这样即使被截获,雷达的生存概率仍很大。

PPS 的离散形式可表示为

$$s(n) = A \cdot \exp\left(\mathrm{j}\theta_0 + \mathrm{j}\sum_{m=0}^{M} c_m (n\Delta t)^m\right); \quad n = 0,1,\cdots,N-1 \quad (2-6)$$

式中:Δt 是采样间隔;A、θ_0、c_m、M 分别为信号的幅度、初相、相位系数和相位多项式阶数。若 $M=2$，则式（2-6）为 LFM 信号；若 $M>2$，则式（2-6）为 NLFM 信号。图 2-4 是当 $M=3$ 时，PPS 信号的瞬时频率曲线和频谱图。

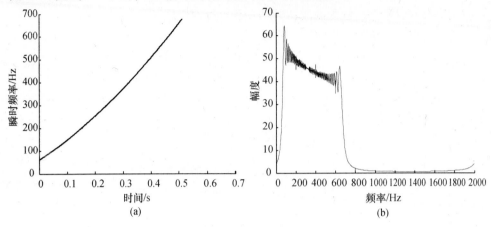

图 2-4　多项式相位非线性调频信号瞬时频率曲线和频谱图
(a) 瞬时频率曲线；(b) 频谱图。

S 型非线性调频信号一般在线性调频的基础上采用正切或正/余弦函数进行频率调制，一个带宽为 B 的基于正切函数的 S 型 NLFM 信号的频率函数为[22]

$$f(t) = B\left(\tan(2\gamma t/T) \middle/ (2\tan\gamma) + \frac{2t}{T} \right) \tag{2-7}$$

式中：γ 为控制因子；T 为脉冲宽度。

一个带宽为 B 的基于正弦函数的 S 型 NLFM 信号的频率函数为

$$f(t) = B\left(\frac{t}{T} \pm k \cdot \sin\frac{2\pi t}{T} \right) \tag{2-8}$$

式中：k 为系数；T 为脉冲宽度。图 2-5 是 S 型非线性调频信号的瞬时频率曲线和频谱图。（实际中，信号频率函数可通过瞬时频率曲线来估计）

2.3.3　相位编码信号

相位编码信号（Phase shift keying，PSK）也是一种常见的雷达脉压信号，它通过对时域信号的相位编码来实现频带扩展，主要手段是将码元信息调制到信号载波的相位中，以实现大时宽带宽积。PSK 信号不仅能降低单位带宽内的信号能量，降低被截获的概率，还能提高距离和多普勒分辨率。

PSK 信号模型可表示为

$$s(n) = A \cdot \exp[j(2\pi f_0 \Delta t n + \theta(n))]; \quad n = 0, 1, \cdots, N-1 \tag{2-9}$$

式中：A 为信号幅度；Δt 为采样间隔；f_0 为载频；$\theta(n)$ 为相位编码，且 $\theta(n) = d(n) \cdot 2\pi/M$，$M$ 为编码进制，$d(n)$ 为 M 进制码元序列。

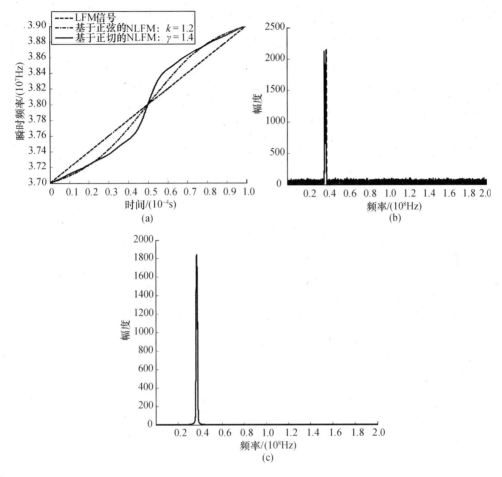

图 2-5　S 型非线性调频信号的瞬时频率曲线和频谱图

（a）两种不同 S 型信号的瞬时频率曲线；（b）基于正弦的 S 型信号频谱图；

（c）基于正切的 S 型信号频谱图。

PSK 信号依相位编码进制 M 的不同，可分为二相编码（BPSK）、四相编码（Quarter Phase Shift Keying，QPSK）以及多相编码（Multi-Phase Shift Keying，MPSK）。针对 BPSK 信号，相位编码 $\theta(n)$ 的取值为 $\theta(n) \in \{0, \pi\}$；QPSK 信号的 $\theta(n)$ 的取值范围是 $\theta(n) \in \{0, \pi/2, \pi, 3\pi/2\}$；MPSK 信号的相位编码则更加灵活，但同时在工程中实现的难度也随之增加。其中 BPSK 编码形式最为常见，而且码元的选择也趋于成熟，主要包括 M 序列、巴克码（Barker）码、m 序列、Gold 码、正交序列等[23]。图 2-6 是 13bit 巴克码（Barker）信号的瞬时频率曲线和频谱图。

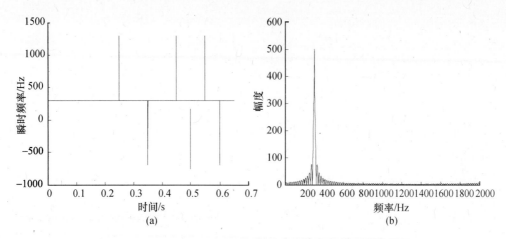

图 2-6 13bit Barker 码 BPSK 信号的瞬时频率曲线和频谱图

(a) 瞬时频率曲线；(b) 频谱图。

2.3.4 频率编码信号

频率编码信号(FSK)指的是信号载频在伪随机序列控制下,在多个频率点跳变的信号。FSK 信号能量分布在更宽的频带内,因此单位带宽内的信号能量更低,且由于载频的跳变,信号被截获和跟踪的概率降低。随着大规模集成电路、微波功率管技术的发展,FSK 信号在雷达中的应用越来越多。

FSK 信号模型可表示如下:

$$s(n) = A \sum_{k=1}^{L} \exp[\,j(2\pi f_k \Delta t n + \theta)\,] \cdot \mathrm{rect}(n - (k-1)t_F/\Delta t); \quad n = 0,1,\cdots,N-1 \tag{2-10}$$

其中

$$\mathrm{rect}(n) = \begin{cases} 1, & 0 \leq n \leq t_F/\Delta t \\ 0, & \text{其他} \end{cases} \tag{2-11}$$

式(2-10)中:$\{f_1, f_2, \cdots, f_L\}$ 为 FSK 的跳频序列,L 为正整数,表示跳频个数;t_F 为每个频率编码码元宽度;Δt 为采样间隔;θ 为初相;A 为信号幅度。图 2-7 是 4 载频 FSK 信号瞬时频率曲线和频谱图。

2.3.5 复合调制信号

复合调制信号是指对信号采用多种方式进行调制,以满足特定的电磁环境需求。理论上,复合调制信号可以包含无穷多种调制方式,复合调制信号的类型根据调制方式不同也有多种分类,但由于受到工程限制,复合调制信号一般包含两种调制方式,典型的复合调制类型有线性调频/相位编码复合调制[24]、频率编码/相位

24

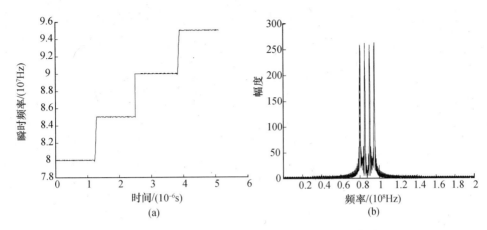

图 2 – 7 4 载频 FSK 信号的瞬时频率曲线和频谱图

(a) 瞬时频率曲线；(b) 频谱图。

编码复合调制[15]、正弦调频/相位编码复合调制[25,26]等。复合调制信号一般都能克服单一调制方式信号的不足,而兼具不同调制方式的优点,因而更能适应日益复杂的电磁环境和电子对抗需求。如 LFM/BPSK 复合调制信号不仅具有 LFM 信号对多普勒不敏感、测距精度高的优点,而且具有相位编码信号多普勒分辨率及测速精度高的良好特性;FSK/BPSK 复合调制信号不仅具有相位编码的优点,而且载频跳变,降低了被截获和跟踪的概率。一般地,复合调制信号较单一调制方式信号可进一步提高 LPI 特性,近年来正吸引越来越多的研究和关注。本书中也将重点研究 LFM/BPSK 复合调制信号和 FSK/BPSK 复合调制信号。

1. LFM/BPSK 复合调制信号

LFM/BPSK 复合调制信号是对信号频率进行线性调制的同时对相位进行数字调制,其信号模型为

$$s(n) = A \cdot \exp\left[\mathrm{j} \cdot \left(2\pi f_0 \cdot \Delta t \cdot n + \pi k \cdot \Delta t^2 \cdot n^2 + \theta(n) \right) \right], n = 0, 1, \cdots, N-1$$

$$(2-12)$$

式中:f_0 为信号载频;k 为调频系数;Δt 为采样间隔;$\theta(n) = \pi \cdot d_2(n)$ 为相位编码,一般为二元相位编码,故 $d_2(n) \in \{0,1\}$;A 为信号幅度。图 2 – 8 所示为 LFM/BPSK 复合调制信号的瞬时频率曲线和频谱图。

2. FSK/BPSK 复合调制信号

FSK/BPSK 复合调制信号是在载频进行跳变控制的同时对相位进行编码调制,它通常有两种调制模式:一种是以相位编码调制为基础,再进行载频跳变键控调制;另一种是以频移键控为基础,然后进行相位编码调制。本书重点讨论后者,且相位编码为 BPSK。

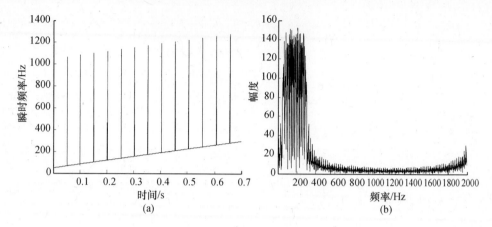

图 2-8 LFM/BPSK 复合调制信号的瞬时频率曲线和频谱图

(a) 瞬时频率曲线；(b) 频谱图。

FSK/BPSK 复合调制信号模型为

$$s(n) = A\sum_{k=1}^{L} \exp[\mathrm{j}(2\pi f_k \Delta t n + \theta(n))] \cdot \mathrm{rect}(n - (k-1)t_F/\Delta t) \qquad (2-13)$$

其中

$$\mathrm{rect}(n) = \begin{cases} 1 & 0 \leqslant n \leqslant t_F/\Delta t \\ 0 & 其他 \end{cases}$$

式(2-13)中，$\{f_1, f_2, \cdots, f_L\}$ 为 FSK 的频率编码，L 为正整数；t_F 为每个频率编码码元宽度；Δt 为采样间隔；$\theta(n) = \pi \cdot d_2(n)$ 为二元相位编码，且 $d_2(n) \in \{0, 1\}$，码元宽度为 t_B，编码数为 N_B；A 为信号幅度。

FSK/BPSK 复合调制信号脉内结构示意图如图 2-9 所示。其瞬时频率曲线和频谱图如图 2-10 所示。

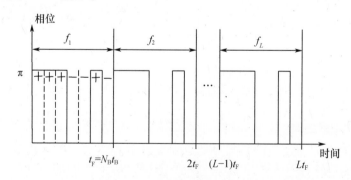

图 2-9 FSK/BPSK 复合调制信号脉内结构示意图

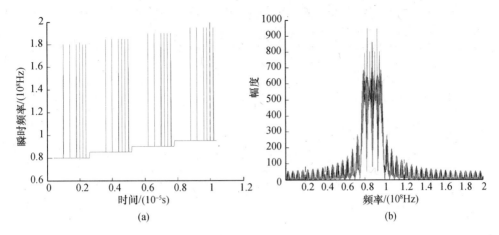

图 2 - 10　FSK/BPSK 信号的瞬时频率曲线和频谱图

(a) 瞬时频率曲线；(b) 频谱图。

2.4　本章小结

本章首先介绍了影响截获概率的截获因子，并对现代雷达中常用的低截获概率技术进行了总结。然后重点介绍了典型的低截获概率雷达信号的模型及特征，特别是 S 型 NLFM 信号、LFM/BPSK 复合调制信号和 FSK/BPSK 复合调制信号的瞬时频率曲线特征，这些信号特征的研究为后续章节中的信号识别和参数估计奠定了基础。

参 考 文 献

[1] Pace P E. Detecting and classifying low probability of intercept radar[M]. Norwood：Artech House, 2009.

[2] Schleher D C. Low probability of intercept radar [C]. Arlington：International Radar Conference, 1985：346 - 349.

[3] Wiley R G. ELINT：the Interception and Analysis of Radar Signals[M]. Boston：Artech House,2006.

[4] Wiley R G. Electronic Intelligence：the Interception of Radar Signals[M]. Dedham：Artech House,1993.

[5] 侯小林，羊彦，高健健，等. 雷达低截获概率信号及验证方法[J]. 西安电子科技大学学报(自然科学版),2012,39(4)：184 - 190.

[6] 李学勇. 基于 LPI 的双基地雷达分析[J]. 雷达与对抗, 2007 (2)：4 - 7.

[7] 丁鹭飞，耿富录. 雷达原理[M]. 西安：西安电子科技大学出版社, 2004.

[8] Ravier P, Amblard P O. Combining an adapted wavelet analysis with fourth - order statistics for transient detection[J]. Signal processing, 1998,70(2)：115 - 128.

[9] 李鹏，陈刚，张葵. 基于高阶累积量和匹配滤波的信号检测新方法[J]. 系统工程与电子技术, 2006,28(1)：31 - 33.

[10] Gai J, Chan F., Chan Y, et al. Frequency estimation of uncooperative coherent pulse radars[C]. Orlando: IEEE Military Communications Conference, 2007: 1 - 7.

[11] 孟建, 胡来招. 噪声中相参脉冲的检测和参数提取[J]. 系统工程与电子技术, 2000,22(6): 25 - 28.

[12] Gardner W A. Spectral correlation of modulated signals: Part I - Analog modulation[J]. IEEE Transactions on Communications, 1987,35(6): 584 - 594.

[13] Gardner W A, Brown W, Chen C K. Spectral correlation of modulated signals: Part II——digital modulation [J]. IEEE Transactions on Communications, 1987,35(6): 595 - 601.

[14] Bell M R. Information theory and radar waveform design[J]. IEEE Transactions on Information Theory, 1993, 39(5): 1578 - 1597.

[15] Skinner B J, Donohoe J P, Ingels F M. Matched FSK/PSK radar[C]. Atlanta: Proceedings of 1994 IEEE National Radar Conference,1994: 251 - 255.

[16] Wong K T, Chung WK. Pulse - diverse radar/sonar FSK - PSK waveform design to emphasize/de - emphasize designated Doppler - delay sectors[C]. Alexandria: Record of the IEEE 2000 International Radar Conference, 2000:745 - 749.

[17] Jerome L, Ingels F M. Analysis of FSK/PSK modulated radar signals using Costas arrays and complementary Welti codes[C]. Arlington: IEEE International Conference on Radar,1990:589 - 594.

[18] Peleg S, Porat B. Linear FM signal parameter estimation from discrete - time observations[J]. IEEE Transactions on Acoustics, Speech and Signal Processing, 1991,27(4): 607 - 616.

[19] Abatzoglou T J. Fast maximnurm likelihood joint estimation of frequency and frequency rate[J]. IEEE Transactions on Aerospace and Electronic Systems,1986,22(6): 708 - 715.

[20] 吕远, 祝俊, 唐斌. 基于 DPT 的非线性调频信号参数估计[J]. 电子测量与仪器学报, 2009,23(6): 63 - 67.

[21] Skolnik M I. Radar handbook[M]. New York: McGraw - Hill Professional, 2008.

[22] Collins T, Atkins P. Nonlinear frequency modulation chirps for active sonar[J]. IEE Proceedings - Radar, Sonar and Navigation, 1999,146(6): 312 - 316.

[23] 胥嘉佳. 电子侦察信号处理关键算法和欠采样宽带数字接收机研究[D]. 南京: 南京航空航天大学,2010.

[24] 向崇文,黄宇,王泽众,等. 基于 FrFT 的线性调频 - 伪码调相复合调制雷达信号截获与特征提取[J]. 电讯技术, 2012,52(9): 1486 - 1491.

[25] 熊刚,赵惠昌,林俊. 伪码 - 载波调频侦察信号识别的谱相关方法(I)——伪码 - 载波调频信号的谱相关函数[J]. 电子与信息学报, 2005,27(7): 1081 - 1086.

[26] 熊刚,赵惠昌, 王李军. 伪码 - 载波调频侦察信号识别的谱相关方法(II) ——伪码 - 载波调频信号的调制识别和参数估计[J]. 电子与信息学报, 2005,27(7): 1087 - 1092.

28

第3章 常用 LPI 雷达信号的调制方式识别

3.1 引　言

信号调制方式识别是雷达、通信等领域的一个经典课题,在协作与非协作信号处理领域都有广泛应用[1]。特别是在电子侦察领域,若能在无信号先验信息条件下,根据接收信号样本进行有效的调制特征识别,将有助于提高已方的主动性,同时也是后续信号处理环节的前提。在 LPI 雷达信号处理中,信号的调制分为脉内调制与脉间调制两类,其中脉内调制根据其采用调制体制的不同,又可以分为简单调制与复杂调制两种。本章重点研究脉内调制的识别问题,下面分别对脉内两种不同调制体制识别算法的研究现状作简要的综述与回顾。

1. 简单调制信号识别

针对简单单一调制信号识别问题,相关文献从不同角度进行了研究,其方法主要可分为时频曲线法、延时自相关法、分形测度法及小波变换法等。

1) 时频曲线法

时频曲线法主要是利用信号的时频曲线特征对脉内调制方式进行识别。从时频特征获取手段看,主要有以下 3 种方法:

(1) 相位差分法:文献[2]基于相位解模糊及多重相位差分算法获取信号的时频曲线,并根据不同雷达脉内调制方式信号相位差分曲线峰值的幅值分布差异实现了对 NS、LFM、BPSK、QPSK、双线性调频(Double Linear Frequency Modulation,DLFM)等常用脉内调制信号的识别。相位差分法提取时频曲线算法较简单,无须事先进行学习与训练,易于实现,但信噪比较低(小于 6dB)时性能变差。

(2) 时频分布特征法:文献[3]提出了一种基于 Wigner 和 Choi – Williams 时频分布图像分析的雷达脉内调制特征提取方法,基于多层感知分类器对 LFM、BPSK、Costas 频率编码及 Frank、P1、P2、P3、P4 等多相码信号进行识别。信噪比为 6dB 时,总体识别正确率达 98%,但该算法中分类特征的提取较为复杂,运算量较大。文献[4]将信号的时频分布作为一幅二维图像进行处理,利用基于最大熵的图像分割法、改进的 Hough 变换算法和奇异值分解算法分别提取信号时频分布的图像特征,并以类内及类间综合离散度为依据优选出最优特征集作为脉内调制分类特征,实现调制识别。仿真结果表明,该算法在信噪比大于 5dB 时,可对 NS、

29

LFM、BPSK 和 QPSK 四类信号进行有效识别。文献[5]通过 Wigner – Hough 变换，提取 LFM 信号的时频特征。文献[6]将雷达信号的时频分布作为一幅图像进行处理，利用图像处理算法提取其奇异值特征，实现对 NS、LFM、BPSK 和 QPSK 四类信号的调制识别。文献[7]借助于雷达信号的时频分布图像，提出了一种基于二维主分量分析的时频分布图像特征参数提取算法。仿真结果表明，此方法可在信噪比大于 5dB 时，对 NS、LFM、BPSK 和 QPSK 四类调制信号进行有效识别。需要指出的是上述方法均需要一定数量的脉冲信号样本用于特征的学习与训练。文献[8]给出一种基于 ZAM – GTFR 时频分布特征的雷达信号调制识别算法，针对 NS、LFM、FSK、PSK 四类信号的调制识别定义了时频分布的绝对斜率和比值、多项式回归系数、脊线的阶梯个数及极值点之间的归一化系数四个识别特征，信噪比大于 −2dB 时，其识别正确率大于 90%。

（3）短时傅里叶变换（STFT）法：文献[9]利用 STFT 得到信号的时频曲线，并提取信号瞬时频率特性的回归误差及峰值特征，实现对 NS、LFM、BPSK、QPSK、FSK 五类常用脉内调制方式的识别，但其判决门限计算复杂，需通过大量仿真得到。

2）延时自相关法

延时自相关法主要是利用不同调制信号延时自相关后得到的信号波形存在差异，来实现脉内调制识别。文献[10]分析了 NS、LFM 及 BPSK 经延时相关后所呈现的不同波形特性，并以此作为脉内特征提取与识别的依据，但由于延时相关是非线性运算，因此，某种意义上带来了处理信噪比的下降，从而影响识别性能。文献[11]针对常用雷达脉内调制信号的时变矩在不同延时及共轭阶数下所呈现的正弦波抽取特性[12]，将脉内调制方式识别问题转化为正弦波检测与识别问题。该方法无须接收信号的任何先验知识，在较低信噪比条件下可实现对 NS、LFM、DLFM、BPSK、QPSK 等调制样式的有效识别。此方法通过作 FFT 来实现对正弦波的检测，处理信噪比得到增加，在一定程度上弥补了由于相关运算带来的信噪比损失。仿真结果表明，信噪比为 4dB 时总体识别正确率达 95% 以上，对于 NS、LFM、DLFM、BPSK 等调制信号其识别性能更佳。文献[13]针对 FSK、BPSK、QPSK 等信号，提出了一种基于信号 M 次方的周期性检验识别方法。但此方法由于要进行 M 次方非线性运算，带来一定的信噪比损失，因此信噪比低时识别性能变差。

3）分形测度法

分形测度法的主要思想是利用分形维数来度量信号的波形复杂度和不规则性来实现不同调制信号的识别。文献[14]采用分形维数中反映信号波形几何特性和分布特性的盒维数、信息维数作为分类特征，用来识别雷达辐射源信号的脉内调制方式，此方法对相位编码类信号效果明显，但需事先对大量信号样本进行学习与训练。

4）小波变换法

小波变换是一种线性变换，是分析突变信号或非平稳过程的有力工具[12]，在调制方式识别过程中也得到广泛应用。文献[15]利用小波变换及统计检验方法实现了对 FSK、PSK、MPSK 与多进制数字频率调制（MFSK）信号的调制识别，该方法在低信噪比条件下需对码元宽度及同步时间进行估计。文献[16]针对线性调频和双曲线调频信号，提出了一种基于时频分布和小波变换的脉内调制特征提取与识别算法。文献[4]提出了一种基于二次小波变换的脉内调制识别方法。首先对脉内信号进行二次小波变换，后利用不同脉内调制信号二次小波变换系数的傅里叶谱所体现的频率或相位变化的差异，提取相应脉内特征构建识别分类器。此方法可实现对 NS、LFM、BPSK、QPSK 四类调制信号的识别，信噪比大于 5dB 时，算法平均识别正确率达 82% 以上。文献[17-19]提出了一种基于小波包变换和特征选择的雷达脉内调制信号识别方法，先采用小波包变换进行特征提取，再采用基于量子遗传算法的相像系数特征选择法挑选小波包特征中分辨能力强的特征，然后根据这些特征进行调制识别。此方法可实现对 BPSK、QPSK、MPSK、FSK 等调制信号的分类识别，但事先需要一定量的信号样本用于神经网络的学习与训练。文献[20]提出了一种基于连续小波变换的脉内调制类型识别方法，利用连续小波变换提取信号的瞬时频率特征，实现脉内调制识别。文献[21]通过对雷达信号时频分布图像进行二维小波分解，并进行主分量分析，获得不同调制方式雷达信号的特征参数，构建相应的分类器，实现脉内调制识别。

2. 复杂调制信号识别

除简单脉内调制信号外，随着电磁环境密集程度和复杂程度的增加，为进一步提高性能和战场生存概率，现代雷达系统越来越多地采用复杂调制信号，如复合调制信号、复杂 NLFM 信号、多相码及多时码等。以复杂 NLFM 信号为例，常见的包括多项式相位信号、S 型 NLFM 信号及分段线性调频等。这些 NLFM 信号能够获得较低的旁瓣电平，无须加权，且具有良好的多普勒响应性能。因此，在现代雷达中广泛采用非线性调频脉压技术。S 型调频 NLFM 信号较其他类型 NLFM 信号具有更好的脉压主瓣副瓣比，其波形的设计和相关性能分析在诸多文献中均有呈现[22]，但针对 S 型 NLFM 信号识别方面的文献还未见报道，本章将讨论对该类信号的识别算法。

将两种简单调制信号进行复合，也是复杂调制的常用技术手段。常用的复合调制形式有 LFM/BPSK、FSK/BPSK 等。其中 LFM/BPSK 复合调制信号是一种大时宽带宽积信号，它弥补了单一调制信号的不足，兼具 BPSK 信号良好的距离分辨率和 LFM 信号对多普勒频移不敏感的诸多优点，拥有更好的脉冲压缩性能。其模糊函数在原点附近呈现图钉形，与单一调制方式信号相比，具有更良好的抗干扰性能和低截获概率特性，近年来引起人们的广泛关注[23]。目前，这种复合调制信号已经广泛应用于雷达和微小探测器系统中,研究非合作条件下 LFM/BPSK 复合调制信号的特征分析和调制方式识别具有重要的工程意义。文献[23,24]通过研究复合调制信号的谱相关函数,并对谱相关包络峰值的个数进行检测,在峰值个数满足不同门限的条件下实现了 LFM/BPSK 复合调制信号与 BPSK 信号的识别,同时进行参数估计,由于循环谱相关函数对高斯白噪声具有良好的免疫性,该调制识别方法性能良好,但其中有关门限的选取原则、方法及其与检测概率的关系并没有讨论,且计算量较大。文献[25]采用相位展开法分析 LFM/BPSK 复合调制信号的瞬时频率特征,并在此基础上实现信号的识别,该方法流程简单、计算量小,易于工程实时实现,但对识别门限选取的依据没有讨论。文献[26,27]采用 FrFT 方法对 LFM/BPSK 复合调制信号进行特征提取并进行识别,由于 FrFT 对 LFM 成分具有良好的时频聚集性,采用 FrFT 方法可以保证较低的信噪比门限,但 BPSK 调制成分的识别性能不佳,且 FrFT 需要二维搜索,计算量较大。文献[28]采用聚类法对调频/调相(Frequency Modulation/Phase Modulation)复合语音信号,FM/PM 信号进行自动识别,其前提是具有信道衰落的先验知识,这并不适用于电子侦察的非合作环境。

FSK/BPSK 复合调制信号由于具有大时宽带宽积、高分辨率和 LPI 特性,成为另一个应用广泛的复合调制型雷达信号。文献[29]研究了采用 Costas 码的 FSK/PSK 复合调制信号的基本性质和信号特征。文献[30]研究了 FSK/PSK 复合信号的功率谱密度,同时简要评估了对应系统的性能。文献[31]研究了 FSK/PSK 复合调制信号的模糊函数和 LPI 特性。上述的研究为 FSK/BPSK 复合调制信号的识别奠定了基础。文献[32]通过提取信号瞬时相位的非线性分量,并根据归一化瞬时幅度的模值,采用直方图方法识别 FSK/PSK 信号,具有较高的工程应用价值,是目前为数不多的可供参考的 FSK/PSK 复合调制识别文献,美中不足的是其中识别门限的选取原则并没有讨论,且虚警概率与检测概率的关系在文中也未涉及。

此外,多入多出(Multiple-Input Multiple-output,MIMO)雷达作为一种新兴的信号体制,近年来得到广泛关注,但有关 MIMO 雷达信号识别算法的公开文献较少。文献[33]针对 MIMO 雷达中两种不同类型,即相干 MIMO 与非相干 MIMO 雷达,分别采用瞬时谱特征及信号个数特征对常用的 NS – MIMO、LFM – MIMO、PSK – MIMO、FSK – MIMO 等调制样式进行了识别,结果表明:信噪比 0dB 时,算法的总体识别正确率达 90% 以上。

本章主要针对单入单出(Single-input Single-ouput,SISO)体制下 LPI 信号调制方式识别问题展开讨论。针对简单单一脉内调制方式识别,首先就常用的 NS、BPSK、LFM、DLFM、QPSK、三阶多项式相位信号(PPS)共六类雷达调制信号,介绍了能量聚焦效率检验的识别方法,并进行了仿真分析。在 3.5 节中专门针对 S 型非线性调频信号的识别方法进行了介绍。针对复合调制信号,首先从瞬时频率特性出发,讨论了 LFM/BPSK 信号与 FSK/BPSK 信号这两种复合调制信号的特征区别及识别方法。然后,针对 LFM/BPSK 复合调制信号及其相近的 BPSK 信号、LFM 信号,采用二叉树的方法,基于分段滤波、相位展开及瞬时频率变化率特征提取对 LFM/BPSK 复合调制信号的识别方法进行了研究,并讨论和分析了 N – P 准则下识别门限的选取方法。最后,介绍了 FSK/BPSK 复合调制信号的识别算法。从 FSK/BPSK 信号的相位特征入手,基于相位展开和瞬时频率曲线实现了 FSK/BPSK 复合调制信号、FSK 信号和 BPSK 信号的识别,同样也给出了 N – P 准则下识别门限的选定方法,并分析了门限对识别性能的影响。

3.2　简单调制信号识别

设观测信号为

$$r(t) = s(t) + w(t) = A\exp\{j[\varphi(t)]\} + w(t), 0 \leq t \leq T$$

式中:$s(t)$ 为信号部分;A 为信号的幅度;T 为观测时间;$w(t)$ 为零均值复高斯白噪声过程,其实部与虚部互相独立,方差为 $2\sigma^2$,且与信号 $s(t)$ 互不相关。信号的脉内调制方式主要体现在相位函数 $\varphi(t)$ 的变化上。现考虑 6 类常用的简单脉内相位调制方式,其相位函数表述如下:

（1）常规信号（NS）,其相位函数为

$$\varphi(t) = 2\pi f_0 t + \theta_0$$

（2）对于线性调频（IFM）信号,其相位函数为

$$\varphi(t) = 2\pi f_0 t + \pi l t^2 + \theta_0$$

式中:l 为调频系数。

（3）对于双线性调频（DLFM）信号,其相位函数为

$$\varphi(t) = 2\pi f_0 t + \pi d_1(t) + \theta_0$$

式中:$d_1(t)$ 是一个分段线性函数,斜率（调频系数）在区间 $[0, T/2]$、$(T/2, T]$ 分别为 l 与 $-l$。

（4）对于二相编码（BPSK）信号,其相位函数为

$$\varphi(t) = 2\pi f_0 t + \pi d_2(t) + \theta_0$$

式中:$d_2(t)$ 是一个二元编码信号,它的码元宽度为 T_c,其幅度分别为 0 或 1。

（5）对于四相编码（QPSK）信号,其相位函数为

$$\varphi(t) = 2\pi f_0 t + \pi d_4(t)/2 + \theta_0$$

式中:$d_4(t)$ 是一个四元编码信号,码元宽度为 T_c,其幅度分别为 0、1、2、3 中某一个数。

（6）对于三阶多项式相位信号（PPS）,其相位函数为

$$\varphi(t) = a_0 + a_1 t + a_2 t^2 + a_3 t^3$$

式中:$a_i, i = 0, 1, 2, 3$,为相位多项式的系数。

针对低信噪比条件下信号单一调制盲识别问题,本节将介绍一种基于信号能

量聚焦效率检验的识别算法。先对信号进行短时滤波，以便改善由于非线性变换带来的信噪比损失。然后在分析上述六类常用脉内调制信号单频正弦波生成条件差异的基础上，定义信号能量聚焦效率特征，将调制识别转化为对单频正弦分量的检测。

3.2.1 单频正弦波生成特性

定义 3.1 单频正弦波生成特性。设观测信号 $r(t)$ 的 n 阶 q 次共轭滞后积为

$$L_{n,q}^r(t,\tau) = \left(\prod_{j=1}^{n} r^{(*)}(t+\tau_j)\right), \tau = [\tau_1, \tau_2, \cdots, \tau_n] = L_{n,q}^s(t,\tau)_{n,q} + L_{n,q}^w(t,\tau)$$

$$(3-1)$$

式中：(*)表示各乘积因子项的共轭运算是可选的；q 表示总的共轭次数；τ 为延时量；$L_{n,q}^s(t,\tau)$ 及 $L_{n,q}^w(t,\tau)$ 分别对应于观测信号滞后积的信号分量与噪声分量。显然，$r(t)$ 呈现 n 阶 q 次共轭循环平稳特性的条件是在特定的乘积阶数、共轭次数及时延条件下，信号的滞后积 $L_{n,q}^s(t,\tau)$ 中产生有限强度的加性正弦波。如果滞后积中有限强度的正弦波个数为一个，则称其满足单频正弦波生成特性。

1. 脉内信号的单频正弦波生成特性

下面具体分析六类调制样式的单频正弦波特性。

1）NS 信号

易知

$$\begin{cases} L_{1,0}^s(t,\tau) = A\exp[j(2\pi f_0 t + \theta_0)] \\ L_{2,1}^s(t,\tau) = A\exp[j(2\pi f_0 \tau)] \end{cases}$$

$$(3-2)$$

由式（3-2）可见，NS 信号的一阶滞后积 $L_{1,0}^s(t,\tau)$ 频谱中仅含一个频率为 f_0 的正弦分量，其二阶滞后积 $L_{2,1}^s(t,\tau)$ 是一个复常数，为直流分量。

2）LFM 信号

对于线性调频信号，其一阶滞后积为

$$L_{1,0}^s(t,\tau) = A\exp[j(2\pi f_0 t + \pi l t^2 + \theta_0)]$$

$$(3-3)$$

由于线性调频信号 $L_{1,0}^s(t,\tau)$ 的频谱函数中含有 Fresnel 积分项，不存在单一的正弦分量。于是，计算两种二阶滞后积

$$\begin{cases} L_{2,1}^s(t,\tau) = A^2\exp[j(2\pi l\tau t + \theta_1)] \\ L_{2,0}^s(t,\tau) = A^2\exp\{j[2\pi(2f_0 - l\tau)t + \pi(2l)t^2 + \theta_2]\} \end{cases}$$

$$(3-4)$$

式中：$\theta_1 = 2\pi f_0\tau - \pi l\tau^2$，$\theta_2 = \pi l\tau^2 - 2\pi f_0\tau + 2\theta_0$。由式（3-4）可知，当 $\tau \neq 0$ 时，对于 LFM 信号，其二阶滞后积 $L_{2,1}^s(t,\tau)$ 的频谱中仅含有一个单频正弦分量，其频率为 $l\tau(\tau \neq 0)$；$L_{2,0}^s(\tau)$ 仍是一个 LFM 信号，只是参数发生了变化，其起始频率变为 $2f_0 - l\tau$，调频系数变为 $2l$，其频谱不会单频正弦波分量。

3）DLFM 信号

本质上，DLFM 是两个调频系数互为相反数的线性调频信号在不同时间区间的合成，因此其一阶滞后积的频谱中不存在单一正弦分量。考虑其二阶滞后积，取 $\tau = T/2$，则

$$\begin{cases} L_{2,0}^{s}\left(t, T/2\right) = A^2 \exp\left\{ j\left[2\pi\left(2f_0\right)t + \pi\left[d_1(t) + d_1\left(t - \dfrac{T}{2}\right) \right] + 2\theta_0 \right] \right\} \\ L_{2,1}^{s}\left(t, T/2\right) = A^2 \exp\left\{ j\pi\left[d_1(t) - d_1\left(t - \dfrac{T}{2}\right) - j\pi f_0 T \right] \right\} \end{cases} \quad (3-5)$$

式中：$d_1(t) = lt^2\left[\varepsilon(t) - \varepsilon\left(t - \dfrac{T}{2}\right) \right] + l\left[2\left(\dfrac{T}{2}\right)^2 - (t-T)^2 \right]\left[\varepsilon\left(t - \dfrac{T}{2}\right) - \varepsilon(t-T) \right]$。

在有效区间 $(T/2, T]$ 内，有 $d_1(t) + d_1\left(t - \dfrac{T}{2}\right) = lTt - \dfrac{lT^2}{2}$，$d_1(t) - d_1\left(t - \dfrac{T}{2}\right) = 3lTt - 2lt^2 - lT^2$，将两式分别代入式（3-5）中并整理可得

$$\begin{cases} L_{2,0}^{s}\left(t, \tau = T/2\right) = A^2 \exp\left\{ j\left[2\pi\left(2f_0 + \dfrac{lT}{2}\right)t + \beta_0 \right] \right\} \\ L_{2,1}^{s}\left(t, \tau = T/2\right) = A^2 \exp\left\{ j\left[2\pi\left(\dfrac{3}{2}lT\right)t - \pi(2l)t^2 + \beta_1 \right] \right\} \end{cases} \quad (3-6)$$

式中，$\beta_0 = 2\theta_0 - T^2 l/4$，$\beta_1 = -\pi(lT^2 - f_0 T)$。由式（3-6）可知，对于 DLFM 信号，其二阶滞后积 $L_{2,0}^{s}(t, T/2)$ 的频谱中仅含有一个单频正弦分量，其频率为 $2f_0 + lT/2$；$L_{2,1}^{s}(t, T/2)$ 则变成一个 LFM 信号，起始频率为 $3lT/2$，调频系数为 $2l$，其频谱中不含单频正弦波分量。

4）BPSK 与 QPSK 信号

易知，BPSK 信号一阶滞后积 $L_{1,0}^{s}(\tau)$ 的频谱呈现为辛克函数形式，不含单频正弦波分量。考虑二阶滞后积（取 $\tau = 0$）为

$$\begin{cases} L_{2,0}^{s}(t, 0) = A^2 \exp\left\{ j\left[2\pi\left(2f_0\right)t + 2\theta_0 \right] \right\} \\ L_{2,1}^{s}(t, 0) = A^2 \end{cases}$$

可见，BPSK 信号的二阶滞后积 $L_{2,0}^{s}(t, 0)$ 是一个频率为 $2f_0$ 的正弦波信号，$L_{2,1}^{s}(t, \tau = 0)$ 是一个直流信号。易知，QPSK 信号的二阶滞后积 $L_{2,0}^{s}(t, 0)$ 退化成 BPSK 信号，其四阶滞后积为

$$L_{4,0}^{s}(t, 0) = A \exp\left\{ j\left[2\pi\left(4f_0\right)t + 4\theta_0 \right] \right\} \quad (3-7)$$

$L_{4,0}^{s}(t, \tau = 0)$ 实质上是对 QPSK 信号做四次方运算，其频谱中仅含有单频正弦波线谱，其频率为 $4f_0$。

5）三阶 PPS 信号

由文献[5]可知，PPS 信号四阶滞后积为

$$L_{4,2}^s(t,\tau,2\tau) = s(t)\left[s^*(t-\tau)\right]^2 s(t-2\tau) = A^4 \exp(2\pi f_5 t + \varphi_5) \quad (3-8)$$

式中：$f_5 = 6\tau^2 a_3/2\pi, \varphi_5 = 2\tau^2 a_2 + 6\tau^3 a_3$。

综上所述，上述六类常用雷达调制信号的单频正弦波生成特性可总结如下：

（1）NS 信号的一阶滞后积是含有频率为 f_0 的单一正弦分量。

（2）LFM 信号的二阶滞后积 $L_{2,1}^s(t,\tau)$ 是频率为 $l\tau(\tau \neq 0)$ 的单一正弦分量；DLFM 信号的二阶滞后积 $L_{2,0}^s(t,T/2)$ 在 $2f_0 + lT/2$ 处存在单一正弦分量。

（3）BPSK 信号的二阶滞后积 $L_{2,0}^s(t,0)$ 是频率为 $2f_0$ 的单一正弦分量；QPSK 信号的四阶滞后积 $L_{4,0}^s(t,0)$ 是频率为 $4f_0$ 的单一正弦分量。

（4）三阶 PPS 信号的四阶滞后积 $L_{4,2}^s(t,\tau,2\tau)$ 在频率 $6\tau^2 a_3/2\pi$ 处存在单一正弦分量。

显然，不同类型的调制信号，由原信号转变成单频正弦分量的条件不同，主要体现在滞后积的阶数、滞后积的共轭次数及延时量的取值，因此可据此区分信号的调制样式。

2. 非线性变换对单频正弦波生成特性的影响

前述五类调制信号的单频正弦波的生成过程均需进行非线性运算。显然，非线性运算会增加噪声项，从而导致输出信噪比（$\mathrm{SNR_o}$）下降。下面针对不同的信号定量分析信噪比下降的情况。

1. LFM 与 DLFM 信号

对于 LFM 信号，其二阶滞后积 $L_{2,1}^r(t,\tau)$ 的噪声分量为

$$L_{2,1}^w(t,\tau) = w(t)s^*(t-\tau) + w(t)w^*(t-\tau) + s(t)w^*(t-\tau) \quad (3-9)$$

其均值与方差分别为

$$\mathrm{E}\left[L_{2,1}^w(t,\tau)\right] = 0, \mathrm{var}\left[\,|L_{2,1}^w(t,\tau)|^2\right] = 2A^2(2\sigma)^2 + (2\sigma)^4$$

则输出信噪比为[34]

$$\mathrm{SNR_o} = \frac{A^4}{2A^2(2\sigma)^2 + (2\sigma)^4} = \frac{\mathrm{SNR}}{2\mathrm{SNR}+1}\mathrm{SNR} = k_0\mathrm{SNR} \quad (3-10)$$

可见，LFM 信号的二阶滞后积的信噪比为输入信噪比 SNR 的 $k_0(k_0 < 1)$ 倍。例如，当输入信噪比为 0dB 时，输出信噪比下降约为 $-4.77\mathrm{dB}$。

对于 DLFM 信号，其二阶滞后积 $L_{2,0}^r(t,\tau)$ 的噪声分量为

$$L_{2,0}^w(t,\tau) = w(t)s(t-\tau) + w(t)w(t-\tau) + s(t)w(t-\tau) \quad (3-11)$$

同理可以证明，DLFM 信号二阶滞后积的信噪比也为输入信噪比的 $k_0(k_0 < 1)$ 倍。

2. BPSK 与 QPSK 信号

对于 BPSK 信号，其二阶滞后积 $L_{2,0}^r(t,0)$ 的噪声分量为 $L_{2,0}^w(t,0) = 2s(t)w(t) +$

$w^2(t)$,其均值与方差分别为

$$\mathrm{E}\left[L_{2,0}^w(t,0)\right]=0, \mathrm{var}\left[\,|L_{2,0}^w(t,0)|^2\right]=4A^2(2\sigma)^2+(2\sigma)^4$$

则输出信噪比为

$$\mathrm{SNR}_\circ=\frac{A^4}{4A^2(2\sigma)^2+(2\sigma)^4}=\frac{\mathrm{SNR}}{4\mathrm{SNR}+1}\mathrm{SNR}=k_1\mathrm{SNR} \qquad (3-12)$$

式(3-12)表明,BPSK 信号二阶滞后积 $L_{2,0}^r(t,0)$ 的信噪比为输入信号信噪比 SNR 的 $k_1(k_1<1)$ 倍。例如,当输入信噪比为 0dB 时,输出信噪比下降约为 -6.99dB。

对于 QPSK 信号,其四阶滞后积 $L_{4,0}^r(t,0)$ 的噪声分量可以表示为

$$L_{4,0}^w(t,0)=4s^3(t)w(t)+6s^2(t)w^2(t)+4s(t)w^3(t)+w^4(t) \qquad (3-13)$$

其均值与方差分别为

$$\mathrm{E}\left[L_{4,0}^w(t,0)\right]=0$$

$$\mathrm{var}\left[\,|L_{4,0}^w(t,0)|^2\right]=16A^6(2\sigma)^4+36A^4(2\sigma)^4+16A^2(2\sigma)^6+(2\sigma)^8$$

则输出信噪比为

$$\mathrm{SNR}_\circ=\frac{A^8}{16A^6(2\sigma)^4+36A^4(2\sigma)^4+16A^2(2\sigma)^6+(2\sigma)^8}$$

$$=\frac{1}{16+\dfrac{36}{\mathrm{SNR}}+\dfrac{16}{\mathrm{SNR}^2}+\dfrac{1}{\mathrm{SNR}^3}}\mathrm{SNR}=k_2\mathrm{SNR} \qquad (3-14)$$

可见,QPSK 信号四阶滞后积 $L_{4,0}^r(t,0)$ 的信噪比为输入信噪比 SNR 的 $k_2(k_2<1)$ 倍。例如,当输入信噪比为 0dB 时,输出信噪比至少比原信号信噪比下降约 18dB。

3. 三阶 PPS 信号

经过两次相位差分后,输出信噪比为

$$\mathrm{SNR}_\circ=\frac{A^8}{6A^6(2\sigma)^2+10A^4(2\sigma)^4+4A^2(2\sigma)^6+(2\sigma)^8}$$

$$=\frac{1}{6+\dfrac{10}{\mathrm{SNR}}+\dfrac{4}{\mathrm{SNR}^2}+\dfrac{1}{\mathrm{SNR}^3}}\mathrm{SNR}=k_3\mathrm{SNR} \qquad (3-15)$$

显然,三阶 PPS 信号由于进行了两次相位差分运算,其四阶滞后积 $L_{4,2}^s(t,\tau,2\tau)$ 的信噪比为输入信噪比 SNR 的 $k_3(k_3<1)$ 倍。例如,当输入信噪比为 0dB 时,输出信噪比至少比原信号信噪比下降约 13dB。

由上述分析可知,不同调制信号经过不同形式的非线性运算后,信噪比存在不同程度的损失,且随着输入信噪比的下降,其输出信噪比损失也更加明显。图 3-1 显示了不同调制信号的信噪比损失与输入信噪比的关系。

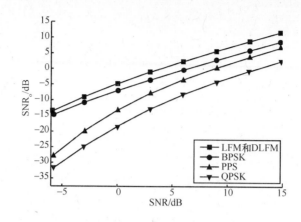

图 3 - 1 非线性变换对输出信噪比的影响

3.2.2 滤波预处理

由 3.2.1 节的分析可知,不同形式的非线性运算一方面可以将调制信号转换成正弦波,提供调制识别的依据;另一方面也带来了信号样本点数的减少(对于 LFM、DLFM 及三阶 PPS)及输出信噪比的下降。当信噪比较低时,正弦波的谱线将淹没在噪声中,难以检测。为此,本书将介绍一种基于短时滤波的预处理方法,将信号在调制识别之前,先做滤波处理,以减少信噪比下降带来的影响。

易知,在一个短时区间 $(t_0, t_0 + T_0)$ 内,各调制信号近似可以看作一个正弦波信号,于是将原始信号 $r(t)$ 作分段处理,设第 i 段信号为

$$r_i(t) = A\exp[j(2\pi f_0 t + \theta_0)] + w(t), iT_0 \leqslant t \leqslant (i+1)T_0 \qquad (3-16)$$

离散采样后可以表示为

$$r_i(n) = A\exp[j(2\pi f_0 n\Delta t + \varphi)] + w(n), i(N_0 - 1) \leqslant n \leqslant (i+1)(N_0 - 1)$$

式中:N_0 为信号分段的样本点数,采样间隔 $\Delta t = T/N$,N 为信号的样本总数。短时滤波算法描述如下[35]:

(1) 对 $r_i(n)$ 做 N_0 点 DFT,得到 $R_i(k) = \mathrm{DFT}[r_i(n)]$。

(2) 设计一个带通波滤器,其传输特性如下:

$$H(k) = \begin{cases} 1, & k_0 - d \leqslant k \leqslant k_0 + d \\ 0, & 其他 \end{cases}$$

式中:k_0 为 $|X(k)|$ 的最大谱线位置($|\cdot|$ 表示对复数取模),d 为滤波点数。

(3) 令 $R_i'(k) = H(k)R_i(k)$,然后对 $R_i'(k)$ 做 N_0 点 IDFT,得 $r_i'(n) = \mathrm{IDFT}(R_i'(k))$。

(4) 将每个分段重构的时域信号组合成新的观测信号 $\hat{r}(n)$。

滤波后的信噪比增加了约 $N_0/2d$ 倍(一般 $N_0 \gg 2d$)。根据经验一般选择 d 取 6 ~ 12。如图 3 - 2 至图 3 - 6 所示,在较低信噪比条件下,短时滤波前后,五类常用不同调制信号在做相应非线性变换前后其频谱的对比。由图可见,经短时滤波后,

原先淹没于噪声中的单频线谱峰值明显,对于提高单频正弦波生成特性检测概率的作用较为明显,从而有助于提高低信噪比条件下的识别性能。

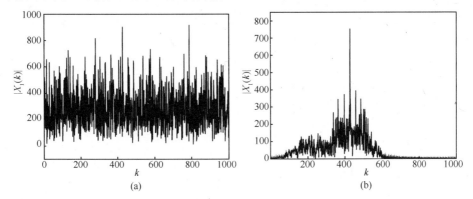

图 3 - 2　BPSK 信号平方后的频谱(SNR = - 6dB)

(a)滤波前;(b)滤波后(滤波点数 7)。

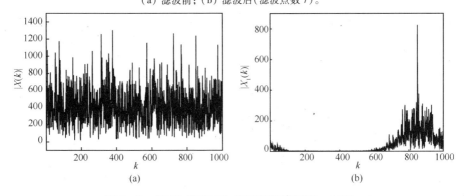

图 3 - 3　QPSK 信号四次方后的频谱(SNR = 0dB)

(a)滤波前;(b)滤波后(滤波点数 7)。

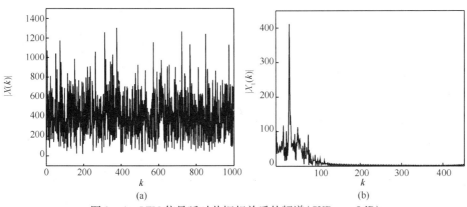

图 3 - 4　LFM 信号延时共轭相关后的频谱(SNR = - 8dB)

(a)滤波前;(b)滤波后(滤波点数 7)。

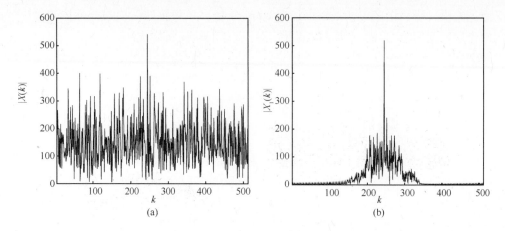

图 3 - 5　DLFM 信号延时共轭相关后的频谱(SNR = -8dB)

(a)滤波前；(b)滤波后(滤波点数7)。

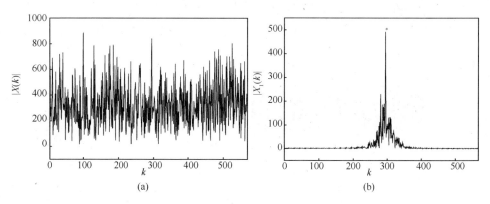

图 3 - 6　三阶 PPS 信号二次相位差分后的频谱(SNR = -3dB)

(a)滤波前；(b)滤波后(滤波点数7)。

3.2.3　识别算法

1. 算法流程

本节提出的调制识别算法可归纳为以下 7 个步骤：

(1)对信号进行适当分段，并进行短时频域滤波预处理。

(2)对滤波后重构的观测信号 $\hat{r}(n)$ 做 DFT,检测其频谱是否存在单频正弦波,若存在判为 NS 信号;否则,进入下一步。

(3)对 $\hat{r}(n)$ 做平方运算,检测其频谱是否存在单频正弦波,若存在判为 BPSK 信号,否则进入下一步。

(4)取 $\tau = T/2$,计算 $L_{2,0}^{\hat{r}}(\tau)$ 及 $L_{2,1}^{\hat{r}}(\tau)$,若 $L_{2,0}^{\hat{r}}(\tau)$ 的频谱存在单频正弦波,则判为 DLFM;若 $L_{2,1}^{\hat{r}}(\tau)$ 的频谱中存在单频正弦波,则判为 LFM。否则,进入下

40

一步。

(5) 若 $L_{4,0}^{\hat{}}(t,0)$ 的频谱存在单频正弦波,则判为 QPSK 信号;否则,进入下一步。

(6) 取 $\tau = T/7$,若 $L_{4,2}^{\hat{}}(t,\tau,2\tau)$ 的频谱存在单频正弦波,则判为 PPS 信号。

(7) 以上条件均不满足时,则判为未知信号。

2. 单频正弦波生成特性的统计检验方法

由前述识别算法来看,检验不同形式滞后积的频谱中是否存在单一正弦波是实现调制识别的核心环节。下面给出一种基于能量聚焦效率的检验方法。

考虑观测信号的离散形式,$r(n) = s(n) + w(n)$,并将噪声分量写为 $w(n) = w_R(n) + jw_I(n)$,显然 $w_R(n)$、$w_I(n)$ 分别服从均值为 0,方差为 σ^2 的高斯分布,且相互独立。对 $r(n)$ 做 N 点 DFT,得 $R(k) = S(k) + W(k)$,并将其各部分写成实部、虚部相加的形式:

$$\begin{cases} R(k) = R_R(k) + jR_I(k) \\ S(k) = S_R(k) + jS_I(k) \\ W(k) = W_R(k) + jW_I(k) \end{cases} \quad (3-17)$$

式中,$W_R(k)$、$W_I(k)$ 分别服从均值为 0,方差为 $N\sigma^2$ 的高斯分布,且相互独立。为了讨论方便,令 $\sigma_1^2 = N\sigma^2$,并定义

$$\begin{cases} F_R(k) = \dfrac{R_R(k)}{\sigma_1}, F_I(k) = \dfrac{R_I(k)}{\sigma_1} \\[2mm] X_R(k) = \dfrac{S_R(k)}{\sigma_1}, X_I(k) = \dfrac{S_I(k)}{\sigma_1} \\[2mm] Z_R(k) = \dfrac{W_R(k)}{\sigma_1}, Z_I(k) = \dfrac{W_I(k)}{\sigma_1} \end{cases} \quad (3-18)$$

式中,$k = 0,1,\cdots,N-1$。易知:$Z_R(k)$、$Z_I(k)$ 相互独立,且服从均值为 0,单位方差的高斯分布;$F_R(k)$、$F_I(k)$ 分别服从均值为 μ_R、μ_I,单位方差的正态分布。

对于单频正弦波生成特性的检测可归结为

$$\begin{cases} H_0:频谱只存在单一线谱 \\ H_1:频谱为连续谱,不存在单一线谱 \end{cases} \quad (3-19)$$

定义 3.2 能量聚焦效率。定义信号频谱最大值附近三根谱线模的平方和与信号总能量的比值为能量聚焦效率,即

$$\eta = \dfrac{\displaystyle\sum_{k=k_0}^{k_2} |S(k)|^2}{\displaystyle\sum_{k=0}^{N-1} |S(k)|^2} \quad (3-20)$$

在 H_0 假设下,单频正弦波做 DFT 之后,主要能量集中在最大谱线附近的三根

谱线上。当信号频率位于量化频率点上时,能量基本聚焦在最大谱线上,当信号频率不在量化频率点时,即使是最差的情况,三根谱线的能量占总能量的比例仍大于85.7%[36]。

在 H_1 假设下,针对本书讨论的其他信号形式,其大部分频谱能量分布于各自带宽范围内的各个点上,最大的三根谱线能量之和占总能量的比例远小于85.7%。表3-1为通过仿真得到的六类常用脉内调制信号的能量聚焦效率。由表3-1可知,NS信号能量聚焦效率远大于其他四类信号。显然,这个值的大小与信号的带宽及信号频谱的形状有关。因此,可以根据这个特征来区分 H_0 与 H_1。

表3-1 不同调制信号的能量聚焦效率

能量聚焦效率	信号类型					
	NS	LFM	BPSK	QPSK	DLFM	PPS
η	0.869	0.032	0.341	0.390	0.097	0.044

于是,式(3-19)的假设检验问题转化为如下参数检验问题:

$$\begin{cases} H_0 : \eta = \eta_0 > 85\% \\ H_1 : \eta = \eta_1 < \eta_0 \end{cases} \tag{3-21}$$

令 $V(k) = |F(k)|^2 = F_R^2(k) + F_1^2(k), k = 0, 1, \cdots, N-1$,假设 k_0、k_1、k_2 分别对应于 $V(k)$ 最大谱线、次大谱线、第三大谱线的位置。这三根谱线模值的平方分别服从自由度为2,参数为 $|S(k)|^2/\sigma_1^2$ 的非中心 χ_2^2 分布。

定义检验统计量为

$$G = \sum_{k=k_0}^{k_2} |F(k)|^2 \tag{3-22}$$

由于 $F(k)$ 之间相互独立,根据非中心 χ_2^2 分布的性质,G 服从自由度为6,非中心参数为 $\lambda = \sum_{k=k_0}^{k_2} |S(k)|^2/\sigma_1^2$ 的非中心 χ_2^2 分布[37]。

在 H_0 假设下,有

$$\lambda_0 = \sum_{k=k_0}^{k_2} \frac{|S_0(k)|^2}{\sigma_1^2} = \frac{1}{\sigma_1^2} \eta_0 \sum_{k=0}^{N-1} |S_0(k)|^2$$

$$= \frac{1}{\sigma_1^2} \eta_0 N \sum_{n=0}^{N-1} |s_0(n)|^2 = \eta_0 \frac{N^2 A^2}{\sigma_1^2} = 2\eta_0 \text{NSNR}$$

同理,在 H_1 假设下,$\lambda_1 = 2\eta_1 \text{NSNR}$。由于 $\eta_1 < \eta_0$,故 $\lambda_1 < \lambda_0$。于是,G_i 的概率密度为

$$f(G_i) = \frac{1}{2} \frac{g}{\lambda_i} \exp\left\{ -\frac{1}{2}(g + \lambda_i) \right\} I_2(\sqrt{g\lambda_i}), g > 0, i = 0, 1 \tag{3-23}$$

其中,$I_2(x)$ 为第一类二阶修正贝塞尔函数。

根据 N-P 准则,构造似然比:

$$\text{若 } \Lambda = \frac{f(G_1)}{f(G_0)} \geqslant \gamma, \text{判 } H_1 \text{成立} \tag{3-24}$$

将式(3-23)代入式(3-24)可得

$$\Lambda = \frac{f(G_1)}{f(G_0)} = \frac{\lambda_0}{\lambda_1} \exp\left[\frac{1}{2}(\lambda_0 - \lambda_1)\right] \frac{I_2(\sqrt{\lambda_1 g})}{I_2(\sqrt{\lambda_0 g})} \geqslant \gamma \tag{3-25}$$

由于 $\lambda_1 < \lambda_0$，故 $\exp\left[\frac{1}{2}(\lambda_0 - \lambda_1)\right] > 1, \frac{\lambda_0}{\lambda_1} > 1$，式(3-25)变为

$$\ln I_2(\sqrt{\lambda_1 g}) - \ln I_2(\sqrt{\lambda_0 g}) \geqslant \gamma' = \ln\gamma + \ln\frac{\lambda_1}{\lambda_0} + \frac{1}{2}(\lambda_1 - \lambda_0) \tag{3-26}$$

在适度信噪比条件下，一般 $\lambda_i g \gg 1, i = 0, 1$，有[38]

$$I_2(\sqrt{\lambda_i g}) \approx \frac{\exp(\sqrt{\lambda_i g})}{\sqrt{2\pi}\sqrt{\lambda_i g}}\left(1 - \frac{2}{\sqrt{\lambda_i g}}\right) \approx \frac{\exp(\sqrt{\lambda_i g})}{\sqrt{2\pi}\sqrt{\lambda_i g}}, i = 0, 1 \tag{3-27}$$

整理后，可得

$$g(\lambda_1 - \lambda_0) \geqslant \gamma'' \tag{3-28}$$

由于 $\lambda_1 - \lambda_0 < 0$，故式(3-28)等价为

$$g \leqslant \gamma''', \text{判 } H_1 \text{成立} \tag{3-29}$$

式(3-29)中等效门限 γ''' 由虚警概率决定。根据 N-P 准则，在给定的虚警概率 α 下

$$P_{FA} = P_r\{g \leqslant \gamma''' \mid H_0\} = \int_0^{\gamma'''} f(G_0)\mathrm{d}g = \alpha = F(\gamma'''; 6, \lambda_0) \tag{3-30}$$

其中：$F(u; v, \lambda)$ 为自由度为 v，非中心参数为 λ 的非中心 χ^2 分布的累积概率分布函数，可表示为

$$F(u; v, \lambda) = \exp(-\lambda/2)\sum_{j=0}^{\infty}\frac{(\lambda/2)^j/j!}{2^{(v/2)}\Gamma\left(\frac{v}{2} + j\right)}\int_0^u y^{v/2+j-1}\mathrm{e}^{-y/2}\mathrm{d}y, u > 0$$

$$\tag{3-31}$$

式中：$\Gamma(\cdot)$ 为 Gamma 函数。

图 3-7 所示为六类不同调制信号的一阶滞后积条件下所得统计量 G 的统计直方图及判决门限。由图可见，本书介绍的检验统计量在相应的门限下可以有效区分不同信号的能量聚焦特征。

上述统计判决 H_0 是针对未做非线性运算的正弦信号而言的，本节中调制识别过程还需要对非线性运算后得到的正弦波信号进行检测，上述检测中的信噪比应为非线性运算后的信噪比 SNR_o，样本长度也要做必要的修正（记为 L），具体如表 3-2 所列，表中的 k_0、k_1、k_2 及 k_3 分别由式(3-10)、式(3-12)、式(3-14)及式(3-15)给出。

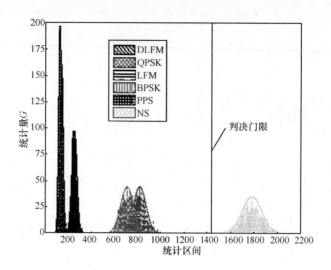

图 3 – 7 检测统计量 G 的统计直方图(虚警概率为 0.001,信噪比为 0dB)

表 3 – 2 参数修正值

参数修正值	信号类型				
	BPSK	QPSK	LFM	PPS	DLFM
SNR_o	$k_1 SNR$	$k_2 SNR$	$k_0 SNR$	$k_3 SNR$	$k_0 SNR$
L	N	N	$N/2$	$4N/7$	$N/2$

3.2.4 性能仿真与分析

1. 识别性能仿真

以 NS、LFM、DLFM、BPSK(13bit 巴克码)、QPSK(16bit 弗兰克(Frank)码信号)及三阶 PPS 信号为例,采样频率为 100MHz,载频为 15MHz,线性调频系数为 1.975MHz/μs,相位编码信号码元宽度为 300ns,信号长度为 4.8μs,PPS 信号的参数为 $a_0 = 0$,$a_1 = 40 \times 10^6$,$a_2 = 10^{13}$,$a_3 = 10^{18}$。虚警概率为 0.001。每种调制类型的信号各做 1000 次仿真,分段数为 4 段,信噪比估计利用特征值分解法。

图 3 – 8 所示为本节方法在不同滤波点数条件下的性能比较。由图可知,未滤波时的性能远差于滤波后;滤波点数过大或者过小时,识别性能均有所下降,应适当选择。以滤波点数取 10 为例,识别概率 95% 为限来看,各类信号识别的信噪比门限约提高 6dB。六类信号中因非线性运算导致识别性能下降最严重的是 QPSK信号,未做滤波前,信噪比为 0dB 时,识别正确率近于 0,滤波后接近 100%,改善明显。

图 3 – 9 所示为本节方法与文献[2,3]相位差分算法的性能比较。图中标识

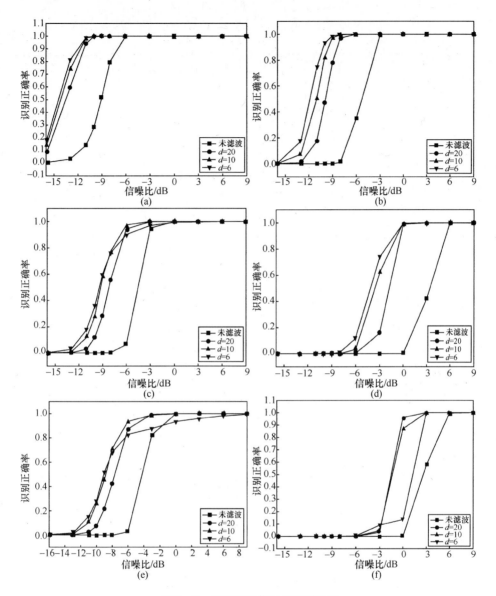

图 3 - 8   不同调制信号的识别性能

（a）NS；（b）BPSK；（c）LFM；（d）QPSK；（e）DLFM；（f）PPS。

数字 1 的为文献[2,3]方法,标识数字 2 的为本节方法。由图 3 - 9 可知,本书方法的识别性能在低信噪比时优势明显。

图 3 - 10 为混合信号条件下本节方法的识别性能。各信号参数设定与图 3 - 9 仿真条件一致,每个信号各取 1 000 个,信号出现次序随机组成混合信号,在不同信噪比条件下进行识别。由图可知,在混合信号条件下,本节算法仍然有效。

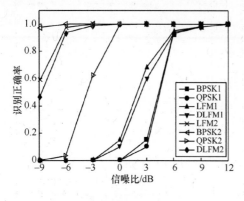

图 3 - 9　本节算法与相位差分
算法的性能比较

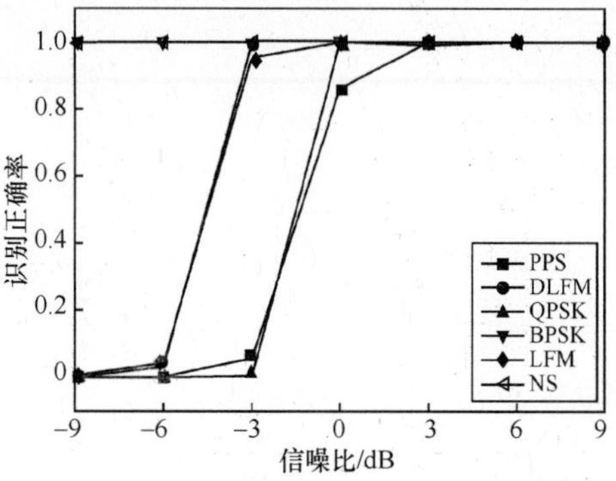

图 3 - 10　混合信号条件下的
识别性能比较

2. 算法的复杂度分析

本节对算法复杂度分析的基本依据是,假定一次复数乘法需要 6 次浮点运算,一次复加需要 2 次浮点运算[39]。由前述的分析可知,本节提出的调制识别算法主要由短时滤波处理、非线性运算及正弦波检测三大部分组成,其运算复杂度如下:

(1) 短时滤波处理环节:假定信号总长度为 N ,分段后每段的长度为 N_0,共分成 $L_0 = [N/N_0]$ 段,该环节中首先对信号进行分段处理,并对每个分段分别做 N_0 点 FFT,然后再将各分段分别做 IFFT 后再进行时域组合重构原始信号,其运算量统计:复乘为 $N/2 lbN_0$ 次,复加为 $NlbN_0$ 次。

(2) 非线性运算及正弦波检测环节:针对不同类型的调制信号,所用的非线性运算不同,参与运算的信号长度也不同,进行正弦波检测时做的 FFT 点数也不同,具体如表 3 - 3 所列。根据 3.2.3 节中所描述的算法流程,针对不同调制信号在统计其运算量时需要累加前一环节的运算量。例如,若信号类型为 NS,则其复乘次数即为 $N/2 lbN$,复加次数为 $NlbN$;若信号类型为 LFM,则其运算量要将 NS 及 BPSK 的运算量一同计入,即其复乘次数为 $3N/2lbN + 3N/2 + N/4 lb(N/2)$,复加次数为 $2NlbN + N/2 lb(N/2)$。

由上述分析可知,不同类型的待识信号,其识别处理的运算量是不同的。若以三阶 PPS 信号为例,其识别运算量最大,则其所需的浮点运算次数近似为 $16N - 5NlbL + 18NlbN$,若短时滤波时分 4 段,则其近似所需浮点运算次数约为 $6N + 18NlbN$,算法的时间复杂度是 $O(NlbN)$ 阶。假定信号长度为 2000,则总的浮点运算次数为 406768 次,若采用 Intel Core i7 - 900 微处器来实现[40],其运算速率是 79.992 GFLOPS,完成本算法大约需要 5.08μs。

表 3 − 3　不同调制信号非线性运算及正弦波检测运算量

信号类型	复乘/次	复加/次
NS	$N/2lbN$	$NlbN$
BPSK	$N + N/2lbN$	$NlbN$
LFM	$N/2 + N/4lb(N/2)$	$N/2lb(N/2)$
DLFM	$N/2 + N/4lb(N/2)$	$N/2lb(N/2)$
QPSK	$N + N/2lbN$	$NlbN$
3 阶 PPS	$16N/7 + 2N/7lb(4N/7)$	$4N/7lb(4N/7)$

3.3　LFM/BPSK 复合调制信号特征分析与识别

3.3.1　信号模型及特征

叠加了高斯白噪声的 LFM/BPSK 复合调制信号模型为

$$x(n) = A\exp\{j[2\pi f_0\Delta tn + \pi l\Delta t^2 n^2 + \theta(n)]\} + w(n) \tag{3-32}$$

式中:f_0 为信号载频,l 为调频系数,Δt 为采样间隔,$\theta(n)$ 为相位编码,A 为信号幅度;$w(n)$ 为零均值加性复高斯白噪声序列,其实部与虚部相互独立,且与信号互不相关,方差为 $2\sigma^2$。为不失一般性,后续讨论中将方差以 σ^2 为基准作归一化,即 $2\sigma^2 = 2$。

由于信号调制方式主要体现在相位函数变化上,本节考虑 LFM/BPSK 复合调制信号与 BPSK 信号以及 LFM 信号的识别。三种信号的相位特征如下:

(1) LFM 信号:$\theta(n) = \theta_0$,θ_0 为常数。

(2) BPSK 信号:$l = 0$,$\theta(n) = \pi \cdot d_2(n)$ 为二元相位编码,且 $d_2(n) \in \{0,1\}$,码速率为 R_b。

(3) LFM/BPSK 复合调制信号:$l \neq 0$,$\theta(n) = \pi \cdot d_2(n)$。

将式(3 − 32)改写成下列形式:

$$x(n) = [1 + v(n)] \cdot A\exp\{j[2\pi f_0\Delta tn + \pi l\Delta t^2 n^2 + \theta(n)]\} \tag{3-33}$$

其中

$$v(n) = \frac{1}{A}w(n)\exp\{j[-2\pi f_0\Delta t \cdot n - \pi l\Delta t^2 n^2 - \theta(n)]\} \tag{3-34}$$

其均值与方差分别为

$$E[v(n)] = 0; \operatorname{var}[v(n)] = E|v(n) - E[v(n)]|^2 = \frac{2}{A^2} = \frac{1}{\text{SNR}}$$

47

记 $v_{re}(n)$，$v_{im}(n)$ 分别为 $v(n)$ 的实部与虚部，有

$$v(n) = \frac{1}{A}[v_{re}(n) + j \cdot v_{im}(n)] \quad\quad (3-35)$$

则有 $\mathrm{var}[v_{re}(n)] = \mathrm{var}[v_{im}(n)] = 1$，$v_{re}(n) \sim N(0,1)$，$v_{im}(n) \sim N(0,1)$，$N(0,1)$ 表示 0 均值方差为 1 的高斯分布。

$$1 + v(n) = 1 + \frac{1}{A}v_{re}(n) + j\frac{1}{A}v_{im}(n) = \frac{1}{A}\sqrt{[A + v_{re}(n)]^2 + v_{im}(n)^2}\, e^{j\tan^{-1}\left[\frac{v_{im}(n)}{A+v_{re}(n)}\right]}$$

$$(3-36)$$

因此，信号表达式(3-32)可重写为

$$x(n) = \sqrt{[A + v_{re}(n)]^2 + v_{im}(n)^2}\, e^{j(2\pi f_c n\Delta t + \pi l n^2\Delta t^2 + \theta(n))} \cdot e^{j\tan^{-1}\left[\frac{v_{im}(n)}{A+v_{re}(n)}\right]}$$

$$(3-37)$$

由式(3-37)可知，噪声对信号的影响表现为对幅度和相位的干扰，且受污染后的信号相位为

$$\varphi(n) = m(n) + \varphi_w(n) \quad\quad (3-38)$$

式中：$m(n) = 2\pi f_c n\Delta t + \pi k n^2\Delta t^2 + \theta(n)$ 是信号相位；$\varphi_w(n) = \arctan\left[\dfrac{v_{im}(n)}{A+v_{re}(n)}\right]$ 为噪声对信号相位的干扰，称为等效相位噪声。

$\varphi_w(n)$ 在给定 $\theta(n)$ 时的条件概率密度[41]为

$$f(\varphi_w|\theta) = \frac{1}{2\pi}e^{-\frac{A^2}{2}} + \frac{A\cos(\varphi_w - \theta)}{2\sqrt{2\pi}}e^{-\frac{A^2\sin^2(\varphi_w - \theta)}{2}} \cdot \left[1 + \mathrm{erf}\left(\frac{A\cos(\varphi_w - \theta)}{\sqrt{2}}\right)\right]$$

$$(3-39)$$

式中：$\mathrm{erf}(\cdot)$ 为误差函数。令 $\gamma = A^2/2$ 为信噪比，则式(3-39)可以写为

$$f(\varphi_w|\theta) = \frac{1}{2\pi}e^{-\gamma} + \frac{\sqrt{\gamma}\cos(\varphi_w - \theta)}{2\sqrt{\pi}}e^{-\gamma\sin^2(\varphi_w - \theta)}\left[1 + \mathrm{erf}(\sqrt{\gamma}\cos(\varphi_w - \theta))\right]$$

$$(3-40)$$

为验证上述推导，进行了 50000 次数值仿真，$\varphi_w(n)$ 在不同信噪比下的概率分布图如图 3-11 所示和方差随信噪比变化曲线如图 3-12 所示，仿真中设初相为 0。

3.3.2 识别算法

LFM/BPSK 复合调制信号的很多信息都携带在相位中，而从 3.3.1 节的分析又可发现，信号的相位极易受到噪声的干扰，这是 LFM/BPSK 复合调制信号与

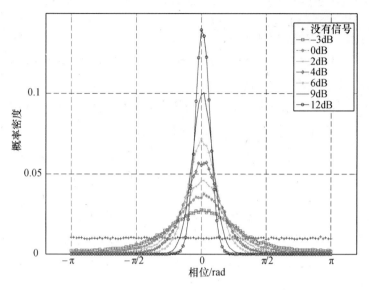

图 3 - 11 $\varphi_w(n)$ 在不同信噪比时的概率分布

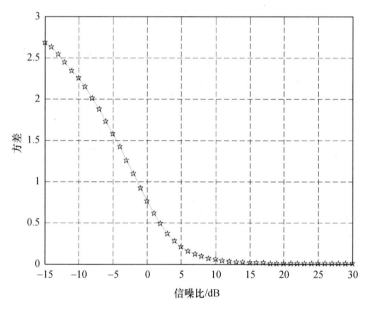

图 3 - 12 $\varphi_w(n)$ 在不同信噪比时的方差

BPSK 信号以及 LFM 信号在较低信噪比下难以区分识别的主要原因。

本书采用二叉树的方法对 LFM/BPSK 复合调制信号进行识别,首先通过瞬时频率变化率特征,实现 $I_1 = \{$ LFM/BPSK,BPSK$\}$ 类信号与 LFM 信号的识别;然后针

对 $I_1 = \{LFM/BPSK, BPSK\}$ 类信号通过相位曲线的线性回归识别 LFM/BPSK 复合调制信号和 BPSK 信号。

1. I_1 类信号和 LFM 信号的识别

比较 $I_1 = \{LFM/BPSK, BPSK\}$ 和 LFM 信号可以发现，I_1 类信号的相位中存在相位编码信息，这给信号识别提供了依据。

对式(3-38)的相位函数求差分得到信号的瞬时频率：

$$f_{inf}(n) = \frac{1}{2\pi\Delta t} \cdot [\varphi(n+1) - \varphi(n)]$$

$$= f_1 + \frac{f_s}{2\pi} \cdot [\theta(n+1) - \theta(n)] + \frac{f_s}{2\pi} \cdot [\varphi_w(n+1) - \varphi_w(n)]$$

$$= f_1 + \frac{f_s}{2\pi} \cdot [\theta(n+1) - \theta(n)] + ins_w(n) \qquad (3-41)$$

式中：$ins_w(n) = f_s/2\pi \cdot [\varphi_w(n+1) - \varphi_w(n)]$ 为等效瞬频噪声；$f_1 = f_0 + l/2f_s(1+2n)$ 为瞬时频率中的确定量，f_s 为采样频率。为简化表示，我们将瞬时频率中的确定量省略，记为

$$\hat{f}_{inf}(n) = \frac{f_s}{2\pi} \cdot [\theta(n+1) - \theta(n)] + ins_w(n) \qquad (3-42)$$

式中：$[\theta(n+1) - \theta(n)] \cdot f_s/2\pi$ 为相位编码在瞬时频率中的反映，若不存在相位编码，则 $\theta(n+1) - \theta(n) = 0$，此时式(3-42)为

$$\hat{f}_{inf}(n) = ins_w(n) \qquad (3-43)$$

若在 $n+1$ 时刻存在相位跳变，即 $\theta(n+1) - \theta(n) = \pi$，此时式(3-42)为

$$\hat{f}_{inf}(n) = \frac{f_s}{2} + ins_w(n) \qquad (3-44)$$

式(3-44)表明，当存在相位编码时，瞬时频率变化率有较大的突变。这表明，可以通过对瞬时频率变化率突变的检测实现相位编码信息的识别，下面的问题是如何设置检测的门限。

分析及仿真图 3-11 和图 3-12 表明，当信噪比不高时，等效相位噪声的方差较大，这就意味着展开后的信号相位极易受到噪声的污染，即使存在相位编码信息，也容易淹没在噪声中。为此，此处采用文献[42]给出的分段滤波方法，以提高信号的输出信噪比。

经过分段滤波处理后的信号其输出信噪比有明显的改善，可将 $\varphi_w(n)$ 近似为高斯分布：

$$\varphi_w(n) \sim N(0, 1/2\gamma) \qquad (3-45)$$

但经过分段滤波处理后，$\varphi_w(n)$ 的样本间不可避免地引入相关性。此时，等效瞬频噪声 $ins_w(n)$ 的方差为

$$\sigma_{\text{ins}}^2 = \frac{f_s^2}{4\pi^2} \cdot D[\varphi_w(n+1) - \varphi_w(n)] \approx \frac{f_s^2}{4\pi^2} \cdot (2 \cdot D[\varphi_w] + r_\varphi)$$

$$= \frac{f_s^2}{4\pi^2} \cdot \left(\frac{1}{\gamma} + r_\varphi \right) \tag{3-46}$$

式中：$D[\cdot]$ 表示求方差运算；r_φ 为 $\varphi_w(n)$ 样本间的相关系数，该值与分段滤波的门函数宽度有关，可通过门函数的傅里叶变换求得。由于等效瞬频噪声的标准差 σ_{ins} 是关于信噪比 γ 的函数，为求得 σ_{ins}，须首先估计分段滤波后的输出信噪比[43]：

$$\hat{\gamma} = \frac{\sqrt{2M_2^2 - M_4}}{M_2 - \sqrt{2M_2^2 - M_4}} \tag{3-47}$$

式中，M_2 和 M_4 分别表示信号样本的二阶矩和四阶矩。

这样，等效瞬频噪声 $\text{ins}_w(n)$ 的分布即可表示为

$$\text{ins}_w(n) \sim N(0, \hat{\sigma}_{\text{ins}}^2) \tag{3-48}$$

其中

$$\hat{\sigma}_{\text{ins}}^2 = \frac{f_s^2}{4\pi^2} \cdot \left(\frac{1}{\hat{\gamma}} + r_\varphi \right) \tag{3-49}$$

根据 N-P 准则，定义如下二元假设：

$$\begin{cases} H_0 : 信号中无相位编码 \\ H_1 : 信号中有相位编码 \end{cases}$$

考虑瞬时频率变量 $\hat{f}_{\text{inf}}(n)$ 的概率密度函数：

$$p_0(f) = \left(\frac{1}{\sqrt{2\pi} \cdot \hat{\sigma}_{\text{ins}}} \right) \cdot \exp\left(-\frac{f^2}{2\hat{\sigma}_{\text{ins}}^2} \right) \tag{3-50}$$

$$p_1(f) = \left(\frac{1}{\sqrt{2\pi} \cdot \hat{\sigma}_{\text{ins}}} \right) \cdot \exp\left(-\frac{\left(f - \frac{f_s}{2}\right)^2}{2\hat{\sigma}_{\text{ins}}^2} \right) \tag{3-51}$$

设给定的虚警概率为 P_{fl}，则

$$P_{\text{fl}} = P(D_1 \mid H_0) = \int_\lambda^\infty p_0(f)\,\mathrm{d}f = \int_\lambda^\infty \frac{1}{\sqrt{2\pi} \cdot \hat{\sigma}_{\text{ins}}} \cdot \exp\left(-\frac{f^2}{2\hat{\sigma}_{\text{ins}}^2} \right)\mathrm{d}f$$

$$\tag{3-52}$$

式中：λ 为检测门限，可通过数值解出。对应的检测概率 P_{dl} 为

$$P_{\text{dl}} = P(D_1 \mid H_1) = \int_\lambda^\infty p_1(f)\,\mathrm{d}f = \int_\lambda^\infty \frac{1}{\sqrt{2\pi} \cdot \hat{\sigma}_{\text{ins}}} \cdot \exp\left(-\frac{\left(f - \frac{f_s}{2}\right)^2}{2\hat{\sigma}_{\text{ins}}^2} \right)\mathrm{d}f$$

$$\tag{3-53}$$

工程中，由于 BPSK 信号中相位跳变一般不止一个，因此若在信号样本序列中不连续的位置检测到多于 3 个的相位跳变信息，即可判定为信号含有 BPSK 编码。

这样,信号相位编码信息二元假设检验流程如下:

(1)对信号进行分段滤波后相位展开,并进一步得到如式(3-42)所示的瞬时频率$\hat{f}_{inf}(n)$。

(2)用式(3-47)进行滤波后的输出信噪比估计,并采用式(3-49)估计等效瞬频噪声$ins_w(n)$的方差$\hat{\sigma}_{ins}^2$。

(3)在给定虚警概率P_{fl}的前提下,由式(3-52)计算检测门限λ。

(4)通过对瞬时频率变化率$\hat{f}_{inf}(n)$与检测门限λ比较,若$\hat{f}_{inf}(n) > \lambda$,则判为$H_1$,即存在相位编码信息;否则判为$H_0$,即不存在相位编码信息。若在3个不连续的样本处检测出相位编码信息,则识别信号为$I_1 = \{LFM/BPSK, BPSK\}$类信号,否则识别信号为LFM信号。

2. LFM/BPSK复合调制信号与BPSK信号的识别

根据信号模型表达式(3-32),LFM/BPSK复合调制信号与BPSK信号的区别在于LFM/BPSK复合调制信号中调频斜率$l \neq 0$,而BPSK信号中$l = 0$。在上述信号相位编码信息已经检测的基础上,我们可以从信号展开后的相位表达式(3-38)中剔除相位编码$\theta(n)$,于是式(3-38)可重写为

$$\tilde{\varphi}(n) = 2\pi f_0 \cdot n \cdot \Delta t + \pi l n^2 \cdot \Delta t^2 + \arctan\left[\frac{v_{im}(n)}{A + v_{re}(n)}\right]$$
$$= c_c \cdot n + c_v \cdot n^2 + \varphi_w(n) \qquad (3-54)$$

式中,$c_c = 2\pi f_0 \cdot \Delta t, c_v = \pi l \cdot \Delta t^2$。

对于BPSK信号,由于$l = 0$,此时式(3-54)为含噪声的线性模型:

$$\tilde{\varphi}(n) = 2\pi f_0 \cdot n \cdot \Delta t + \arctan\left[\frac{v_{im}(n)}{A + v_{re}(n)}\right] = c_c \cdot n + \varphi_w(n) \qquad (3-55)$$

式中,$c_c = 2\pi f_0 \cdot \Delta t$,为线性模型的一次项系数。

对于LFM/BPSK复合调制信号,式(3-54)为含噪声的二次曲线模型,这样,可以通过检测用线性模型进行回归时是否存在失拟来实现信号的识别。

根据文献[44],对于观测数据$(\tilde{\varphi}(n), n)$,$n = 1, \cdots, N$,选择如式(3-55)的简单线性模型:

$$\tilde{\varphi}(n) = c_1 \cdot n + c_0 + e_n, n = 1, \cdots, N \qquad (3-56)$$

式中:e_n为随机噪声;c_0, c_1为回归系数。用最小二乘法对回归系数进行估计,得到回归方程:

$$\hat{\tilde{\varphi}}(n) = \hat{c}_1 \cdot n + \hat{c}_0, n = 1, \cdots, N \qquad (3-57)$$

则$\hat{e}_n = \tilde{\varphi}(n) - \hat{\tilde{\varphi}}(n)$为在$n$点的拟合误差,定义残差为$\xi = \sum_{n=1}^{N} \hat{e}_n^2$。残差体现了回归方程采用线性模型拟合的匹配程度,从而确定是否失拟,并进一步识别LFM/BPSK

52

复合调制信号和 BPSK 信号。

比较式(3-54)至式(3-57),可得到 BPSK 信号时的回归方程系数及拟合误差:

$$\begin{cases} \hat{c}_1 \approx c_{\mathrm{c}} \\ \hat{c}_0 \approx 0 \\ \hat{e}_n = \tilde{\varphi}(n) - \hat{\tilde{\varphi}}(n) \approx \varphi_{\mathrm{w}}(n) \end{cases} \qquad (3-58)$$

此时残差为

$$\xi = \sum_{n=1}^{N} \hat{e}_n^2 \approx \sum_{n=1}^{N} \varphi_{\mathrm{w}}(n)^2 \qquad (3-59)$$

根据前文分析,等效相位噪声 $\varphi_{\mathrm{w}}(n)$ 可近似为均值为零,方差为 $1/2\gamma$ 的高斯噪声,此时式(3-59)所示残差的概率密度即为 Γ 密度[41]:

$$p_0(\xi) = \left[(1/\gamma)^{N/2} \Gamma(N/2) f_{\mathrm{s}}^2 / \pi^2 \right]^{-1} \cdot \xi^{N/2-1} \cdot \mathrm{e}^{-\xi \cdot \gamma \pi^2 / f_{\mathrm{s}}^2} \qquad (3-60)$$

式中,$\Gamma(\cdot)$ 表示 Gamma 函数。

其均值和方差为

$$\mathrm{E}(\xi) = N/2\gamma$$
$$\mathrm{Var}(\xi) = N/2\gamma^2 \qquad (3-61)$$

对于 LFM/BPSK 复合调制信号,其相位曲线为式(3-54)的含噪声二次曲线模型,在采用式(3-56)的线性模型回归时,因失拟而导致的残差必然增大:

$$\xi = \sum_{n=1}^{N} \hat{e}_n^2 = \sum_{n=1}^{N} \left[c_{\mathrm{v}} \cdot n^2 + (c_{\mathrm{c}} - \hat{c}_1) \cdot n + \varphi_{\mathrm{w}}(n) - \hat{c}_0 \right]^2 \qquad (3-62)$$

根据式(3-58),我们忽略 $(c_{\mathrm{c}} - \hat{c}_1)$ 和 $\hat{c}_0$ 的影响,则上式为

$$\xi = \sum_{n=1}^{N} \hat{e}_n^2 = \sum_{n=1}^{N} \left[c_{\mathrm{v}} \cdot n^2 + \varphi_{\mathrm{w}}(n) \right]^2 = \sum_{n=1}^{N} \left[a(n) + \varphi_{\mathrm{w}}(n) \right]^2 \qquad (3-63)$$

式中,$a(n) = c_{\mathrm{v}} \cdot n^2 = \pi l n^2 \cdot \Delta t^2$。

式(3-63)所示残差 ξ 的概率密度为非中心 χ^2 密度[41]:

$$p_1(\xi) = \gamma \cdot (\xi/S)^{(N-2)/4} \cdot \mathrm{e}^{-(\xi+S) \cdot \gamma} \cdot I_{N/2-1} \left[(\xi \cdot S)^{1/2} \cdot 2\gamma \right] \qquad (3-64)$$

式中,$S = \sum_{n=1}^{N} a(n)^2 = \pi^2 l^2 \Delta t^4 \cdot N(N+1)(2N+1)(3N^2+3N-1)/30$,$I_m[\cdot]$ 表示 m 阶第一类修正贝塞尔函数。残差 ξ 的均值和方差分别为

$$\mathrm{E}(\xi) = S + N/2\gamma$$
$$\mathrm{Var}(\xi) = 2S/\gamma + N/2\gamma^2 \qquad (3-65)$$

式(3-61)和式(3-65)说明,采用线性模型回归时,针对 LFM/BPSK 复合调制信号和 BPSK 信号,其相位曲线拟合的残差有明显差别,因此可以作为信号识别的依据。具体流程如下:

(1)在前文基础上,剔除相位表达式(3-38)中相位编码 $\theta(n)$,从而得到式

(3 - 54)的相位曲线,并根据式(3 - 47)估计信噪比$\hat{\gamma}$。

(2) 采用如式(3 - 56)的线性模型对步骤(1)的相位曲线进行回归,并计算拟合残差$\xi = \sum_{n=1}^{N} \hat{e}_n^2$。

(3) 给出二元假设:

$$\begin{cases} H_0 : 线性模型回归时不失拟; \\ H_1 : 线性模型回归时失拟; \end{cases}$$

根据N - P准则,给定虚警概率为P_{f2},则有

$$P_{f2} = P(\xi > V_{sse}) = \int_{V_{sse}}^{\infty} p_0(\xi) d\xi$$

$$= \int_{V_{sse}}^{\infty} [(1/\hat{\gamma})^{N/2} \Gamma(N/2) f_s^2/\pi^2]^{-1} \xi^{N/2-1} \cdot e^{-\xi\hat{\gamma}\pi^2/f_s^2} d\xi \qquad (3-66)$$

式中,V_{sse}为检测门限,该检测门限对应的检测概率P_{d2}为

$$P_{d2} = P(\xi > V_{sse}) = \int_{V_{sse}}^{\infty} p_1(\xi) d\xi$$

$$= 1 - \int_0^{V_{sse}} \hat{\gamma} \cdot (\xi/S)^{(N-2)/4} \cdot e^{-(\xi+S)\cdot\hat{\gamma}} \cdot I_{N/2-1} [(\xi \cdot S)^{1/2} \cdot 2\hat{\gamma}] \cdot d\xi$$

$$(3-67)$$

(4) 在给定虚警概率P_{f2}的情况下,若$\xi > V_{sse}$,则选择H_1,即线性模型回归时失拟,此时意味着信号为 LFM/BPSK 复合调制信号;否则选择H_0,即线性模型回归时不失拟,意味着信号为 BPSK 信号。

3.3.3 性能仿真与分析

1. 识别性能仿真

为验证上述信号调制识别和参数估计方法的性能,我们构造了 LFM/BPSK 复合调制信号、BPSK 信号和 LFM 信号三种信号,其参数如下:

LFM/BPSK 复合调制信号:载频$f_c = 100\text{MHz}$,调频斜率$l = 300\text{MHz}/\mu\text{s}$,二相编码采用 13 位巴克码,码元宽度 $0.04\mu\text{s}$。

LFM 信号:载频$f_c = 100\text{Hz}$,调频斜率$l = 300\text{MHz}/\mu\text{s}$。

BPSK 信号:二相编码采用 13 位巴克码,码元宽度 $0.04\mu\text{s}$。

采样频率为$f_s = 2000\text{MHz}$,三种信号的样本点数 N 均为 1040,仿真噪声为零均值加性复高斯白噪声,方差为 2。蒙特卡罗仿真 1000 次。

仿真 1:$I_1 = \{\text{LFM/BPSK, BPSK}\}$ 和 LFM 信号的识别仿真

根据 3.3.2 节的流程,我们对 LFM/BPSK 复合调制信号、BPSK 信号和 LFM 信号进行类信号的识别。仿真中设置输入信噪比范围[-9dB ~ 15dB],采用 N - P 准则,对$I_1 = \{\text{LFM/BPSK, BPSK}\}$信号的识别进行了蒙特卡罗仿真,仿真时,在信

号样本中检测到至少 3 个相位跳变点才识别为 $I_1 = \{\text{LFM/BPSK}, \text{BPSK}\}$ 类信号。由于式(3 – 52)中 P_{f1} 是单个样本虚警概率,这样含有 N 个样本点的信号其识别的虚警概率为

$$\tilde{P}_{\text{f1}} = 1 - \left[C_N^0 \cdot (1 - P_{\text{f1}})^N + C_N^1 \cdot P_{\text{f1}} (1 - P_{\text{f1}})^{N-1} + C_N^2 \cdot P_{\text{f1}} (1 - P_{\text{f1}})^{N-2} \right]$$

$$(3 - 68)$$

式中,C_N^0 表示从 N 个样本中取 0 个的排列组合,依次类推。C_N^n 表示从 N 个样本中取 n 个的排列组合。

取不同虚警概率 $\tilde{P}_{\text{f1}}$,对 3.3.2 节中讨论的识别算法(不妨称为多相位点算法)的识别性能进行仿真。作为对比,本书还对文献[23,24]中的识别算法(不妨称 Xiong 算法)进行了仿真,由于涉及的信号模型不完全一致,仅就与本书相关的信号类型识别进行了仿真,同时对相同类型的信号设置相同的参数。

需要说明的是,文献[23,24]为取得循环谱包络曲线,需进行低通滤波,且低通滤波器截止频率的选择对算法性能影响显著。为保证可比性,在相同的虚警概率下,对多相位点算法的识别性能和文献[23,24]的识别性能进行仿真对比,结果如表 3 – 4 所列。不同虚警概率下多相位点算法的识别性能如图 3 – 13 所示。

表 3 – 4　$\{\text{LFM/BPSK}, \text{BPSK}\}$ 类信号识别的性能

算法		信噪比 /dB							
		– 2	– 1	0	1	2	3	4	6
多相位点算法	虚警概率 5×10^{-4}	349	599	703	823	932	984	996	1000
	虚警概率 1×10^{-3}	462	641	865	930	983	995	1000	1000
Xiong 算法	虚警概率 5×10^{-4}	394	601	682	817	919	973	998	1000
	虚警概率 1×10^{-3}	414	621	745	858	939	982	1000	1000

仿真 2:LFM/BPSK 复合调制信号与 BPSK 信号的识别仿真

根据 3.3.2 节的流程,需要从 $I_1 = \{\text{LFM/BPSK}, \text{BPSK}\}$ 类信号中进行 LFM/BPSK 复合调制信号和 BPSK 信号的识别。仿真中信噪比范围与前述相同。类似地,式(3 – 66)给出 P_{f2} 也为单个样本的虚警概率,故 N 个样本点构成的信号其识别的虚警概率为

$$\tilde{P}_{\text{f2}} = 1 - \left[C_N^0 \cdot (1 - P_{\text{f2}})^N + C_N^1 \cdot P_{\text{f2}} (1 - P_{\text{f2}})^{N-1} + C_N^2 \cdot P_{\text{f2}}^2 (1 - P_{\text{f2}})^{N-2} \right]$$

$$(3 - 69)$$

作为对比,此处还对 Xiong 算法进行了仿真,取不同虚警概率 $\tilde{P}_{\text{f2}}$,LFM/BPSK 复合调制信号识别的仿真结果如表 3 – 5 和图 3 – 14 所示。本节在该步骤中所采用的算法不妨称为线性回归算法。

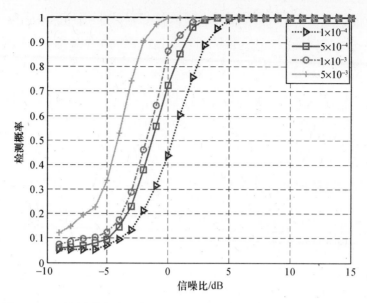

图 3-13　不同虚警概率下｛LFM/BPSK，BPSK｝类信号检测概率仿真曲线

表 3-5　1000 次仿真 LFM/BPSK 信号的识别性能

算法		信噪比 /dB							
		−5	−4	−3	−2	−1	0	1	2
线性回归算法	虚警概率 5×10^{-4}	289	573	817	952	995	1000	1000	1000
	虚警概率 1×10^{-3}	299	588	883	979	996	1000	1000	1000
Xiong 算法	虚警概率 5×10^{-4}	299	571	714	850	977	998	1000	1000
	虚警概率 1×10^{-3}	310	639	832	937	998	1000	1000	1000

需要说明的是，由于 3.3.2 节关于 LFM/BPSK 复合调制信号的识别流程是建立在 $I_1 =$ ｛LFM/BPSK，BPSK｝类信号的检测基础上的，故 LFM/BPSK 复合调制信号检测实际的虚警概率和检测概率应分别为

$$\begin{cases} P_f = P_{f1} \times P_{d2} + P_{f2} \times P_{d1} \\ P_d = P_{d1} \times P_{d2} \end{cases}$$

FSK/BPSK 复合调制信号的检测概率应该为式（3-53）和式（3-67）检测概率的乘积，称为综合检测概率，表示为 P_D。不同虚警概率条件下 P_D 的仿真结果如图 3-15 所示。

由图 3-15 可知，在输入信噪比高于 3dB 时，本节算法检测概率较高。从表 3-5可见，在相同虚警情况下，当信噪比大于 −3dB 时，本节提出的线性回归算法的检测性能略优于 Xiong 算法。在信噪比低于 0dB 时，本节算法检测性能下降迅速，这是因为在低信噪比条件下，等效相位噪声和等效瞬频噪声的高斯分布近似

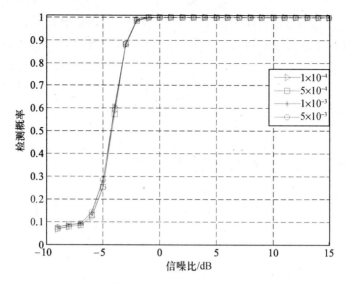

图 3 - 14　不同虚警概率下 LFM/BPSK 信号检测概率仿真曲线

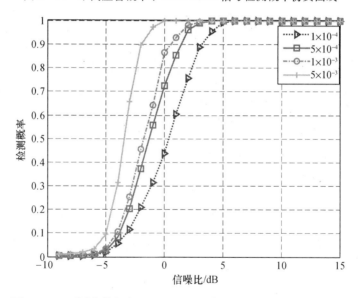

图 3 - 15　不同虚警概率下 LFM/BPSK 信号综合检测概率仿真曲线

都与实际有较大偏差。

2. 算法的复杂度分析

本节对算法复杂度分析的基本依据是,一次复数乘法需要 6 次浮点运算,一次复加需要 2 次浮点运算[39]。由前述的分析可知,本节提出的识别算法主要由两部分组成,一是相位编码信息的检测,二是 LFM/BPSK 复合调制信号与 BPSK 信号的识别,运算复杂度为两部分处理的和。

（1）相位编码信息的检测环节：主要运算集中在分段滤波、输出信噪比估计、门限计算和比较。假定信号总长度为 N，分段后每段的长度为 N_0，分段滤波是对每个分段做 N_0 点 FFT 和 IFFT，然后再将各段重新组合拼接，其运算量约为复乘 $N[lb(N_0)]$ 次，复加 $2N[lb(N_0)]$ 次；输出信噪比估计的主要计算量是二阶矩量和四阶矩量的计算，约为复乘 $3N$ 次，复加 $2N$ 次；门限计算和比较的计算量主要在门限比较，N 个样本需要进行 N 次比较，计算机中实现比较运算时实质上进行减法运算，也就是补码加法运算。这样，相位编码信息的检测环节总的计算量约为复乘 $N[lb(N_0)]+3N$ 次，复加 $2N[lb(N_0)]+3N$ 次。

（2）LFM/BPSK 复合调制信号与 BPSK 调制信号的识别环节：主要运算量集中在信噪比估计、相位曲线拟合、残差计算。如前所述，信噪比估计的计算量约为复乘 $3N$ 次，复加 $2N$ 次；相位曲线拟合计算量约为复乘 $2N$ 次，复加 N 次，残差计算需要的计算量为复加 $2N$ 次。

由上述分析可知，LFM/BPSK 复合调制信号的识别主要由两部分构成，总的计算量约为复乘 $N[lb(N_0)]+8N$ 次，复加 $2N[lb(N_0)]+8N$ 次。假设信号长度为 2000，分段滤波时样本分段为 10 段，则所需的浮点运算次数约为 560322，若采用 Intel Core i7-900 微处器来实现[40]，其运算速率是 79.992 GFLOPS，完成本算法大约需要 $7\mu s$。

3.4　FSK/BPSK 复合调制信号特征分析与识别

3.4.1　信号模型

叠加了高斯白噪声的 FSK/BPSK 复合调制信号模型为

$$x(n) = A\sum_{k=1}^{L} \exp[j(2\pi f_k \Delta tn + \theta(n))] \cdot \mathrm{rect}(n-(k-1)t_F/\Delta t) + w(n)$$

$$(3-70)$$

其中，$\mathrm{rect}(n) = \begin{cases} 1, & 0 \leqslant n \leqslant t_F/\Delta t \\ 0, & 其他 \end{cases}$。

式（3-70）中：$\{f_1, f_2, \cdots, f_L\}$ 为 FSK 的跳频序列，L 为跳频个数，每个频率编码码元宽度为 t_F；Δt 为采样间隔；$\theta(n)$ 为相位编码；A 为信号幅度；$w(n)$ 为零均值加性复高斯白噪声序列，方差为 $2\sigma^2$，其实部与虚部相互独立，不失一般性将噪声方差归一化为 $2\sigma^2=2$；信号总的样本数为 $N=Lt_F/\Delta t$。本节考虑 FSK/BPSK 复合调制信号与 FSK 信号和 BPSK 信号的识别，按式（3-70）分析这三类信号的相位特征如下：

（1）FSK 信号：$L>1$，$\theta(n)=\theta_0$，θ_0 为常数。

（2）BPSK 信号：$L=1$ 且 $\theta(n)=\pi \cdot d_2(n)$ 为二元相位编码，且 $d_2(n)\in\{0,$

58

1,码元宽度为t_B,编码数为N_B。

(3) FSK/BPSK 复合调制信号:$L>1$,且 $\theta(n)=\pi\cdot d_2(n)$。

为提取信号相位特征,式(3-70)可重写为(推导过程与前文类似)

$$x(n)=\sum_{k=1}^{L}\sqrt{[A+v_{\text{re}}(n)]^2+v_{\text{im}}(n)^2}\,e^{j(2\pi f_k n\Delta t+\theta(n))}\cdot$$

$$e^{j\tan^{-1}\left[\frac{v_{\text{im}}(n)}{A+v_{\text{re}}(n)}\right]}\cdot\text{rect}(n-(k-1)t_F/\Delta t)\qquad(3-71)$$

式中:$v_{\text{re}}(n)$ 和 $v_{\text{im}}(n)$ 分别表示等效噪声 $v(n)$ 的实部与虚部。

对任一含有 FSK 编码的信号而言,其频率编码$\{f_1,f_2,\cdots,f_L\}$和码元宽度 t_F 都是确定量。因此,我们讨论频率编码f_k持续时间 t_F 内的信号相位:

$$\varphi(n_k)=m(n_k)+\tan^{-1}\left[\frac{v_{\text{im}}(n_k)}{A+v_{\text{re}}(n_k)}\right],\ (k-1)t_F/\Delta t\leq n_k\leq kt_F/\Delta t\quad(3-72)$$

式中,$m(n_k)=2\pi f_k n\Delta t+\theta(n_k)$是信号相位,令 $\varphi_{wk}=\varphi_w(n_k)=\tan^{-1}\left[\dfrac{v_{\text{im}}(n_k)}{A+v_{\text{re}}(n_k)}\right]$,称为等效相位噪声。$\varphi_w(n_k)$在给定 $\theta(n_k)$时的条件概率密度[41]为

$$f(\varphi_{wk}|\theta)=\frac{1}{2\pi}e^{-\gamma}+\frac{\sqrt{\gamma}\cos(\varphi_{wk}-\theta)}{2\sqrt{\pi}}e^{-\gamma\sin^2(\varphi_{wk}-\theta)}[1+\text{erf}(\sqrt{\gamma}\cos(\varphi_{wk}-\theta))]$$

$$(3-73)$$

式中:$\text{erf}(\cdot)$为误差函数;$\gamma=A^2/2$ 为信噪比。

FSK/BPSK 复合调制信号脉内结构示意图如图 2-8 所示。

3.4.2　识别算法

本书采用二叉树的方法对 FSK/BPSK 复合调制信号进行识别,首先通过瞬时频率变化率特征,实现 $I_2=\{\text{FSK/BPSK},\text{BPSK}\}$ 类信号与 FSK 信号的识别;然后针对$\{\text{FSK/BPSK},\text{BPSK}\}$类信号通过相位曲线的线性回归识别 FSK/BPSK 复合调制信号和 BPSK 信号。

1. $I_2=\{\text{FSK/BPSK},\text{BPSK}\}$ 和 FSK 信号的识别

比较 $I_2=\{\text{FSK/BPSK},\text{BPSK}\}$ 和 FSK 信号可以发现,$I_2=\{\text{FSK/BPSK},\text{BPSK}\}$信号的相位中存在相位编码信息,这给信号识别提供了依据。

对式(3-72)求差分得到信号的瞬时频率:

$$f_{\text{inf}}(n_k)=\frac{1}{2\pi\Delta t}[\varphi(n_k+1)-\varphi(n_k)]$$

$$=f_k+\frac{f_s}{2\pi}[\theta(n_k+1)-\theta(n_k)]+\text{ins}_w(n_k)\quad(3-74)$$

式中，$\mathrm{ins}_w(n_k)$ 为等效瞬频噪声。在频率编码的码元宽度 t_F 时间内，f_k 为确定的常数，可通过重心法进行预估计。为简化表示，将该确定量暂时省略：

$$f_{\mathrm{inf}}(n_k) = \frac{f_s}{2\pi}[\theta(n_k+1) - \theta(n_k)] + \mathrm{ins}_w(n_k) \tag{3-75}$$

由式（3-75）可以看出，码元宽度 t_F 内瞬时频率的突变有两种因素：

（1）$\dfrac{f_s}{2\pi}[\theta(n_k+1) - \theta(n_k)]$ 为相位跳变引起的瞬时频率变化；

（2）$\mathrm{ins}_w(n_k)$ 为噪声引起的瞬时频率起伏。

针对因素（2），噪声引起的瞬时频率的起伏是随机的；针对因素（1），若不存在相位跳变，则 $\theta(n_k+1) - \theta(n_k) = 0$，即不会引起瞬时频率的变化：

$$f_{\mathrm{inf}}(n_k) = \mathrm{ins}_w(n_k) \tag{3-76}$$

若在 n_k+1 时刻存在相位跳变，则 $\theta(n_k+1) - \theta(n_k) = \pi$，此时式（3-75）为

$$f_{\mathrm{inf}}(n_k) = \frac{f_s}{2} + \mathrm{ins}_w(n_k) \tag{3-77}$$

FSK/BPSK 复合调制信号的瞬时频率曲线如图 2-9（a）所示。

由式（3-76）、式（3-77）以及图 2-9（a）可知，在存在相位跳变时，瞬时频率有 $f_s/2$ 的突变。因此，可以通过对瞬时频率突变的检测实现相位编码信息的识别。根据 3.3 节分析，当信噪比较高时，φ_{wk} 是均值为 θ，方差为 $1/2\gamma$ 的高斯分布且其方差反比于信噪比，信噪比较低时，等效相位噪声 φ_{wk} 趋于均匀分布。

同样，为提高信噪比，采用文献[42]给出的分段滤波算法，以提高信号的输出信噪比。经过分段滤波处理后的信号其输出信噪比有明显的改善，可将 $\varphi_{wk}(n)$ 近似为高斯分布：

$$\varphi_{wk}(n) \sim N(0, 1/2\gamma) \tag{3-78}$$

同样，我们考虑经过分段滤波处理后 $\varphi_{wk}(n)$ 的样本间引入的相关性。此时，等效瞬频噪声 $\mathrm{ins}_w(n) = [\varphi_{wk}(n+1) - \varphi_{wk}(n)] \cdot f_s/2\pi$ 的方差为

$$\sigma_{\mathrm{ins}}^2 = \frac{f_s^2}{4\pi^2} D[\varphi_{wk}(n+1) - \varphi_{wk}(n)] = \frac{f_s^2}{4\pi^2}\left(\frac{1}{\gamma} + r_\varphi\right) \tag{3-79}$$

式中，r_φ 为 $\varphi_{wk}(n)$ 样本间的相关系数，该值与分段滤波的门函数宽度有关，可通过门函数的傅里叶变换求得。与 3.3.2 节类似，由于等效瞬频噪声的标准差 σ_{ins} 是信噪比 γ 的函数，为求得 σ_{ins}，采用式（3-47）进行滤波后的输出信噪比估计。

这样，等效瞬频噪声 $\mathrm{ins}_w(n)$ 的分布可表示为

$$\mathrm{ins}_w(n) \sim N(0, \hat{\sigma}_{\mathrm{ins}}^2) \tag{3-80}$$

其中

$$\hat{\sigma}_{\text{ins}}^2 = \frac{f_s^2}{4\pi^2}\left(\frac{1}{\hat{\gamma}} + r_\varphi\right) \tag{3-81}$$

定义如下二元假设：

$$\begin{cases} H_0: 样本中无相位跳变 \\ H_1: 样本中有相位跳变 \end{cases}$$

考虑瞬时频率变量 $f_{\text{inf}}(n_k)$ 的概率密度函数：

$$p_0(f) = \left(\frac{1}{\sqrt{2\pi}\hat{\sigma}_{\text{ins}}}\right) \cdot \exp\left(-\frac{f^2}{2\,\hat{\sigma}_{\text{ins}}^2}\right) \tag{3-82}$$

$$p_1(f) = \left(\frac{1}{\sqrt{2\pi}\hat{\sigma}_{\text{ins}}}\right) \cdot \exp\left(-\frac{\left(f-\frac{f_s}{2}\right)^2}{2\,\hat{\sigma}_{\text{ins}}^2}\right) \tag{3-83}$$

根据 N – P 准则，若给定虚警概率 P_{f1}，则

$$P_{\text{f1}} = P(D_1 \mid H_0) = \int_\lambda^\infty p_0(f)\,\mathrm{d}f = \int_\lambda^\infty \frac{1}{\sqrt{2\pi}\cdot\hat{\sigma}_{\text{ins}}} \cdot \exp\left(-\frac{f^2}{2\,\hat{\sigma}_{\text{ins}}^2}\right)\mathrm{d}f \tag{3-84}$$

式中，λ 为检测门限，可数值解出。对应的检测概率 P_{d1} 为

$$P_{\text{d1}} = P(D_1 \mid H_1) = \int_\lambda^\infty p_1(f)\,\mathrm{d}f = \int_\lambda^\infty \frac{1}{\sqrt{2\pi}\cdot\hat{\sigma}_{\text{ins}}} \cdot \exp\left(-\frac{\left(f-\frac{f_s}{2}\right)^2}{2\,\hat{\sigma}_{\text{ins}}^2}\right)\mathrm{d}f \tag{3-85}$$

工程中，由于 BPSK 信号相位跳变点较多，一般情况下若在信号样本的不连续位置检测到多于 3 个相位跳变点，即可判定信号含有 BPSK 编码。

这样，相位编码信息二元假设检验流程如下：

（1）对信号进行分段滤波后相位展开，并进一步得到如式（3 – 74）所示的瞬时频率 $f_{\text{inf}}(n_k)$；

（2）用式（3 – 47）进行输出信噪比估计以求得等效瞬频噪声 $\text{ins}_w(n)$ 的方差 $\hat{\sigma}_{\text{ins}}^2$；

（3）在给定虚警概率 P_{f1} 的前提下，由式（3 – 84）计算检测门限 λ；

（4）比较 $f_{\text{inf}}(n_k)$ 与检测门限 λ，若 $f_{\text{inf}}(n_k) > \lambda$，则判为 H_1，即存在相位跳变信息；否则判为 H_0，即不存在相位跳变信息。若在不连续的样本点处检测出多于 3 个相位跳变信息，则识别信号为 $I_2 = \{\text{FSK/BPSK}, \text{BPSK}\}$ 类信号，否则识别信号为 FSK 信号。

2. FSK/BPSK 复合调制信号与 BPSK 信号的识别

根据 3.4.1 节的分析，FSK/BPSK 复合调制信号与 BPSK 信号的区别在于

FSK/BPSK 复合调制信号中频率编码个数 $L > 1$，而 BPSK 信号中无频率编码，即 $L = 1$。将式（3 - 70）信号平方，虽然式（3 - 70）信号为时域叠加方式，但由于门函数的作用，各段信号并不重叠，因此平方后相位为原相位的 2 倍，这样可去除二相编码信息 $\theta(n)$，从而式（3 - 70）平方后信号的相位为

$$\varphi'(n) = 2\varphi(n) = \sum_{k=1}^{L} \left[4\pi f_k n \Delta t + 2\varphi_{\mathrm{w}}(n) \right] \cdot \mathrm{rect}(n - (k - 1)t_{\mathrm{F}}/\Delta t)$$

$$(3 - 86)$$

由此可见，若 $L = 1$，即 BPSK 信号，其平方后相位曲线为叠加噪声的直线，即

$$\varphi'(n) = 2\varphi(n) = 4\pi f_1 n \Delta t + 2\varphi_{\mathrm{w}}(n) = b_1 \cdot n + 2\varphi_{\mathrm{w}}(n) \qquad (3 - 87)$$

式中，$b_1 = 4\pi f_1 \Delta t$，为常数；$2\varphi_{\mathrm{w}}(n)$ 为噪声。

当 $L > 1$ 时，FSK/BPSK 复合调制信号平方后的相位曲线为叠加噪声的折线。因此，可以通过检测用线性模型进行回归时是否存在失拟来实现信号的识别。具体分析过程与 3.3.2 节类似，在此不再赘述。

针对 FSK/BPSK 复合调制信号和 BPSK 信号，其平方后相位曲线采用线性模型拟合的残差有明显差别，据此进行信号识别的具体流程如下：

（1）将式（3 - 70）信号平方，去除相位编码 $\theta(n)$，从而得到式（3 - 86）的相位曲线。

（2）采用线性模型对步骤（1）的相位曲线进行回归，并计算拟合残差 $\rho = \sum_{n=1}^{N} \hat{e}_n^2$。

（3）给出二元假设

$$\begin{cases} H_0 : 线性模型回归时不失拟 \\ H_1 : 线性模型回归时失拟 \end{cases}$$

根据 N - P 准则，给定虚警概率为 P_{f3}，则有

$$P_{f3} = P(\rho > V_{\mathrm{T3}}) = \int_{V_{\mathrm{T3}}}^{\infty} \left[(1/\hat{\gamma})^{N/2} \Gamma(N/2) f_s^2 / \pi^2 \right]^{-1} \rho^{N/2 - 1} \cdot \mathrm{e}^{-\rho \hat{\gamma} \pi^2 / f_s^2} \mathrm{d}\rho$$

$$(3 - 88)$$

式中：V_{T3} 为检测门限，可数值解出。检测门限 V_{T3} 对应的检测概率 P_{d3} 为

$$P_{d3} = P(\rho > V_{\mathrm{T3}}) = 1 - \int_0^{V_{\mathrm{T3}}} \hat{\gamma}(\rho/S)^{(N-2)/4} \mathrm{e}^{-(\rho+S)\hat{\gamma}} I_{N/2-1} \left[2\hat{\gamma}(\rho \cdot S)^{1/2} \right] \mathrm{d}\rho$$

$$(3 - 89)$$

（4）在给定虚警概率 P_{f3} 的情况下，若 $\rho > V_{\mathrm{T3}}$，则选择 H_1，即线性模型回归时失拟，此时意味着信号为 FSK/BPSK 复合调制信号；否则选择 H_0。

3.4.3 性能仿真与分析

1. 识别算法仿真

仿真中 FSK/BPSK 复合调制信号、BPSK 信号和 FSK 信号的参数设定如下：

FSK/BPSK 复合调制信号：取 $L=4$，即 4 个载频，分别为 $f_1=80\text{MHz}$，$f_2=85\text{MHz}$，$f_3=90\text{MHz}$，$f_4=95\text{MHz}$，二相编码采用 13 位巴克码，码元宽度 $0.2\mu\text{s}$；每个载频持续时间内均进行独立的二相编码。FSK 信号载频设置及 BPSK 信号参数与样本点数均与上述一致。

采样频率为 $f_s=200\text{MHz}$，仿真噪声为零均值加性复高斯白噪声，方差为 2。蒙特卡罗仿真 1000 次。

仿真 1：{FSK/BPSK, BPSK} 类和 FSK 信号的识别仿真分析

首先进行 {FSK/BPSK, BPSK} 类信号的识别，为表述方便，不妨令 $I_2=$ {FSK/BPSK, BPSK}。仿真过程中设置输入信噪比为 $[-6,10]\text{dB}$，根据算法流程，若检测出多于 3 个相位跳变点，则判定信号中包含二相编码，即信号为 $I_2=$ {FSK/BPSK, BPSK} 类信号。

作为对比，对文献 [32] 的识别方法（不妨称 Chi 算法）也进行了仿真。由于文献 [32] 讨论的信号类型与本书不完全一致，为保证可比性，仿真中，对文献 [32] 中涉及的信号类型和参数设置与本书相同。1000 次识别仿真对比结果如表 3-6 所列。其中相位检测算法即为 3.4.2 节中针对 $I_2=$ {FSK/BPSK, BPSK} 和 FSK 信号所讨论的识别算法。在不同的虚警概率 P_{fa} 条件下，仿真了 {FSK/BPSK, BPSK} 信号在不同信噪比条件下的识别性能，结果如图 3-16 所示。

表 3-6　1000 次仿真 {FSK/BPSK, BPSK} 信号类的识别性能

算法		信噪比 /dB							
		-2	-1	0	1	2	3	4	6
相位检测算法	虚警概率 5×10^{-3}	232	810	999	1000	1000	1000	1000	1000
	虚警概率 1×10^{-3}	80	225	848	980	1000	1000	1000	1000
Chi 算法	虚警概率 5×10^{-3}	361	733	835	999	1000	1000	1000	1000
	虚警概率 1×10^{-3}	221	515	801	972	1000	1000	1000	1000

仿真 2：FSK/BPSK 复合调制信号与 BPSK 信号的识别仿真

如 3.4.2 节流程所述，采用线性模型回归法进行 FSK/BPSK 复合调制信号与 BPSK 信号的识别。仿真中信噪比范围如前所述。在不同的虚警概率条件下，对 3.4.2 节所述算法及 Chi 算法做仿真分析，并做性能对比，结果如表 3-7 和图 3-17 所示。

表 3 - 7　FSK/BPSK 复合调制信号的识别性能

算法		信噪比 /dB							
		-5	-4	-3	-2	-1	0	1	2
线性模型回归法	虚警概率 5×10^{-3}	354	693	885	992	1000	1000	1000	1000
	虚警概率 1×10^{-3}	310	639	852	988	1000	1000	1000	1000
Chi 算法	虚警概率 5×10^{-3}	311	588	783	879	990	1000	1000	1000
	虚警概率 1×10^{-3}	276	501	714	830	977	998	1000	1000

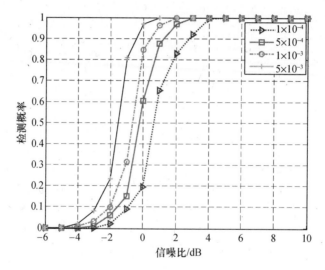

图 3 - 16　不同虚警概率条件下的信号识别性能

由于本书采用逐步识别的方法,因此,FSK/BPSK 复合调制信号的检测概率应该为式(3 - 85)和式(3 - 89)检测概率的乘积,表示为 P_D,其仿真结果如图 3 - 18 所示。

为检验不同的频率编码数对检测性能的影响,在保持 t_F 时间内样本数不变的情况下,取 $L = 8$,对综合检测概率 P_D 进行了仿真,频率编码范围为 [60, 95] MHz,频率步进及信号其他参数均与前文一致,仿真结果如图 3 - 19 所示。此外,本书在保持仿真环境不变的情况下,将信号样本数减少为原样本数的一半,即 $N/2$ 时,仿真了 FSK/BPSK 复合调制信号的综合检测概率,仿真结果如图 3 - 20 所示。综合图 3 - 18 至图 3 - 20 可以发现,在合适的信噪比条件下,本书算法检测性能较好。

对比图 3 - 18 和图 3 - 19 可以发现,算法检测性能受 L 影响较小,但从图 3 - 20 的仿真结果不难看出,信号样本点数的降低将明显影响算法性能,即信号样本点数较少时,要获得较好的检测性能需要较高的信噪比环境。

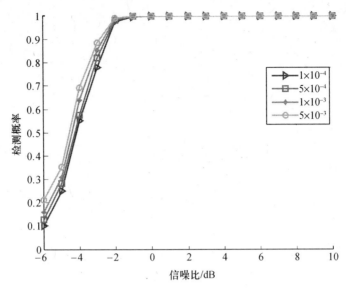

图 3 – 17   不同虚警概率条件下 FSK/BPSK 信号与 BPSK 信号识别性能

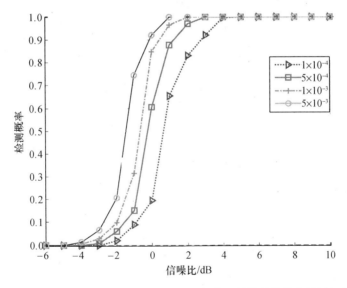

图 3 – 18   不同虚警概率条件下 FSK/BPSK 复合调制信号的综合检测概率 P_D

　　同时，从图 3 – 18 的仿真结果可以发现，信噪比较低时，本节算法检测性能下降迅速，这是因为在低信噪比条件下，等效相位噪声的高斯分布近似与实际有较大偏差。而且，当信噪比较低时，分段滤波的效果和输出信噪比的估计精度也受到一定影响，从而进一步影响检测性能。

　　2. 算法的复杂度分析

　　本节对算法复杂度分析的基本依据是，一次复数乘法需要 6 次浮点运算，一次

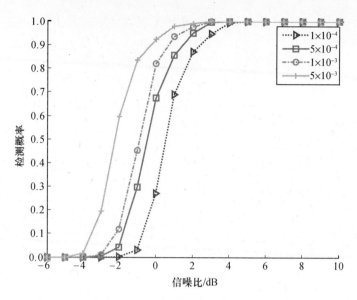

图 3 - 19　$L=8$ 时 FSK/BPSK 信号综合检测概率 $P_D(L=8)$

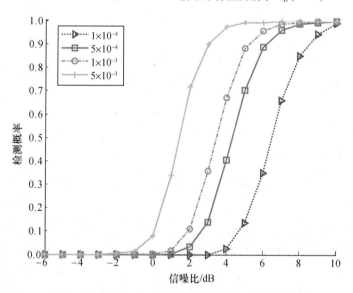

图 3 - 20　样本数为 $N/2$ 时 FSK/BPSK 信号综合检测概率 P_D

复加需要 2 次浮点运算[39]。由前述的分析可知,本节提出的识别算法主要由两部分组成,一是相位编码信息的检测,二是 FSK/BPSK 复合调制信号与 BPSK 信号的识别,运算复杂度为两部分处理的和。

（1）相位编码信息的检测环节:主要运算集中在分段滤波、输出信噪比估计、门限计算和比较。假定信号总长度为 N,分段后每段的长度为 N_0,分段滤波是对

66

每个分段做 N_0 点 FFT 和 IFFT,然后再将各段重新组合拼接,其运算量约为复乘 $N[lb(N_0)]$ 次,复加 $2N[lb(N_0)]$ 次;输出信噪比估计的主要计算量是二阶矩量和四阶矩量的计算,约为复乘 $3N$ 次,复加 $2N$ 次;门限计算和比较的计算量主要在门限比较,N 个样本需要进行 N 次比较,计算机中实现比较运算时实质上进行减法运算,也就是补码加法运算。这样,相位编码信息的检测环节总的计算量约为复乘 $N[lb(N_0)]+3N$ 次,复加 $2N[lb(N_0)]+3N$ 次。

（2）FSK/BPSK 复合调制信号与 BPSK 调制信号的识别环节:主要运算量集中在信号平方、信噪比估计、相位曲线拟合、残差计算。信号平方需要 N 次复乘,信噪比估计的计算量约为复乘 $3N$ 次,复加 $2N$ 次;相位曲线拟合计算量约为复乘 $2N$ 次,复加 N 次,残差计算需要的计算量为复加 $2N$ 次。

由上述分析可知,FSK/BPSK 复合调制信号的识别主要由两部分构成,总的计算量约为复乘 $N[lb(N_0)]+9N$ 次,复加 $2N[lb(N_0)]+8N$ 次。假设信号长度为 2000,分段滤波时样本分段为 10 段,则所需的浮点运算次数约为 572322,若采用 Intel Core i7 - 900 微处器来实现[40],其运算速率是 79.992 GFLOPS,完成本算法大约需要 7.1μs。

3.5   S 型非线性调频信号特征分析与识别

3.5.1   信号的构建及相位特征分析

调频信号的脉冲压缩处理主要有两种方法:一种是线性调频脉冲压缩;另一种是非线性调频脉冲压缩[22, 45]。线性调频信号是最常用的脉冲压缩信号,但通过匹配滤波器后其副瓣电平较高,这样,对 LFM 信号,匹配滤波器后通常跟随一个加权滤波器以降低时间副瓣电平。但是,加权滤波会造成信噪比的损失。S 型非线性调频信号通过在脉冲两端增加频率调制变化的速率,在中心附近减小频率调制变化的速率,可以不需要频域加权滤波来抑制时间副瓣。

NLFM 信号的优点明显,但也存在缺点:多普勒敏感性比 LFM 信号高。当存在多普勒频移时,与 LFM 信号的时间副瓣相比,NLFM 信号的时间副瓣电平趋于增加。NLFM 信号的这种特性使得人们有时必须用多个在多普勒频移上有偏置的匹配滤波器进行处理以达到所需的时间副瓣电平,或用一个频域加权窗函数来降低时间副瓣[46]。由于泰勒（Taylor）加权提供了一个理想 Dolph - Chebyshev 加权可实现的近似,《雷达手册》[22]中推荐使用该窗函数,可用于正弦、正切型 NLFM 信号的设计中。对于基于正弦的 S 型 NLFM 信号,其泰勒加权滤波器的等价低通滤波器的频率响应为[22]

$$W(f) = 1 + 2\sum_{m=1}^{n-1} F_m\cos\left(\frac{2\pi mf}{B}\right) \tag{3-90}$$

67

式中:F_m为泰勒系数;m为阶数;$\bar{n}$为加权函数的项数;B为信号调制带宽。

利用相位驻留原理[121],可以近似地得到信号的群延迟为

$$G(f) = \frac{fT}{B} + \frac{T}{2} + \sum_{m=1}^{\bar{n}} \frac{F_m T}{\pi m} \sin\left(\frac{2\pi mf}{B}\right) \qquad (3-91)$$

对式(3-91)求反函数,得到 NLFM 信号的频率函数:

$$f(t) = G^{-1}(f), 0 \leqslant t \leqslant T$$

进而对调频函数积分求得信号的相位函数:

$$\theta(t) = 2\pi \int_0^t f(x)\,\mathrm{d}x, 0 \leqslant t \leqslant T$$

尽管从理论上可以根据群延迟函数求得频率函数和相位函数,但实际很难得到解析形式,工程中,我们一般采取数值求解方法。根据文献[22],为获得泰勒 $-40\mathrm{dB}$ 压缩的脉冲响应,一个带宽为 B 的 NLFM 信号的频率函数可写为

$$f(t) = B\left(\frac{t}{T} + \sum_{m=1}^{7} K(m) \sin\frac{2\pi mt}{T}\right) \qquad (3-92)$$

式中,$K(m) = [-0.1145, 0.0396, -0.0202, +0.0118, -0.0082, 0.0055, -0.0040]$ 为系数。

根据频率函数容易得到信号的相位函数为

$$\phi(t) = \frac{\pi B}{T} t^2 - BT \sum_{m=1}^{7} \frac{K(m)}{m} \cos\left(\frac{2\pi mt}{T}\right) \qquad (3-93)$$

这样,NLFM 信号的模型为

$$s(t) = A \cdot \exp\left(\mathrm{j} \cdot \left(\frac{\pi B}{T} t^2 - BT \sum_{m=1}^{7} \frac{K(m)}{m} \cos\left(\frac{2\pi mt}{T}\right)\right)\right) \qquad (3-94)$$

式中,A 为信号幅度。但工程中,NLFM 信号的初始频率一般不为 0,如图 3-21 中,初始频率为 37MHz。

雷达系统中,除上述基于正弦的 NLFM 信号,还有基于正切函数的 NLFM 波形。尽管《雷达手册》中给出了一个可供参考的基于正切的频率调制-时间函数,但工程实现十分困难。Collins 和 Atkins[45] 研究了一个基于正切的非线性调频信号的扩展形式,其频率函数为线性调频项与正切调频项的加权和:

$$f(t) = \pi B\left(\frac{2(1-\alpha)t}{T} + \alpha \cdot \tan(2\gamma t/T)/\tan(\gamma)\right) \qquad (3-95)$$

式中:B 为带宽;α 为平衡因子;γ 为正切权重因子,且 $\gamma < \pi/2$。不难看出,α 为 0 时,基于正切的 NLFM 信号退化为一个线性调频信号。

对式(3-95)求积分,可以得到基于正切的 NLFM 信号的相位函数为

$$\varphi(t) = \frac{\pi B(1-\alpha)}{T} t^2 + \frac{\pi \alpha BT \cdot \ln[1 + \tan(2\gamma t/T)^2]}{4\gamma \cdot \tan(\gamma)} \qquad (3-96)$$

这样,基于正切的 S 型 NLFM 信号的模型为

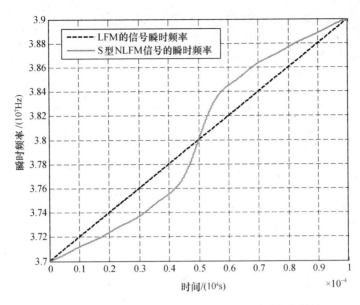

图 3 – 21　基于正弦的 S 型 NLFM 信号的瞬时频率曲线

$$s(t) = A_0 \cdot \exp\left\{ \mathrm{j} \cdot \left[\frac{\pi B(1-\alpha)}{T} t^2 + \frac{\pi \alpha B T \cdot \ln(1 + \tan(2\gamma t/T)^2)}{4\gamma \cdot \tan(\gamma)} \right] \right\}$$

$$(3 - 97)$$

与基于正弦的 S 型 NLFM 信号类似,工程中,基于正切的 S 型 NLFM 信号的起始频率一般也不为 0,如图 3 – 22 所示。

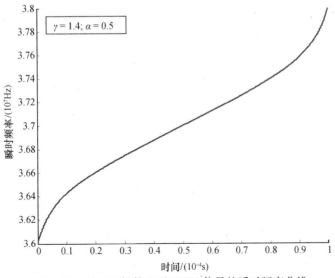

图 3 – 22　基于正切的 S 型 NLFM 信号的瞬时频率曲线

3.5.2 识别算法

首先以基于正弦的 S 型 NLFM 信号为例推导其识别特征。

对基于正弦的 S 型 NLFM 信号的频率函数求导,可得其调频率函数:

$$\mu(t) = \frac{\mathrm{d}f(t)}{\mathrm{d}t} = B\Big[\frac{1}{T} + \sum_{m=1}^{7} K(m)\frac{2\pi m}{T}\cos\Big(\frac{2\pi mt}{T}\Big)\Big]$$

$$= \frac{B}{T}\Big[1 + \sum_{m=1}^{7} K(m)2\pi m\cos\Big(\frac{2\pi mt}{T}\Big)\Big] \qquad (3-98)$$

若系数 $K(m)$ 恒为 0,则式(3-98)调频率函数为常数 B/T,即此时 NLFM 信号退化为 LFM 信号。当系数 $K(m) \neq 0$ 时,NLFM 的调频率函数的起点、终点和中间时刻,即 $t=0$、$t=T$ 和 $t=T/2$ 时的值为,

$$\begin{cases} \mu(0) = \dfrac{B}{T}\Big[1 + \sum_{m=1}^{7} K(m)2\pi m\Big] \\[2mm] \mu(T) = \dfrac{B}{T}\Big[1 + \sum_{m=1}^{7} K(m)2\pi m\Big] \\[2mm] \mu(T/2) = \dfrac{B}{T}\Big[1 + \sum_{m=1}^{7} K(m)2\pi m \cdot \cos(\pi m)\Big] \end{cases} \qquad (3-99)$$

可见,$\mu(0) = \mu(T) \neq \mu(T/2)$,为说明这三个值的数值关系,不妨将系数 $K(m)$ 代入,有

$$\begin{cases} \mu(0) = \mu(T) = \dfrac{B}{T} \cdot (1 - 0.531916) \\[2mm] \mu(T/2) = \dfrac{B}{T} \cdot (1 + 2.5353) \end{cases} \qquad (3-100)$$

根据上述结果可知,基于正弦的 S 型 NLFM 信号的调频率函数值在起点时刻和终点时刻相等,但与中间时刻的调频斜率有较大差别,这一特性可以作为该类信号的识别依据之一。由于正弦函数为奇函数,因此,调频率函数关于中间时刻奇对称。图 3-21 可说明这一点。而且,若构造 NLFM 信号的时间-频率函数的线性部分,即

$$f_{\mathrm{linear}}(t) = \frac{B}{T} \cdot t \qquad (3-101)$$

将 $f(t)$ 与 $f_{\mathrm{linear}}(t)$ 相减,得

$$\Delta f(t) = f(t) - f_{\mathrm{linear}}(t) = B \cdot \sum_{m=1}^{7} K(m)\sin\frac{2\pi mt}{T} \qquad (3-102)$$

可以发现,$\Delta f(t)$ 关于中间时刻 $t=T/2$ 奇对称,这样,以 $t=T/2$ 为界,$\Delta f(t)$ 曲线左右两侧的积分面积相等,即

70

$$S_{\text{left}} = S_{\text{right}} = \left| \int_0^{T/2} \Delta f(t)\, dt \right| = \left| \int_{T/2}^{T} \Delta f(t)\, dt \right| \qquad (3-103)$$

图 3 – 23 中黑色虚线两侧的阴影部分可形象地说明上述结论。

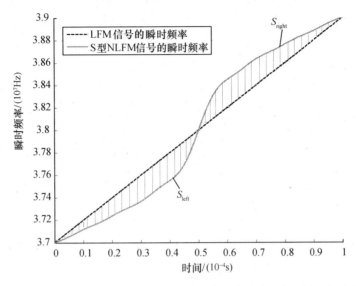

图 3 – 23　构造线性调频部分后 S 型 NLFM 信号的瞬时频率两侧面积示意图

基于正切的 S 型 NLFM 信号与基于正弦的 S 型 NLFM 信号有类似的性质,故在此不再赘述。

这样,得到了识别 S 型 NLFM 信号的两个特征:

(1) 调频斜率在 $t=0$ 和 $t=T$ 时刻相等,与 $t=T/2$ 时刻的调频斜率有明显差别;

(2) 频率函数关于线性部分奇对称,即以 $t=T/2$ 为界,对称两侧面积相等,但积分结果符号相反。

工程中,由于噪声的干扰,信号的频率函数以及调频率函数的计算都将受到影响,特别是信号的瞬时频率在噪声的影响下方差较大,因此给调频斜率的计算精度带来较大偏差,此时调频斜率在 $t=0$ 和 $t=T$ 时刻可能会有一定的差别。因此,识别 S 型 NLFM 信号的两个特征需做修正:

(1) 调频斜率在 $t=0$ 和 $t=T$ 时刻近似相等,两点调频斜率差值不超过两点调频率均值的 0.5 倍;$t=T/2$ 时刻的调频斜率大于前述两点值中最大值的 2 倍,或小于两点值中最小值的 1/2。

(2) 频率函数关于线性部分奇对称,即以 $t=T/2$ 为界,对称两侧面积近似相等,相差不超过单侧面积的 0.1 倍。

需要说明的是,由于频率函数易受噪声的干扰,为提高 S 型 NLFM 信号的识别概率,需要对信号进行滤波预处理。由于本书讨论的 NLFM 信号的频率曲线无跳变点,可考虑采用分段滤波及其改进算法以提高信噪比,关于改进型分段滤波算法,将在下一章进行详细讨论。

根据分析,若要对 S 型 NLFM 信号进行识别,需判断上述两个特征,而在特征分析时,又需要构造如式(3 – 101)所示的 NLFM 信号时间 – 频率函数的线性部分。这需要估计信号的带宽 B 和脉冲宽度 T。脉冲宽度 T 可采用文献[47]中的基于 Haar 小波变换的信号到达时间估计算法分别检测信号的起点时刻 t_S 和终点时刻 t_E,则脉冲宽度的估计为

$$\hat{T} = t_E - t_S \qquad (3 - 104)$$

令起点时刻 $t_S = 0$,且终点时刻 $t_E = T$,在瞬时频率函数中取起点与终点的差即为信号带宽 B 的估计:

$$\hat{B} = f(t)\big|_{t=0} - f(t)\big|_{t=T} \qquad (3 - 105)$$

由此,得到 S 型 NLFM 信号的识别方法,总结流程如下:

(1)采用文献[47]中的 Haar 小波法检测信号的起点和终点,从而得到脉冲宽度的估计值 $\hat{T}$。

(2)对信号进行分段滤波以提高输出信噪比,然后对滤波后的信号进行相位展开[48]以求得瞬时频率函数 $f(t)$,再根据式(3 – 105)求得信号带宽的估计 $\hat{B}$。

(3)构造瞬时频率的线性部分:

$$f_{\text{linear}}(t) = \frac{\hat{B}}{\hat{T}} \cdot t$$

并计算

$$\Delta f(t) = f(t) - f_{\text{linear}}(t)$$

然后计算 $t = T/2$ 时刻左右两侧 $\Delta f(t)$ 对时间的积分,记为 S_L 和 S_R,若满足

$$|S_L - S_R|/(|S_L| + |S_R|) < 0.1 \text{ 且 } 0.9 < |S_L|/|S_R| < 1.1$$

则作为特征一。

(4)取瞬时频率曲线 $f(t)$ 的起始时刻、中间时刻和终点时刻各 10% 长度,进行线性回归拟合,其一次项系数即为三个时刻的调频斜率估计,记为 $\hat{\mu}(0)$,$\hat{\mu}(T/2)$ 和 $\hat{\mu}(T)$,若满足条件:

$$0.5 < \hat{\mu}(T)/\hat{\mu}(0) < 1.5$$

且

$$\frac{|\hat{\mu}(T/2)|}{\max(\hat{\mu}(T), \hat{\mu}(0))} > 2 \text{ 或} \frac{|\hat{\mu}(T/2)|}{\min(\hat{\mu}(T), \hat{\mu}(0))} < 0.5$$

则作为特征二。

(5)特征一和特征二同时满足时,可识别信号为 S 型 NLFM 信号,否则识别为

其他类型信号。

3.5.3 性能仿真与分析

为验证算法性能,仿真中设置了基于正弦和基于正切的 S 型 NLFM 信号各一个。其中,两个信号带宽和脉冲宽度均为 $B = 2\text{MHz}$ 和 $T = 100\mu s$,起始频率为 $f_0 = 37\text{MHz}$。正弦函数的权系数 $K(m)$ 如式(3 – 92)所述,基于正切的 NLFM 信号模型中 $\alpha = 0.5, \gamma = 1.4$。信号的采样频率均设为 200MHz。仿真中噪声为零均值加性复高斯白噪声,蒙特卡罗仿真 1000 次,对分段滤波前和滤波后的信号采用本书的算法流程进行识别仿真对比。

仿真中过程中设置输入信噪比为 $[-6, 16]\text{dB}$,1000 次识别仿真的结果如表 3 – 8 和图 3 – 24 所示。

表 3 – 8 1000 次仿真 S 型 NLFM 信号的正确识别次数

S 型 NLFM 信号		信噪比 /dB						
		– 4	– 2	0	2	4	8	12
基于正弦的 NLFM	滤波前	112	153	225	326	502	892	994
	滤波后	625	875	930	994	1000	1000	1000
基于正切的 NLFM	滤波前	106	145	226	300	512	882	1000
	滤波后	633	855	946	999	1000	1000	1000

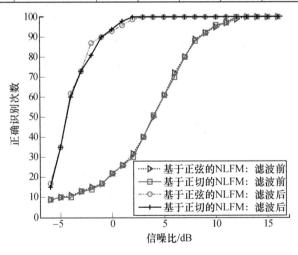

图 3 – 24 S 型 NLFM 信号的识别性能

从仿真结果可以发现,针对基于正弦的 S 型 NLFM 信号和基于正切的 S 型 NLFM 信号的识别,算法性能几乎相当。但分段滤波对识别效果影响显著。滤波前,若要使识别概率大于 90%,则需要高于 9dB 的信噪比环境;而滤波后,仅需要高于 0dB 的信噪比环境即可达到同样的识别性能。

算法的工程应用价值不仅与正确识别概率有关,而且与算法的复杂度有关。本节对算法复杂度分析的基本依据是,一次复数乘法需要 6 次浮点运算,一次复加需要 2 次浮点运算[39]。由前述的分析可知,本节提出的识别算法计算量主要集中在 Haar 小波变换、分段滤波、相位展开和三段样本的线性拟合等环节。

N 个样本的 Haar 小波变换需要 N 次乘法和 N 次加法;分段滤波的计算量已在 3.4.3 节讨论,即假设信号总长度为 N,分段后每段的长度为 N_0,分段滤波运算量约为复乘 $N[lb(N_0)]$ 次,复加 $2N[lb(N_0)]$ 次;相位展开和构造原始 LFM 信号需要 $2N$ 次复加;三段各 10% 样本长度的线性拟合的计算量约为复乘 $0.6N$ 次,复加 $0.3N$ 次,残差计算需要的计算量为复加 $2N$。

由上述分析可知,S 型 NLFM 信号的识别总的计算量约为复乘 $N[lb(N_0)] + 0.6N$ 次,复加 $2N[lb(N_0)] + 4.3N$ 次。假定信号长度为 2000,分段滤波时样本分段为 10 段,则所需的浮点运算次数约为 177276,若采用 Intel Core i7 – 900 微处器来实现[40],其运算速率是 79.992 GFLOPS,完成本算法大约需要 2.215μs。

3.6　本　章　小　结

本章主要介绍了常用 LPI 雷达信号识别算法。首先针对简单单一脉内调制方式,就常用的 NS、BPSK、LFM、DLFM、QPSK、三阶 PPS 六类雷达调制信号,介绍了能量聚焦效率检验的识别方法,仿真结果表明,在高于信噪比门限的条件下,基于能量聚焦效率检验的识别方法效果良好。此外,本章还介绍了几种典型复杂调制信号的识别方法。首先,对 LFM/BPSK 复合调制信号和 FSK/BPSK 复合调制信号进行了特征分析,从信号的相位展开入手,通过差分得到信号的瞬时频率,然后介绍了采用二叉树的方法研究复合调制信号的特征识别方法,给出了基于 N – P 准则的识别门限选取原则,并就识别门限对识别概率的影响做了仿真分析。最后,介绍了 S 型 NLFM 信号的识别方法,通过对基于正弦和基于正切的 S 型 NLFM 信号进行特征分析,给出了基于瞬时频率函数的识别方法。由于信号的相位和瞬时频率易受噪声干扰,为提高识别效果,可采用分段滤波方法对信号进行滤波预处理,然后提取 S 型 NLFM 信号瞬时频率曲线的两个特征实现信号类型的识别,仿真结果验证了算法的有效性。此外,本章对所介绍算法的复杂度进行了分析。

参　考　文　献

[1] Dobre O A, Abdi A, Bar N Y, et al. Survey of automatic modulation classification techniques: classical approaches and new trends[J]. IET Communications, 2007, 1(2): 137 – 156.

[2] 黄知涛,周一宇,姜文利.基于相对无模糊相位重构的自动脉内调制特性分析[J].通信学报,2003,24(4):153－160.

[3] Lunden J, Koivunen V. Automatic radar waveform recognition[J]. IEEE Journal of Selected Topics in Signal Processing 2007, 1(1): 124－136.

[4] 张国柱.雷达辐射源识别技术研究[D].长沙:国防科学技术大学,2005.

[5] Pieniezny A. Intrapulse analysis of radar signal by the use of Hough transform[C]. Lviv－Slavsko: Proceedings of the 2008 International Conference on Modern Problems of Radio Engineering, Telecommunications and Computer Science,2008:306－309.

[6] 龚文斌,黄可生.基于图像特征的雷达信号脉内调制识别算法[J].电光与控制,2008,15(4):45－49.

[7] 冀贞海,朱伟强,赵力,等.二维主分量分析的脉内调制识别算法研究[J].电光与控制,2009,16(11):33－37.

[8] Zeng D, Zeng X, Lu G, et al. Automatic modulation classification of radar signals using the generalised time－frequency representation of Zhao, Atlas and Marks[J]. IET Radar Sonar Navigation, 2011, 5(4): 507－516.

[9] Lopez R G, Grajal J, Sanz O A. Digital channelized receiver based on time－frequency analysis for signal interception[J]. IEEE Transactions on Aerospace and Electronic Systems, 2005, 41(3): 879－898.

[10] 穆世强,熊健.脉内调制特性的中频解调分析[J].电子科技大学学报,1993,22(3):237－242.

[11] 胡国兵,刘渝.基于正弦波抽取的雷达脉内调制识别[J].计算机工程,2010,36(13):21－23.

[12] 张贤达,保铮.非平稳信号分析与处理[M].北京:国防工业出版社,2005.

[13] Reichert J. Automatic classification of communication signals using higher order statistics[C]. San Francisco: Proceedings of the 1992 IEEE International Conference on Acoustics, Speech, and Signal Processing, 1992: 221－224.

[14] 叶菲,罗景青,海磊.基于分形维数的雷达信号脉内调制方式识别[J].计算机工程与应用,2008,44(15):155－157.

[15] Ho K C, Prokopiw W, Chan Y T. Modulation identification of digital signals by the wavelet transform[J]. IEE Proceedings－Radar, Sonar and Navigation, 2000, 147(4): 169－176.

[16] Moraitakis I, Fargues M P. Feature extraction of intrapulse modulated signals using time－frequency analysis[C]. Los Angeles: Proceedings of the 21st Century Military Communications, 2000,2: 737－741

[17] 张葛祥.雷达辐射源信号智能识别方法研究[D].成都:西南交通大学, 2005.

[18] Zhang G. Intra－pulse modulation recognition of advanced radar emitter signals using intelligent recognition method[J]. Rough Sets and Knowledge Technology, 2006, 4062(2006): 707－712.

[19] 张葛祥,荣海娜,金炜东.基于小波包变换和特征选择的雷达辐射源信号识别[J].电路与系统学报,2006,11(6):45－55.

[20] 董晖,魏栋,姜秋喜.基于连续小波变换的脉内调制类型识别技术[J].航天电子对抗,2007,23(1):42－45.

[21] 冀贞海,朱伟强,赵力.基于时频分布图像和主分量分析的脉内调制识别算法研究[J].电路与系统学报,2009,14(2): 22－26.

[22] Skolnik M I. Radar handbook[M]. 3rd ed. New York: McGraw－Hill Professional, 2008.

[23] 熊刚,赵惠昌,林俊.伪码－载波调频侦察信号识别的谱相关方法(I)——伪码－载波调频信号的谱相关函数[J].电子与信息学报, 2005, 27(7): 1081－1086.

[24] 熊刚,赵惠昌,王李军.伪码－载波调频侦察信号识别的谱相关方法(II)——伪码－载波调频信号的调制识别和参数估计[J].电子与信息学报,2005, 27(7): 1087－1092.

［25］薛妍妍,刘渝. LFM – BPSK 复合调制信号识别和参数估计[J].航天电子对抗,2012,28(1):60 – 64.

［26］唐江,赵拥军,朱健东,等.基于 FrFT 的伪码 – 线性调频信号参数估计算法[J].信号处理,2012,28(9):1271 – 1277.

［27］向崇文,黄宇,王泽众,等.基于 FrFT 的线性调频 – 伪码调相复合调制雷达信号截获与特征提取[J].电讯技术,2012, 52(9): 1486 – 1491.

［28］El – Mahdy A E. Automatic modulation classification of composite FM/PM speech signals in sensor arrays over flat fading channel[J]. IET communications, 2007, 1(2): 157 – 164.

［29］Yang H B,Zhou J J,Wang F,et al. Design and analysis of Costas/PSK RF stealth signal waveform[C]. Chengdu: Proceedings of 2011 IEEE CIE International Conference on Radar, 2011:1247 – 1250.

［30］Skinner B, Donohoe J, Ingels F M. On the power spectral density of FSK/PSK radar signals corrupted by oscillator phase noise [C]. Brighton: Proceedings of 1992 IET International Conference on Radar, 1992: 238 – 241.

［31］Çelik D, Altunbas I, Aygölü U. FSK/PSK modulated coded cooperation systems[C]. Athens:Proceedings of 2010 the Third International Conference on Communication Theory, Reliability, and Quality of Service, 2010: 9 – 14.

［32］池文静,陈健,阔永红. FSK/PSK 复合调制雷达信号的识别[J].应用科学学报,2011,29(3): 256 – 260.

［33］Wang X,Xiong Y, Tang B,et al. An approach to the modulation recognition of MIMO radar signals[J]. EURASIP Journal on Wireless Communications and Networking, 2013,2013(1): 66 – 77.

［34］胡国兵,徐立中,徐淑芳,等.基于能量聚焦效率检验的信号脉内调制识别[J].通信学报,2013,34(6): 136 – 145.

［35］胡国兵,刘渝.基于最大似然准则的特定辐射源识别[J].系统工程与电子技术,2009,31(2):270 – 273.

［36］Macleod M D. Fast nearly ML estimation of the parameters of real or complex single tones or resolved multiple tones[J]. IEEE Transactions on Signal Processing, 1998, 46(1): 141 – 148.

［37］Jonson N, Kotz S. Continuous Univariate Distributions[M]. 2nd ed. New York: John Wiley & Sons, 1994.

［38］Clarke K K, Hess D T. Communication circuits: analysis and design [M]. Reading: Addison – Wesley, 1971.

［39］Karami E, Dobre O A. Identification of SM – OFDM and AL – OFDM signals based on their second – order cyclostationarity[J]. IEEE Transactions on Vehicular Technology, 2015, 64(3): 942 – 953.

［40］Eldemerdash Y A, Dobre O A, Liao B J. Blind identification of SM and Alamouti STBC – OFDM signals[J]. IEEE Transactions on Wireless Communications, 2015, 14(2): 972 – 982.

［41］Robert N M,Whalen A D. Detection of Signals in Noise[M]. 2nd ed. San Diego: Academic Press, 1995.

［42］赵锋,刘渝,杨健.低信噪比下的脉内调制方式识别[J].数据采集与处理,2011,26(5): 615 – 618.

［43］Ren G, Chang Y, Zhang H. A new SNR′s estimator for QPSK modulations in an AWGN channel[J]. IEEE Transactions on Circuits and Systems II: Express Briefs, 2005, 52(6): 336 – 338.

［44］Christensen R. Plane answers to complex questions:the theory of linear models[M]. New York: Springer – Verlag, 2002.

［45］Collins T, Atkins P. Nonlinear frequency modulation chirps for active sonar[J]. IEE Proceedings – Radar, Sonar and Navigation, 1999, 146(6): 312 – 316.

［46］Johnston J, Fairhead A. Waveform design and Doppler sensitivity analysis for nonlinear FM chirp pulses[J]. IEE Proceedings F: Communications, Radar and Signal Processing, 1986,133(2): 163 – 175.

[47] 胡国兵,刘渝,邓振淼.基于 Haar 小波变换的信号到达时间估计[J].系统工程与电子技术,2009,31(7):1615 – 1619.

[48] 黄晓红,邓振淼.改进的相位展开算法及其在瞬时频率估计中的应用[J].电子学报,2009,37(10):2266 – 2272.

第4章 常用 LPI 雷达调制信号的参数估计

4.1 引　言

参数估计是雷达信号处理领域的一个经典课题,只有实现了对信号参数的精确估计,才能有的放矢,为己方提供电子支援,并进一步实施电子欺骗、压制和电磁干扰,以赢得主动。复合调制信号在现代雷达系统中的应用越来越广,对其进行参数估计已经成为人们关注的热点[1-3]。

参数估计关注两个方面:一是参数估计的精度和信噪比条件;二是估计算法的可实现性和计算量。这两个方面同样也是复合调制信号参数估计需要考虑的。复合调制信号中,LFM/BPSK 复合调制信号和 FSK/BPSK 复合调制信号由于具有较多的优点,在实际的雷达系统中这两类信号应用最为广泛。此外,S 型 NLFM 信号在现代 LPI 雷达中的应用也越来越多,其参数估计问题在本章也将进行探讨。

文献[1,2]通过研究伪码 - 载波调频复合调制信号的谱相关函数,对谱相关包络峰值的个数进行检测,并根据峰值点信息进行参数估计,由于循环谱相关函数对高斯白噪声具有良好的免疫性,该方法性能良好。文献[4,5]分别采用时频分析及改进算法实现 LFM/BPSK 复合调制信号的参数估计,与文献[1,2]类似,其计算量较大。文献[6]首先将复合调制信号进行调制分离,然后进行解线性调频和循环积分实现参数估计,算法计算量小且精度较高,易于工程实现,但信噪比门限要求较高。文献[7,8]采用分数阶傅里叶变换方法处理 LFM/BPSK 信号的参数估计问题,由于分数阶傅里叶变换具有匹配的线性调频核函数和良好的时频聚集性,因此参数估计的精度和信噪比门限都比较理想,但由于离散化分数阶傅里叶变换带来的"栅栏效应",参数估计的精度有待进一步提高。文献[9]分别采用自适应方法以及谱图法进行该问题的研究,但在信噪比较低时,参数估计的精度下降迅速。

文献[10,11]采用 Zhao - Atlas - Marks 广义时频(ZAM - GTFR)分布研究了 FSK/BPSK 复合调制信号的参数估计问题,ZAM - GTFR 分布对相位变化敏感,因此对复合调制信号中相位参数的估计较精确,而对频率编码信号的估计精度有待进一步提高。文献[12,13]中通过高阶累积量与小波分析相结合的方法实现了 FSK/PSK 复合调制信号的多参数估计,取得了较好的效果,但从算法过程可以发现,其计算量较大。

复合调制信号参数估计的难度普遍较大,且一般来说,对复合调制信号参数估计都需要进行调制分离,将其转化为单一调制信号的参数估计问题。因此,本章首先介绍典型的单一调制信号(LFM 和 BPSK)的参数估计算法及改进,以便为复合调制信号参数估计打下基础。复合调制信号参数估计难度较大的另一个原因是受噪声影响十分明显,为提高精度,本章将介绍一种易于工程实现、可用于宽带信号滤波的分段降噪算法。然后对 LFM/BPSK 复合调制信号的参数估计进行研究。通过消除 BPSK 的相位编码,将 LFM/BPSK 复合调制信号转换为 LFM 信号,运用分数阶傅里叶变换方法估计 LFM 信号的起始频率和调频系数,并构造 LFM 信号部分,再与 LFM/BPSK 复合调制信号共轭相乘得到基带 BPSK 信号,利用小波法实现 BPSK 解码。接下来,针对 FSK/BPSK 复合调制信号,本章将重心法和小波法相结合完成其多参数估计问题。最后,针对 S 型 NLFM 信号,介绍一种基于瞬时频率曲线的参数估计方法,主要实现中心频率和信号带宽的估计。

4.2　几个基本算法

本节将对复合调制信号参数估计所涉及的单分量 LFM 信号、BPSK 信号解调算法及一种改进型的频域滤波算法进行介绍。

4.2.1　LFM 信号参数估计

线性调频信号的参数估计是一个经典课题,事实上,包含线性调频的复合调制信号参数估计以及高阶多项式相位的非线性调频信号参数估计最终都要转化为LFM 信号的参数估计问题。

最大似然(Maximum Likelihood, ML)估计算法[14]是最优估计,但计算量大,限制了其工程应用。为克服 ML 的估计计算量大的缺点,文献[15]等提出了快速解线性调频算法,整个处理过程仅需两个 FFT 周期和两个相关运算周期,便于工程实时处理,在参考文献中被多次引用,但需要较高的信噪比条件。文献[16]提出离散多项式相位变换(Discrete Polynominal Transform, DPT)法,该方法通过多项式降阶分离各参数,然后分别估计出调频系数、起始频率、幅度和初相。DPT 算法仅需两次 FFT 运算和一维搜索即可估计出参数,运算量较小且算法原理简单。文献[17]采用牛顿迭代法对 LFM 信号的调频系数和起始频率进行二维迭代估计,得到一种近似最大似然估计。虽然牛顿迭代的计算量不大,但迭代初始值的确定需要二维搜索,若搜索步长选择不当,存在算法发散的风险。为此,文献[18]对该算法进行改进,提出采用 DPT 算法进行参数粗估计,并以粗估计的结果作为牛顿迭代的初始值,并证明了样本数大于一定门限时,算法的收敛域。该算法参数估计精度高,在信噪比门限之上时,参数估计性能几乎达到克拉美罗限（Cramer – Rao Lower Bound, CRLB）,为准最优估计算法。

在时频分析方面,Wigner – Ville 分布由于具有良好的时频聚集性,在进行 LFM 信号参数估计时取得了良好的性能[19],但存在交叉项的影响。文献[20]采用维格纳–霍夫变换(WVD – Hough Transform, WVD – HT)处理 LFM 信号的检测与参数估计问题,由于 WVD – HT 的线性计算,该算法能有效地抑制交叉项。WVD – HT 的不足是其计算耗时,且变换过程中损失了信号初相。离散 Chirp 傅里叶变换(DCFT)及其修正算法由于具有匹配的核函数,所以比较适于处理 LFM 信号的参数估计问题[21],但由于参数离散化造成的"栅栏效应",参数估计的精度有待进一步提高。

近年来,分数阶傅里叶变换作为傅里叶变换的广义形式,受到了越来越多的关注。FrFT 是线性变换,其离散算法可借助 FFT 实现。文献[22]采用离散分数阶傅里叶变换(Digital Fractional Fourier Transform, DFrFT)和拟牛顿法对多分量 LFM 信号进行了参数估计,取得了良好效果,但需要计算尺度矩阵,复杂度较高。文献[23, 24]分别采用 DFrFT 和正交子空间以及分级迭代的方法对 LFM 信号进行参数估计。由于 DFrFT 的参数离散化造成的栅栏效应,上述各方法参数估计的精度受到限制,为提高精度只能增加较多额外的计算量。文献[25]采用插值方法弥补参数离散化造成的栅栏效应,实现 LFM 信号的参数估计,在基本不增加计算量的情况下提高了参数估计精度,具有较高的工程应用价值,但信噪比较低时,估计精度下降,而且,针对不同参数的 LFM 信号,估计精度不能保证稳定性。

由于 LFM 信号参数估计的精度将直接影响含有 LFM 调制方式的复合调制信号参数估计精度,接下来,本节将简要介绍两种典型的 LFM 信号参数估计算法及其改进算法。

1. DPT 算法及其改进

有限长加性高斯白噪声污染的 LFM 信号序列表示为

$$x(n) = s(n) + \omega(n), n = 0, 1, \cdots, N - 1 \qquad (4-1)$$

其中,信号部分可以表示为

$$s(n) = A \cdot \exp[j(2\pi f_0 n \Delta t + \pi k n^2 \Delta t^2 + \theta_0)] \qquad (4-2)$$

式中:A 是信号幅度;Δt 是采样间隔;k、f_0 和 θ_0 分别是信号的调频系数、起始频率和初相;$\omega(n)$ 是方差为 $2\sigma^2$ 的零均值复高斯白噪声;假设 N 为偶数,定义信噪比 $SNR = A^2/2\sigma^2$。

DPT 算法首先将 LFM 信号序列延迟相关,得到正弦波序列:

$$y(n) = x(n + N/2) \cdot x^*(n) = A^2 \cdot \exp\{j(\pi N k \Delta t^2 + \varphi_1)\} + \omega'(n), n = 0, 1, \cdots, N/2$$

式中:$\varphi_1 = \theta_0 + \pi f_M N \Delta t - \pi k_0 N^2 \Delta t^2/4$,且 $f_M = f_0 + k N \Delta t/2$;$\omega'(n)$ 为噪声。$y(n)$ 为正弦波序列,对该正弦波进行参数估计,得到估计频率即可计算出调频系数的估计

值 $\hat{k}$,然后构造去调频序列:

$$z(n) = \exp(-j\pi\hat{k}\Delta t^2 n^2)$$

将 $x(n)$ 与 $z(n)$ 相乘就得到一个调频系数近似为零,且中心频率为 f_M 的信号。由于调频系数几乎为零,该序列可近似视作一个频率为 f_M 的正弦波,因此,对该序列进行频率估计可得 f_M 的估计值 $\hat{f}_M$,进而得到起始频率的估计值 $\hat{f}_0 = \hat{f}_M - \hat{k}N\Delta t/2$。这样,LFM 信号的两个参数就全部估计出来了。

由于 DPT 算法存在非线性的相关运算,带来信噪比损失,因而影响参数估计精度。因此,我们改用运算量较小的 DPT 算法得到 LFM 信号的中心频率和调频系数,并以此作为初始值进行牛顿迭代,这样做既可以避免繁琐的二维搜索,又可以避免迭代过程中出现的局部收敛。

与文献[16]不同的是,本节是利用 DPT 算法得到 LFM 信号的中心频率估计 $\hat{f}_M$,而不是直接得到信号的起始频率估计 $\hat{f}_0$,因此构造去调频项序列:

$$p(n) = \exp[-j\pi\hat{k}(n-N/2)^2\Delta t^2], n = 0,1,\cdots,N \qquad (4-3)$$

将原信号序列与去调频项序列相乘可得

$$z(n) = x(n) \cdot p(n) = A \cdot \exp\{j[2\pi f_M(n-N/2)\Delta t$$
$$+ \pi(k-\hat{k})(n-N/2)^2\Delta t^2 + \varphi_1]\} + \omega''(n), n = 0,1,\cdots,N \qquad (4-4)$$

式中,$\omega''(n)$ 为噪声。由于 $(k-\hat{k})$ 较小,$z(n)$ 近似为一个频率是 f_M 的正弦波序列,对它进行正弦波频率估计可以得到估计值 $\hat{f}_M$。这样就获得了牛顿迭代所需的初始值 $\hat{f}_M$ 和 $\hat{k}$。

2. 基于分数阶傅里叶变换的 LFM 信号参数估计

作为傅里叶变换的推广形式,FrFT 可理解为信号的坐标轴在时频平面以原点为中心的逆时针旋转。若将传统的傅里叶变换视为信号在时间轴旋转 90°后在频率轴上的投影,则 FrFT 可认为是信号在时频平面逆时针旋转 α 角度后在 u 轴的投影。信号 $x(t)$ 的 FrFT 定义为

$$X_p(u) = X_\alpha(u) = F^p[x(t)] = \int_{-\infty}^{+\infty} x(t)\widetilde{K}_p(u,t)\mathrm{d}t \qquad (4-5)$$

式中:$\alpha = p \cdot \pi/2$;p 为 FrFT 的分数阶,为任意实数;$F^p[\cdot] = F^\alpha[\cdot]$ 表示 FrFT 的算子;$\widetilde{K}_p(u,t)$ 称为 FrFT 的核函数,即

$$\widetilde{K}_p(u,t) = \begin{cases} C_\alpha\exp[j\pi(u^2\cot\alpha - 2ut\csc\alpha + t^2\cot\alpha)] & ,\alpha \neq n\pi \\ \delta(t-u) & ,\alpha = 2n\pi \\ \delta(t+u) & ,\alpha = (2n\pm1)\pi \end{cases}$$

$$(4-6)$$

式中：$C_\alpha = \sqrt{1 - \mathrm{j}\cot\alpha}, n$ 是整数。

FrFT 有如下性质：

$$\tilde{K}_{-p}(u,t) = \tilde{K}_p^*(u,t)$$

$$\int_{-\infty}^{+\infty} \tilde{K}_p(u,t)\tilde{K}_p^*(u',t)\mathrm{d}t = \delta(u - u') \tag{4-7}$$

这样，FrFT 的逆变换为

$$x(t) = F^{-p}[X_p(u)] = \int_{-\infty}^{+\infty} X_p(u)\tilde{K}_{-p}(u,t)\mathrm{d}u \tag{4-8}$$

式(4-8)说明，信号 $x(t)$ 可分解为 u 域一组 LFM 正交基的线性加权。u 域一般称分数阶域，时域和频域都可理解为分数阶域的特例。因此，从原理上说，信号在分数阶域的表示，融合了含时域与频域在内的众多"域"的信息，因此在分析信号时具有更多的灵活性和观察角度。

工程中，对 FrFT 的离散化及其快速算法是必须考虑的实际问题。文献[26]提出通过求 DFT 矩阵的 Hermite 特征向量来构造 DFrFT 的核矩阵，计算复杂度为 $O(N^2)$；文献[23]等提出 DFrFT 的单点算法和 ZOOM 计算方法，为非标准的 DFrFT 系数的计算提供了方便。在所有 DFrFT 快速算法中，应用最广的当属文献[27]提出的分解型算法，它将 FrFT 分解为信号的卷积形式，并采用 FFT 来实现，其计算精度与连续 FrFT 结果接近，计算复杂度为 $O(N16N)$。该算法将信号时域、频域都限制在一定范围内，并进行量纲归一化处理，使信号在时域与频域具有相同的长度 $L = \sqrt{N}$。这样，FrFT 的离散形式可表示为

$$X_p(U) = X_\alpha(U) = \frac{C_\alpha}{2L}\sum_{n=-N}^{N} \exp(\mathrm{j}\pi(\varepsilon_1 U^2 - 2\varepsilon_2 U \cdot n + \varepsilon_1 n^2)/(2L)^2)x\left(\frac{n}{2L}\right) \tag{4-9}$$

然后对结果进行 1/2 抽取，得到信号的 DFrFT 系数，式中 $\varepsilon_1 = -\cot(\alpha)$，$\varepsilon_2 = \csc(\alpha)$。

含噪声的单分量 LFM 信号的离散形式可表示为

$$x(n) = s(n) + w(n) = A \cdot \exp(\mathrm{j}\theta_0 + \mathrm{j}2\pi f_0 \cdot n \cdot \Delta t + \mathrm{j}\pi k \cdot n^2 \cdot \Delta t^2) + w(n),$$
$$-(N-1)/2 \leqslant n \leqslant (N-1)/2 \tag{4-10}$$

式中：Δt 是采样间隔，A,θ_0,f_0,k 分别为信号的幅度、初相、起始频率和调频系数；$w(n)$ 是均值为 0，方差为 $2\sigma^2$ 加性高斯白噪声。

文献[25]算法(不妨称为 Yuan 算法)，在几乎不增加额外计算量的情况下，采用插值的方法对离散后的参数 u 进行修正，在一定程度上提高了 LFM 信号参数估计的精度。由 FrFT 定义及式(4-5)可知，在适当的分数阶傅里叶域，LFM 信号将形成最佳的能量聚集谱，而白噪声在整个时频平面均匀分布[26,28]。Yuan 算法的基本思想是基于 DFrFT，在 (α,u) 二维平面上，搜索 LFM 信号能量聚集的峰值点

$|X_\alpha(u)|$，得到峰值点坐标$(\hat{\alpha}_0, u_m)$，其中m为正整数。该算法参数估计：

$$
\begin{cases}
\{\hat{\alpha}_0, u_m\} = \arg\max_{\alpha, u}\{|X_\alpha(u)|^2\} \\[2mm]
\hat{k} = -\cot(\hat{\alpha}_0)\cdot\dfrac{f_s^2}{N} \\[2mm]
\hat{f}_0 = U_m\cdot\dfrac{f_s}{N}\csc(\hat{\alpha}_0) \\[2mm]
\hat{A} = \dfrac{|X_{\hat{\alpha}_0}(U_m)|}{L\cdot|C_{\hat{\alpha}_0}|} \\[2mm]
\hat{\theta} = \arg\left[\dfrac{|X_{\hat{\alpha}_0}(U_m)|}{C_{\hat{\alpha}_0}\exp(j\pi U_m^2\cot(\hat{\alpha}_0)/N)}\right]
\end{cases}
\tag{4-11}
$$

式中：$U_m = u_m/L$，为峰值点谱线的索引号，为整数；$f_s = 1/\Delta t$，为采样频率。

由于参数离散化和搜索步长的限制，搜索到的峰值点坐标$(\hat{\alpha}_0, u_m)$与真实峰值点坐标(α_0, u_0)存在一定偏差，称为准峰值点。如果旋转角度α的搜索步长取值合适，则准峰值点与真实峰值点的偏差主要由离散的u_k造成，因此，Yuan算法进行插值补偿：

$$
\hat{u}_0 = u_m + \Delta u = u_m + r\frac{(X_1 + X_2)}{|X_1 - X_2| - 2X_0\cos(\pi\cdot\csc\hat{\alpha}_0)}
\tag{4-12}
$$

式中：$\begin{cases}r = 1,\text{如果 } X_2 > X_1 \\ r = -1,\text{如果 } X_1 > X_2\end{cases}$；$X_0 = |X_{\hat{\alpha}_0}(U_m)|, X_1 = |X_{\hat{\alpha}_0}(U_{m-1})|, X_2 = |X_{\hat{\alpha}_0}(U_{m+1})|$。

用修正后的$\hat{U}_0 = \hat{u}_0/L$代入式(4-11)计算各参数估计值。

改进后的Yuan算法(M-Yuan算法)有效地提高了LFM信号幅度、初相和起始频率的估计精度，但由于其插值过程仅针对离散后的参数u进行修正，而从式(4-12)可知，LFM信号的调频系数估计仅与参数α有关，这就意味着M-Yuan算法要想提高调频系数的估计精度，只能依靠机械地缩小α的搜索步长，而这样无疑将带来计算量的大幅增加，我们是否可以在适当的搜索步长条件下，也采用插值方法对参数α进行插值修正，从而提高参数估计的精度呢？答案是肯定的。

由于α的搜索步长和u域离散化的限制，搜索得到的峰值点坐标(不妨表示为(α_γ, U_m)，其中γ和m均为正整数)不妨称为准峰值点。与真实峰值点坐标(α_0, U_0)存在一定偏差。准峰值点坐标与真实峰值点坐标的偏差程度决定了LFM信号参数估计的精度。在采样速率和信号点数一定的情况下，由式(4-11)可知，LFM信号参数估计，事实上等价于峰值点坐标(α_0, U_0)的估计。

1）旋转角度α的插值算法

理论上，如果α的搜索步长足够小，则α_γ就可以无限接近α_0，但这样将带来海量的运算。如果能在保证 LFM 信号出现 u 域突出谱线的前提下,将 α 的搜索步长设置得比较大,而采用插值的方法得到 α_0 的精估计 $\hat{\alpha}_0$,显然对降低运算量是有意义的。

由式(4 – 5),LFM 信号的 FrFT 为

$$X_p(u) = X_\alpha(u) = Co(\alpha,u) \cdot \int_{-L/2}^{L/2} \mathrm{e}^{\mathrm{j}2\pi(f_0-u\cdot\csc\alpha)v} \cdot \mathrm{e}^{\mathrm{j}\pi(k+\cot\alpha)v^2}\mathrm{d}v \quad (4 – 13)$$

式中:$Co(\alpha,u) = \sqrt{1-\mathrm{j}\cot\alpha} \cdot A \cdot \mathrm{e}^{\mathrm{j}\pi u^2\cdot\cot\alpha+\mathrm{j}\theta}$。

在准峰值点由于 $f_0 \approx u\cdot\csc\alpha$,则式(4 – 13)可重新写为

$$\begin{aligned} X_p(\hat{u}_0) = X_\alpha(\hat{u}_0) &= Co(\alpha,\hat{u}_0) \cdot \int_{-L/2}^{L/2} \mathrm{e}^{\mathrm{j}\pi(k+\cot\alpha)v^2}\mathrm{d}v \\ &= 2 \cdot Co(\alpha,u) \cdot \int_0^{L/2} \mathrm{e}^{\mathrm{j}\pi qv^2}\mathrm{d}v \end{aligned} \quad (4 – 14)$$

式中:$q = k + \cot\alpha = \cot\alpha - \cot\alpha_0$。

当 α 满足 $\cot\alpha = -k$ 时,式(4 – 14)的模取得最大值:

$$|X_{\max}(\hat{u}_0)| = \frac{A \cdot L}{\sqrt{|\sin\alpha|}} \quad (4 – 15)$$

在工程计算中由于搜索步长的限制,准峰值点旋转角度 α_γ 满足 $\cot\alpha_\gamma = \cot\alpha_0 = -k$ 的概率很小,但 α_γ 与 α_0 的距离不超过 0.5 倍的搜索步长。为得到 α_0 的估计值 $\hat{\alpha}_0$,可用 α_γ 与其相邻的旋转角度 $\alpha_{\gamma\pm1}$ 进行插值计算。为此,需计算 α_γ 和 $\alpha_{\gamma\pm1}$ 对应的谱线幅值,即式(4 – 14)的模。

当 q 符号改变时,式(4 – 14)的被积函数互为共轭,具有相同的模,因此不妨设 $q > 0$。

作变量代换 $\tilde{v}^2 = \pi qv^2$,式(4 – 14)可写为

$$X_p(\hat{u}_0) = X_\alpha(\hat{u}_0) = \frac{L \cdot Co(\alpha,\hat{u}_0)}{R} \cdot \int_0^R \mathrm{e}^{\mathrm{j}v^2}\mathrm{d}v \quad (4 – 16)$$

其中,$R = \dfrac{\sqrt{\pi \cdot L^2}}{2} \cdot \sqrt{q} = \dfrac{\sqrt{\pi \cdot L^2}}{2} \cdot \sqrt{\cot\alpha_\gamma - \cot\alpha_0}$。

当 α_γ 接近 α_0 时,R 较小,式(4 – 16)中的 Fresnel 积分项取模后,可近似为,

$$\left| \int_0^R \mathrm{e}^{\mathrm{j}v^2}\mathrm{d}v \right| \doteq \mathrm{erf}(R) - \frac{1}{7R}(1 - \mathrm{e}^{-R^2}) \quad (4 – 17)$$

其中:$\mathrm{erf}(\cdot)$ 表示误差函数。因此,式(4 – 16)取模后得

$$|X_\alpha(\hat{u}_0)| \doteq \frac{A \cdot L}{\sqrt{|\sin\alpha|}} \cdot \left[\frac{\mathrm{erf}(R)}{R} - \frac{1}{7R^2}(1 - \mathrm{e}^{-R^2}) \right] \quad (4 – 18)$$

由于准峰值点 α_γ 与 α_0 的距离较小,在信号点数一定的情况下,R 的取值也较小。将式(4 – 18)做泰勒展开,并保留至二次项,有

84

$$|X_\alpha(\hat{u}_0)| \doteq \frac{A \cdot L}{\sqrt{|\sin\alpha|}} \cdot (1 - 0.42R + 0.065R^2)$$

$$= \frac{A \cdot L}{\sqrt{|\sin\alpha|}} \cdot \left(1 - 0.42 \cdot \frac{\sqrt{\pi \cdot L^2}}{2} \cdot \sqrt{|\cot\alpha - \cot\alpha_0|}\right.$$

$$\left. + 0.065 \cdot \frac{L^2 \cdot \pi}{4} \cdot |\cot\alpha - \cot\alpha_0|\right) \qquad (4-19)$$

对式(4-19)分两种情况讨论：

（1）若 LFM 信号的 DFrFT 谱线幅值满足

$$|X_{\alpha_k}(\hat{u}_0)| > |X_{\alpha_{k+1}}(\hat{u}_0)| > |X_{\alpha_{k-1}}(\hat{u}_0)|$$

则 α_0 位于 α_γ 与 $\alpha_{\gamma+1}$ 之间，即 $\alpha_\gamma < \alpha_0 < \alpha_{\gamma+1}$，将 $\alpha = \alpha_{\gamma+1}$ 和 $\alpha = \alpha_\gamma$ 分别代入式(4-19)，并做近似处理：

$$|X_{\alpha_{\gamma+1}}| \doteq \frac{A \cdot L}{\sqrt{|\sin\alpha_{\gamma+1}|}} \cdot [1 - 0.005 \cdot \rho + (0.015\rho^2 - 2\rho) \cdot (\alpha_{\gamma+1} - \alpha_0)]$$

$$(4-20)$$

$$|X_{\alpha_\gamma}| \doteq \frac{A \cdot L}{\sqrt{|\sin\alpha_\gamma|}} \cdot [1 - 0.005 \cdot \rho + (0.015\rho^2 - 2\rho) \cdot (\alpha_0 - \alpha_\gamma)]$$

$$(4-21)$$

式中：$\rho = \sqrt{\pi \cdot L^2}$。

将式(4-20)和式(4-21)取比值后，整理可得 α_0 的估计值：

$$\hat{\alpha}_0 = \frac{\sqrt{\left|\frac{\sin\alpha_\gamma}{\sin\alpha_{\gamma+1}}\right|} \cdot X_2 \cdot \rho' + \sqrt{\left|\frac{\sin\alpha_\gamma}{\sin\alpha_{\gamma+1}}\right|} \cdot X_2 \cdot \rho'' \cdot \alpha_{\gamma+1} + X_1 \cdot \rho'' \cdot \alpha_\gamma - X_1 \cdot \rho'}{X_1 \cdot \rho'' + \sqrt{\left|\frac{\sin\alpha_\gamma}{\sin\alpha_{\gamma+1}}\right|} \cdot X_2 \cdot \rho''}$$

$$(4-22)$$

式中：$X_1 = |X_{\alpha_{\gamma+1}}|$，$X_2 = |X_{\alpha_\gamma}|$，$\rho' = 1 - 0.005\rho$，$\rho'' = 0.015\rho^2 - 2\rho$。

（2）若 LFM 信号的 DFrFT 谱线幅值满足

$$|X_{\alpha_\gamma}(\hat{u}_0)| > |X_{\alpha_{\gamma-1}}(\hat{u}_0)| > |X_{\alpha_{\gamma+1}}(\hat{u}_0)|$$

则有 $\alpha_{\gamma-1} < \alpha_0 < \alpha_\gamma$，此时 α_0 的估计值：

$$\hat{\alpha}_0 = \frac{\sqrt{\left|\frac{\sin\alpha_{\gamma-1}}{\sin\alpha_\gamma}\right|} \cdot X_1 \cdot \rho' + \sqrt{\left|\frac{\sin\alpha_{\gamma-1}}{\sin\alpha_\gamma}\right|} \cdot X_1 \cdot \rho'' \cdot \alpha_\gamma + X_2 \cdot \rho'' \cdot \alpha_{\gamma-1} - X_2 \cdot \rho'}{X_2 \cdot \rho'' + \sqrt{\left|\frac{\sin\alpha_{\gamma-1}}{\sin\alpha_\gamma}\right|} \cdot X_1 \cdot \rho''}$$

$$(4-23)$$

式中:$X_1 = |X_{\alpha_{\gamma-1}}|$,$X_2 = |X_{\alpha_\gamma}|$,$\rho' = 1 - 0.005\rho$,$\rho'' = 0.015\rho^2 - 2\rho$。

式(4-22)和式(4-23)说明,可以由准峰值点 α_γ 及旋转角度 $\alpha_{\gamma\pm1}$ 对应的谱线幅值得到峰值点 α_0 的估计值。

2)参数 U 的插值算法

准峰值点(α_γ,U_m)与真实峰值点(α_0,U_0)的偏差中,U_m 与 U_0 的偏差主要由 u 域的离散化造成,因此也需要修正。

由 DFrFT 的定义:

$$X_\alpha(U) = \frac{C_\alpha}{2L}\exp\Big[j\pi\lambda_1\Big(\frac{U}{2L}\Big)^2\Big]\sum_{n=-N}^{N}\exp\Big[-j2\pi\lambda_2\frac{U\cdot n}{(2L)^2} + j\pi\lambda_1\Big(\frac{n}{2L}\Big)^2\Big]x\Big(\frac{n}{2L}\Big)$$

$$(4-24)$$

将式(4-10)中 LFM 信号的离散形式(为分析方便,暂时忽略噪声)代入式(4-24)可得

$$X_\alpha(U) = \frac{C_\alpha \cdot A}{L}\exp\Big(-j\pi\cot\alpha\Big(\frac{U}{2L}\Big)^2\Big)$$

$$\cdot \sum_{n=-N}^{N}\exp\Big[j2\pi n\Big(\frac{f_0}{f_s} - \frac{U\cdot\csc\alpha}{L^2}\Big) + j\pi n^2\Big(\frac{k}{f_s^2} + \frac{\cot\alpha}{L^2}\Big)\Big] \quad (4-25)$$

在准峰值点,当 α 的估计值满足 $\cot\hat{\alpha}_0 \approx -k\cdot\dfrac{L^2}{f_s^2}$ 时,式(4-25)可简化为

$$X_{\hat{\alpha}_0}(U) \approx \frac{C_{\hat{\alpha}_0}\cdot A}{L}\exp\Big(-j\pi\cot\hat{\alpha}_0\Big(\frac{U}{2L}\Big)^2\Big)\cdot\sum_{n=-N}^{N}\exp\Big[j2\pi n\Big(\frac{f_0}{f_s} - \frac{U_m\cdot\csc\hat{\alpha}_0}{N}\Big)\Big]$$

$$(4-26)$$

在真实峰值点 U_0 满足 $f_0 = U_0\cdot\csc(\hat{\alpha}_0)\cdot f_s/N$,此时式(4-26)所表示的谱线模值取得最大幅值。而离散化的 U_m 与 U_0 不可避免地存在偏差。为修正该偏差,不妨设真实峰值点坐标 $U_0 = U_m + \eta$,($|\eta|\leq0.5$)则

$$f_0 = (U_m + \eta)\cdot\frac{f_s}{N}\csc(\hat{\alpha}_0) \quad\quad (4-27)$$

由式(4-26)和式(4-27)整理得到

$$X_{\hat{\alpha}_0}(U_m) = \frac{C_{\hat{\alpha}_0}\cdot A}{L}\exp\Big(-j\pi\cot\hat{\alpha}_0\Big(\frac{U_m}{2L}\Big)^2\Big)\cdot\sum_{n=-N}^{N}\exp\Big[j2\pi n\Big(\frac{\eta\cdot\csc\hat{\alpha}_0}{N}\Big)\Big]$$

$$(4-28)$$

同理可计算 $U_m + \delta$ 点的 DFrFT 值($\delta = \pm0.5$):

$$X_{\hat{\alpha}_0}(U_m + \delta) = \frac{C_{\hat{\alpha}_0}\cdot A}{L}\exp\Big[-j\pi\cot\hat{\alpha}_0\Big(\frac{U_m + \delta}{2L}\Big)^2\Big]$$

$$
\cdot \sum_{n=-N}^{N} \exp\left[\mathrm{j}2\pi n\left(\frac{(\eta+\delta)\cdot\csc\hat{\alpha}_0}{N} \right) \right]
$$

$$
= \tilde{C}_{\hat{\alpha}_0,U_m} \cdot \frac{1+\mathrm{e}^{\mathrm{j}2\pi\eta\cdot\csc\hat{\alpha}_0}\cdot}{1-\mathrm{e}^{\mathrm{j}2\pi(\delta+\eta)\csc\hat{\alpha}_0/N}}
$$

$$
\approx \tilde{\tilde{C}}_{\hat{\alpha}_0,U_m} \cdot \frac{\eta}{(\delta+\eta)\cdot\csc\hat{\alpha}_0} \tag{4-29}
$$

其中

$$
\tilde{C}_{\hat{\alpha}_0,U_m} = \frac{C_{\hat{\alpha}_0}\cdot A}{L}\exp\left(-\mathrm{j}\pi\cot\hat{\alpha}_0\left(\frac{U_m+\delta}{2L} \right)^2 \right)
$$

$$
\tilde{\tilde{C}}_{\hat{\alpha}_0,U_m} = \tilde{C}_{\hat{\alpha}_0,U_m} \cdot \frac{1+\mathrm{e}^{\mathrm{j}2\pi\eta\cdot\csc\hat{\alpha}_0}}{-\mathrm{j}2\pi\eta/N}
$$

由式(4-29)可以得到

$$
\frac{X_{0.5}-X_{-0.5}}{X_{0.5}+X_{-0.5}} = \frac{\dfrac{|\tilde{\tilde{C}}_{\hat{\alpha}_0,U_m}|}{|\csc\hat{\alpha}_0|}\cdot\dfrac{\eta}{(0.5-\eta)} - \dfrac{|\tilde{\tilde{C}}_{\hat{\alpha}_0,U_m}|}{|\csc\hat{\alpha}_0|}\cdot\dfrac{\eta}{(\eta+0.5)}}{\dfrac{|\tilde{\tilde{C}}_{\hat{\alpha}_0,U_m}|}{|\csc\hat{\alpha}_0|}\cdot\dfrac{\eta}{(0.5-\eta)} + \dfrac{|\tilde{\tilde{C}}_{\hat{\alpha}_0,U_m}|}{|\csc\hat{\alpha}_0|}\cdot\dfrac{\eta}{(\eta+0.5)}} = 2\eta \tag{4-30}
$$

式中：$X_{0.5}=|X_{\hat{\alpha}_0}(U_m+0.5)|$；$X_{-0.5}=|X_{\hat{\alpha}_0}(U_m-0.5)|$。因此，真实峰值点 U_0 的估计值：

$$
\hat{U}_0 = U_m + \eta = U_m + \frac{1}{2}\cdot\frac{X_{0.5}-X_{-0.5}}{(X_{0.5}+X_{-0.5})} \tag{4-31}
$$

3）基于 FrFT 的插值优化算法流程

综合上述分析，峰值点坐标 (α_0,U_0) 的插值估计流程如下：

（1）根据式(4-24)的方法，对观测信号做 DFrFT，在 (α,u) 二维平面搜索准峰值点 (α_γ,U_m)。

（2）计算两个单点 $X_{\alpha_{\gamma\pm1}}(U_m)$，若 $|X_{\alpha_{\gamma+1}}(U_m)|>|X_{\alpha_{\gamma-1}}(U_m)|$，则有 $\alpha_\gamma<\alpha_0<\alpha_{\gamma+1}$，此时采用式(4-22)计算峰值点 α_0 的估计值 $\hat{\alpha}_0$；若 $|X_{\alpha_{\gamma-1}}(U_m)|>|X_{\alpha_{\gamma+1}}(U_m)|$，则有 $\alpha_{\gamma-1}<\alpha_0<\alpha_\gamma$，此时采用式(4-23)计算峰值点 α_0 的估计值 $\hat{\alpha}_0$。

（3）计算单点 $X_\delta=|X_{\hat{\alpha}_0}(U_m+\delta)|(\delta=\pm0.5)$，从而得到 $\eta=\dfrac{1}{2}\cdot\dfrac{X_{0.5}-X_{-0.5}}{(X_{0.5}+X_{-0.5})}$。

由式(4-31)得到峰值点 U_0 的估计值 $\hat{U}_0=U_m+\eta$。

（4）最后得到峰值点坐标(α_0, U_0)的估计值$(\hat{\alpha}_0, \hat{U}_0) = (\hat{\alpha}_0, U_m + \eta)$。

4）搜索步长的选取原则

采用 DFrFT 进行 LFM 信号的参数估计有一个前提，就是在分数阶域的准峰值点必须出现 LFM 信号能量聚集的谱线。由于在信号点数一定时，u 的分辨率已定，这就要求分数阶 p（p 与 α 为倍数关系）的搜索步长不能太大，否则很可能不会出现能量聚集的谱线。但若搜索步长太小，计算量将增加。本节和文献[22]都是首先采用较大的搜索步长，在准峰值点出现突出谱线的情况下再进一步处理进行 LFM 信号参数估计。所不同的是本节是在准峰值点附近通过插值的方法求得真实峰值点坐标的估计值，而文献[22]是在准峰值点附近通过拟牛顿迭代法求得真实峰值点坐标的估计值。那么接下来需要关心的是，在不同的信噪比下，p 的搜索步长应该在哪个门限值内才能保证出现能量聚集的谱线。

如果在分数阶域能够出现能量聚集的"窄带"谱线，须满足两个条件：

（1）在分数阶域，峰值谱线附近 3dB 带宽内的谱线不多于 2 条；

（2）LFM 信号能量聚集的谱线幅度大于噪声谱线的幅度。

在采用一定步长搜索时，准峰值点 α_γ 与真实峰值点坐标 α_0 至多相差搜索步长的 0.5 倍，而 U_m 与 U_0 的差亦不大于 0.5。若令 p 的搜索步长为 s_p，则有

$$0 \leqslant |\alpha_\gamma - \alpha_0| \leqslant \frac{1}{2} \cdot \left(s_p \cdot \frac{\pi}{2} \right) \tag{4-32}$$

考虑最坏的情况，即 $|\alpha_\gamma - \alpha_0| = 0.5 \cdot (s_p \cdot \pi/2)$ 且 $|U_m - U_0| = 0.5$。不妨设 $\alpha_\gamma = \alpha_0 + 0.5 \cdot (s_p \cdot \pi/2)$，$U_m = U_0 + 0.5$。由式（4-25）可计算准峰值点谱线值：

$$X_{\alpha_\gamma}(U_m) = \frac{C_{\alpha_\gamma} \cdot A}{L} \exp\left(-\mathrm{j}\pi\cot\alpha_\gamma \left(\frac{U_m}{2L} \right)^2 \right)$$

$$\cdot \sum_{n=-N}^{N} \exp\left[\mathrm{j}\pi n \left(\frac{2 \cdot \csc\alpha_0 - \csc\alpha_\gamma}{L^2} \right) + \mathrm{j}\pi n^2 \left(\frac{\cot\alpha_0 - \cot\alpha_\gamma}{L^2} \right) \right] \tag{4-33}$$

首先考虑出现"窄带"谱线的第一个条件。若分数阶域峰值谱线附近 3dB 带宽内的谱线不多于 2 条，则意味着满足

$$|X_{\alpha_\gamma}(U)| > 0.707 \cdot |X_{\alpha_\gamma}(U_m)|; \ -\frac{N-1}{2} \leqslant U \leqslant \frac{N-1}{2} \tag{4-34}$$

的谱线数必不大于 2，其中，$X_{\alpha_\gamma}(U_m)$ 为式（4-33）表达式。

再考虑出现"窄带"谱线的第二个条件。设噪声是均值为 0，方差为 $2\sigma^2$ 加性高斯白噪声。由于高斯白噪声在时频平面均匀分布，对 FrFT 的旋转角度不敏感[28]，我们认为噪声的谱线幅值落在 $3\sigma_F$ 之外的概率很小，σ_F 为分数阶域噪声的标准差。因此出现峰值谱线的条件（2）等价于 $|X_{\alpha_\gamma}(U_m)| > 3\sigma_F$，即

$$\frac{A \cdot L}{\sqrt{|\sin\alpha_\gamma|}} \cdot \left| \sum_{n=-N}^{N} \exp\left[j\pi n\left(\frac{2 \cdot \csc\alpha_0 - \csc\alpha_\gamma}{L^2}\right) + j\pi n^2\left(\frac{\cot\alpha_0 - \cot\alpha_\gamma}{L^2}\right) \right] \right| > 3\sigma_F$$

$$(4-35)$$

这说明,若要在分数阶域出现 LFM 信号能量聚集的"窄带"谱线,p 的搜索步长 s_p 须同时满足式(4-34)和式(4-35)所限定的条件。

4.2.2　BPSK 信号参数估计

BPSK 信号属于相位调制,是一种幅度恒定的数字调制信号。由于相位跳变可以展宽信号的带宽,因而被广泛应用于脉冲压缩雷达中。该类信号的频谱较宽,峰值发射功率较低,电子侦察系统对这类信号的截获、识别和参数估计存在一定的困难。BPSK 信号参数估计的环节主要包括载频估计、码速率估计、初相估计及码元同步估计,最终的目的是为了解码。其中,BPSK 信号的载频估计是其他参数估计的基础,其精度直接影响 BPSK 解码的正确率。

1. BPSK 信号载频估计的改进 MAT 算法

MPSK 信号的载频盲估计问题是通信及雷达信号处理中的研究热点(BPSK 是 MPSK 信号的特例),Veterbi A. J 和 Veterbi A. M[29] 提出的前馈最大似然估计算法(V&V 算法)可以对 MPSK 信号的相位和频偏进行盲估计。以 V&V 算法为基础得到了一类最小二乘频偏估计算法[30,31],将频偏估计转化为估计加性高斯白噪声污染的正弦波频率估计,在通信中获得了广泛应用。文献[29-31]算法都必须有码速率和码同步的先验知识。Mounir Ghogho、Ananthmm 和 Tariq Durran 给出一种简单的非线性频率估计方法[31](MAT 算法),通过对基带 MPSK 信号 M 次方去除调制信息,得到频率为 $M\Delta f$(Δf 为频偏)的正弦波信号,估计该正弦波的频率,然后除以 M 就得到频偏估计值。MAT 算法是一种简单、快速、实用的 MPSK 载频盲估计算法,但是如果输入的信号没有经过匹配接收或者匹配滤波,而接收机带宽远大于信号带宽,那么 M 次方这一非线性运算就会把大量的带外噪声叠加到有用信号的频带中,从而导致其估计性能下降。

在非合作领域,对接收的 MPSK 信号参数没有任何先验知识,因此不能利用文献[29-31]的算法估计信号的载频,而 MAT 算法的估计性能也受到限制。针对这一问题,文献[32]提出了一种基于相位展开和最小二乘多项式拟合的算法(LS-FE 算法),先粗估计出 MPSK 信号的载频,再将信号变频至基带,从而将载频估计转化为频偏估计问题,最后对基带信号做相位展开处理,并利用最小二乘多项式拟合得到基带信号的频偏估计。LSFE 算法对 MPSK 信号参数的先验知识没有要求,且在较低 SNR 下载频估计的均方根误差(Root of Mean Square Error,RMSE)依然接近 MPSK 信号载频估计的克拉美罗限。但是该算法的复杂度较高,因此处理时间较长。

电子侦察接收机由于对接收的信号没有任何先验知识,接收机带宽往往远大于接收到的信号的带宽,并且由于是宽带接收,其对处理算法的实时性有很高的要求。针对这些特点,本章以计算量较小的 MAT 算法为基础,介绍一种改进的 MAT 算法(以下简称 M – MAT 算法),使之可以应用到电子侦察等对信号参数没有任何先验知识的领域。其基本思想为:先在信号的频谱上估计出 3dB 带宽,并利用重心法粗略估计出接收信号的载频;然后以载频粗估计值为中心,以 4 倍 3dB 带宽为带宽,对信号做带通滤波以滤除信号的带外噪声;最后用 MAT 算法估计出信号的载频。分析表明这样处理可以有效地提高载频估计精度。仿真结果表明,用 M – MAT 算法估计 BPSK 信号的载频,其估计精度在高信噪比条件下接近修正克拉美罗限(Modified Cramer – Rao Bound,MCRB),在低信噪比条件下明显优于 MAT 算法和 LSFE 算法。M – MAT 算法简单易行,仅在 MAT 算法的基础上增加了少量的处理,因此处理信号的实时性较好。

1) 信号模型

在有限观测时间内,复 BPSK 信号模型如下:

$$s(t) = A\mathrm{e}^{\mathrm{j}(2\pi f_0 t + \theta_0)} \sum_{m=0}^{N_c - 1} \mathrm{e}^{\mathrm{j}\pi c(m)} \Pi_{T_c}(t - mT_c), 0 \leq t < T \qquad (4-36)$$

式中:A 是信号幅度;f_0 为载频;θ_0 是初相;N_c 是码元个数;T 是观测时间;T_c 是码元持续时间;$c(m)$ 是第 m 个码元,取值为 0 或 1;Π 是门函数,它定义为

$$\Pi_a(\mathrm{b}) = \begin{cases} 1, 0 \leq b < a \\ 0, 其他 \end{cases} \qquad (4-37)$$

那么叠加了噪声的信号采样序列为

$$x(n) = s(n) + v(n) = A\mathrm{e}^{\mathrm{j}(2\pi f_0 n\Delta t + \theta_0)} \sum_{m=0}^{N_c - 1} \mathrm{e}^{\mathrm{j}\pi c(m)} \Pi_{T_c}(n\Delta t - mT_c) + v(n),$$

$$0 \leq n \leq N - 1 \qquad (4-38)$$

式中:Δt 是采样间隔;$v(n)$ 是复零均值带限高斯白噪声,它的方差为 $2\sigma^2$,通带为 $0 \sim 1/\Delta t$;N 是样本个数。定义信号的信噪比为 $\mathrm{SNR} = A^2 / 2\sigma^2$。

2) 算法描述

由式(4 – 38)可以得出,$s(n)$ 的主瓣宽度为 $B_w = 2/T_c$。现在以 f_0 为中心,cB_w 为带宽(c 为正实数),对 $x(n)$ 做带通滤波,得到滤波后的序列 $x_f(n)$ 可以表示为

$$x_f(n) = s_f(n) + v_f(n) \qquad (4-39)$$

式中:$s_f(n)$ 和 $v_f(n)$ 是以 f_c 为中心,带宽为 cB_w(即 $2c/T_c$),分别对 BPSK 信号序列 $s(n)$ 和噪声序列 $v(n)$ 做带通滤波后得到的新序列。对 $x_f(n)$ 做平方运算可得

90

$$x_f^2(n) = s_f^2(n) + v_f^2(n) + 2s_f(n)v_f(n) \tag{4-40}$$

$x_f^2(n)$ 是一个近似的正弦波序列,其频率为 $2f_0$,则估计 $x_f^2(n)$ 的频率,再将频率估计值除以 2 就得到了 BPSK 信号 $x(n)$ 的载频估计值,这就是 BPSK 信号载频盲估计的 M – MAT 算法。

文献[33]给出了 MPSK 信号功率谱全序列频域平滑方法,对 BPSK 信号的功率谱(或频谱)做平滑后即可估计出 BPSK 信号的 3dB 带宽,得到粗估计值 $\Delta \hat{f}_{3dB}$,并对 3dB 带宽内的信号频谱求重心,以得到载频的粗估计值 $\hat{f}_0$。以 $\hat{f}_0$ 为中心,以 4 $\Delta \hat{f}_{3dB}$ 为带宽,对信号滤波,再平方,之后估计频率,将该频率估计值的 1/2 作为信号的载频估计值。通过大量的仿真发现,$\Delta \hat{f}_{3dB}$ 约为信号带宽 B_w 的一半,而 $c = 2$,因此取滤波带宽为 4 $\Delta \hat{f}_{3dB}$[34]。

现给出无任何先验条件下 BPSK 信号快速载频估计的 M – MAT 算法,描述如下:

(1) 对接收的 BPSK 信号序列做 FFT,并对频谱做平滑。

(2) 找出平滑后频谱的最大谱线,并以最大谱线模的 0.7 倍为门限,向最大谱线两边搜索,找出谱线大于门限的区域,该区域即为输入信号的 3dB 频带的估计,其带宽 $\Delta \hat{f}_{3dB}$ 即为信号 3dB 带宽的估计值。

(3) 计算 3dB 带宽内频谱重心的位置 $\hat{f}_0$,该位置即为输入信号载频的粗估计值。

(4) 以 $\hat{f}_0$ 为中心,4 $\Delta \hat{f}_{3dB}$ 为带宽,对接收信号序列滤波,再对滤波后的信号序列平方。

(5) 估计平方后信号序列的频率,得到 $\hat{f}_{20}$(本章采用修正 Rife 算法[30]),则 $\hat{f}_{20}/2$ 即为接收的 BPSK 信号的载频精估计值。

2. BPSK 信号解码算法

要正确地获得 BPSK 信号的编码规律,首先必须知道信号的载频、码速率、初相、码同步等各项参数。在电子侦察等应用领域,如果这些参数都未知的话,就需要进行估计,估计的性能影响到对 BPSK 信号解调的正确性。前述的 BPSK 信号载频的高精度快速估计算法是其他参数估计的基础,本节首先介绍 BPSK 信号的码速率估计算法,接着给出 BPSK 信号码同步和初相的估计算法,最后综合讨论 BPSK 信号的解码算法。

1) 码速率估计

文献[35]提出了一种基于 Haar 小波的多尺度相位编码信号码速率估计算法,不需要信号的任何先验知识即可估计出 MPSK 信号的码速率,其复杂度低且估

计性能较好,算法描述如下:

(1) 估计出 MPSK 信号的载频,并将 MPSK 信号变频至基带。

(2) 估计出信号的 3dB 带宽 $\hat{B}_w$,选取 3 个伸缩因子 $a_1(a_1 = 0.4/\hat{B}_w)$、$a_2(a_2 = 0.6/\hat{B}_w)$、$a_3(a_3 = 0.75/\hat{B}_w)$。

(3) 计算基带信号在 3 个伸缩因子下的离散 Haar 小波幅度 $|\mathrm{CWT}(a_i,\tau)|^2$ $(i = 1,2,3)$,把 3 次结果叠加得到

$$|\mathrm{CWT}(a,\tau)|^2 = \sum_{i=1}^{3} |\mathrm{CWT}(a_i,\tau)|^2 \tag{4-41}$$

(4) 对 $|\mathrm{CWT}(a,\tau)|^2$ 滤除直流分量后做 FFT,估计峰值谱线对应的频率 $\hat{f}_b$。

(5) 得到 MPSK 信号的码速率估计为 $\hat{T}_b = 1/\hat{f}_b$。

文献[36]给出了 BPSK 信号码速率估计的 CRLB:

$$\mathrm{CRLB}\{T_c\}_{\mathrm{BPSK}} \approx \frac{1}{2\mathrm{SNR}} \left\{ \frac{4}{T_s} \sum_{n=0}^{N-1} n^2 + \frac{3N^2}{8\mathrm{SNR}} \right\}^{-1} \tag{4-42}$$

2) 初相估计

对式(4-36)给出的 BPSK 信号进行平方,可得

$$x^2(n) = A^2 \mathrm{e}^{\mathrm{j}(4\pi f_0 n\Delta t + 2\theta_0)} + v'(n), 0 \leq n < N$$

式中:$v'(n)$ 是噪声项。利用前述的改进 MAT 算法得到 BPSK 信号的载频估计值 $\hat{f}_0$,由此得到初相 θ_0 的估计值为

$$\hat{\theta}_0 = \frac{1}{2} \cdot \mathrm{angle} \left\{ \sum_{n=0}^{N-1} x^2(n) \cdot \mathrm{e}^{-\mathrm{j}4\pi \hat{f}_0 n\Delta t} \right\} \tag{4-43}$$

式中:$\mathrm{angle}\{x\}$ 表示取复数 x 的角度。由式(4-43)可见,估计值 $\hat{\theta}_0$ 的精度与 $\hat{f}_0$ 有关,当 $\hat{f}_0$ 精度较高时,$\hat{\theta}_0$ 的精度也较高。

3) 码同步与码元估计

(1) 码同步估计。受噪声影响,在电子侦察中对信号的到达时间(Time of Arrival, TOA)估计往往存在误差,因此接收到的 BPSK 信号开始位置并不一定是码元的开始位置,所以需要对接收到的 BPSK 信号进行码同步估计,否则就会在解码时引起错误。在 BPSK 信号载频估计、码速率估计和初相位估计的基础上,提出了一种简单实用的 BPSK 信号的码同步估计算法,算法描述如下:

① 将 BPSK 信号变频至基带,取基带信号的实部:

$$y(n) = \mathrm{Re}\{x(n) \cdot \mathrm{e}^{-\mathrm{j}(2\pi \hat{f}_0 n\Delta t + \hat{\theta}_0)}\} \tag{4-44}$$

② 对 $y(n)$ 进行分段累积,得到累积量为

$$z(n) = \sum_{l=0}^{\langle T/2\hat{T}_c \rangle} \left[\left| \sum_{m=\langle \hat{T}_c \cdot f_s \cdot l \rangle + n}^{\langle \hat{T}_c \cdot f_s \cdot (l+1) \rangle + n} y(m) \right| \right], n = 0, 1, \cdots, \langle \hat{T}_c \cdot f_s \cdot l \rangle - 1$$

$$(4-45)$$

式中：$\langle x \rangle$ 表示对实数 x 四舍五入。

③ 搜索 $z(n)$，得最大值 $z(n_0)$，则 BPSK 信号序列中第一个完整码元的开始位置为 n_0，第 $0 \sim n_0 - 1$ 个采样点为不完整码元。

（2）BPSK 信号的码元估计。在已经得到了 BPSK 信号主要参数的估计值时，对 BPSK 信号解码，也就是码元估计，就比较简单了。信号的码元个数估计为 $p = \lceil (Tf_0 - n_0)/(\hat{T}_a f_0) \rceil + 2$，其中，$\lceil x \rceil$ 表示不大于 x 的最大整数，那么码元的估计值为

$$\hat{c}(n) = \begin{cases} \dfrac{1}{\pi} \cdot \arccos \left[\operatorname{sign} \left\{ \sum_{m=0}^{n_0-1} y(m) \right\} \right], & n = 0 \\[2em] \dfrac{1}{\pi} \cdot \arccos \left[\operatorname{sign} \left\{ \sum_{m=\langle \hat{T}_c \cdot f_s \cdot (n-1) \rangle + n_0}^{\langle \hat{T}_c \cdot f_s \cdot n \rangle + n_0} y(m) \right\} \right], & 1 \leq n \leq p - 2 \\[2em] \dfrac{1}{\pi} \cdot \arccos \left[\operatorname{sign} \left\{ \sum_{m=\langle \hat{T}_c \cdot f_s \cdot (p-2) \rangle + n_0 + 1}^{Tf_s - 1} y(m) \right\} \right], & n = p - 1 \end{cases}$$

$$(4-46)$$

4.2.3 改进型频域滤波算法

对窄带信号进行频域滤波可以显著提高输出信号的质量，借助于 FFT 快速算法，这种滤波方法被广泛应用于工程实践中[37,38]。其思路一般是通过 FFT 计算，采用窄带窗对 FFT 系数进行加权处理后，再通过 IFFT 重构时域信号。但频域加窗将造成窗外谱线的遗漏，这种频谱的遗漏不但造成信号能量的损失，还将引起信号的畸变。考虑到，在频域窗宽度和采样频率都不变的情况下，频谱遗漏的程度与信号的频率密切相关，即信号频率越靠近量化频率点，频谱遗失越少；信号频率越偏离量化频率点，频谱遗失越多。本节将介绍一种改进的频域滤波方法[39]。该算法首先估计出信号频率与量化频率的偏离程度，然后通过频移，使得信号频率接近量化频率点，再进行频域加窗处理，这样就减小了频谱泄漏对滤波性能影响。

1. 算法流程

考虑典型窄带信号——正弦波，叠加噪声的复正弦信号离散形式为

$$x(n) = s(n) + w(n) = A \cdot \exp(j2\pi n f_0 / f_s) + w(n), n = 0, 1, \cdots, N-1$$

式中:f_s 为采样频率;A 为信号幅度;f_0 为信号频率;N 为样本点数;$s(n)$ 为信号;$w(n)$ 为零均值加性复高斯白噪声,方差为 $2\sigma^2$。

改进的频域窄带滤波算法的流程如下:

(1) 对信号序列做 FFT,即

$$X(m) = \text{FFT}[x(n)], m_0 = \arg\max_m \{|X(m)|\}$$

(2) 估计信号频偏:

$$\hat{\delta} = \frac{1}{2} \frac{|X_{0.5}| - |X_{-0.5}|}{|X_{0.5}| + |X_{-0.5}|} \qquad (4-47)$$

式中:$X_{\pm 0.5} = \sum_{n=0}^{N-1} x(n) e^{-j2\pi n \cdot \frac{m_0 \pm 0.5}{N}}$。

(3) 将信号进行频移,即 $x_1(n) = x(n) \cdot \exp\left(-j\frac{2\pi n}{N} \cdot \hat{\delta}\right)$,并对频移后信号 $x_1(n)$ 进行 FFT,并在频域做窄带滤波,得到滤波后的频域样本 $\hat{X}_1(m)$。

(4) 将 $\hat{X}_1(m)$ 做 IFFT 重建时域信号 $\hat{x}_1(n)$。

(5) $\hat{x}_1(n)$ 做逆向频移,即 $\hat{x}(n) = \hat{x}_1(n) \cdot \exp\left(j\frac{2\pi n}{N} \cdot \hat{\delta}\right)$,得到滤波后的原信号 $\hat{x}(n)$。

2. 性能指标

滤波后信号 $\hat{x}(n)$ 的质量可以通过两种途径来衡量:输出信噪比和输出信号 $\hat{x}(n)$ 与不含噪声信号序列 $s(n)$ 的偏差。

(1) 输出信噪比。由于高斯白噪声在时频平面均匀分布,若频域滤波通带宽度为 p,则通带内噪声能量为 $2\sigma^2 p/N$。此时滤波后的输出信噪比为

$$\text{SNR}_{\text{out}} = 10 \cdot \lg\left[\sum_{k=k_1}^{k_1+p} |X(m)|^2 \Big/ (2\sigma^2 \cdot p/N)\right]$$

$$= 10 \cdot \lg[\eta \cdot N/p] + \text{SNR}_{\text{in}} \qquad (4-48)$$

式中,$\text{SNR}_{\text{in}} = \sum_{k=0}^{N-1} |X(m)|^2 \Big/ 2\sigma^2$ 为输入信噪比。这就是说滤波后信噪比提高了约 $10 \cdot \lg[\eta \cdot N/p]$dB。因此,在相同的样本点数 N 和通带宽度 p 的条件下,若能够提高通带内信号的归一化能量 η,显然对改善输出信噪比是有益的。

(2) 归一化偏差。定义归一化偏差 dev 为

$$\text{dev} = \frac{1}{N} \cdot \sum_{n=0}^{N-1} |\hat{x}(n) - s(n)|^2$$

输出信噪比越高或归一化偏差 dev 越小,说明滤波后输出信号 $\hat{x}(n)$ 与 $s(n)$ 越

接近,即降噪的效果越好。图4-1所示为分别用本节介绍的改进频域滤波(称MFilter)和传统滤波方法(对信号进行傅里叶变换后直接保留最大谱线附近的若干条谱线而将其他谱线置0的方法,称OFilter),对单频正弦波进行滤波处理后,仿真得到的归一化偏差 dev 与频偏 δ 的关系曲线。仿真中滤波前的信噪比为0dB 信噪比,频偏 δ∈[-0.5,0.5],滤波窗宽度设为3。由图可见,MFilter 性能优于传统滤波方法,且针对不同频偏的正弦波性能稳定。

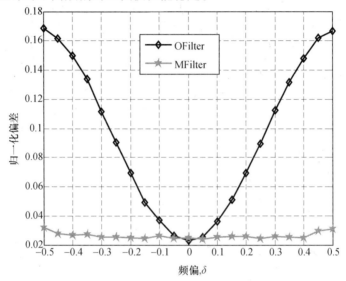

图4-1 归一化偏差 dev 与频偏 δ 的关系曲线

工程应用中常遇到宽带信号,若采用时频分析法对宽带信号进行滤波降噪则计算量较大[40],不利于实时实现。若将宽带信号分段为若干个较短的样本序列,则在每段样本序列内,可近似将其视为窄带信号[41]。此时采用本节算法对每段信号样本进行降噪处理,然后变换到时域重新拼接信号,即可近似恢复原宽带信号。为此,我们对典型宽带信号——LFM 信号进行分段滤波。仿真时取 2048 点含高斯白噪声的 LFM 信号,输入信噪比范围为[-10,10]dB,每 128 点为一段,然后分别采用 MFilter 和 OFilter 算法进行滤波,最后变换到时域拼接信号。仿真后计算归一化偏差 dev 和输出信噪比,仿真结果如图4-2所示。

从图4-2可以发现,相对于传统的基于 FFT 的 OFilter 算法,当信噪比大于-5dB 时采用本节介绍的 MFilter 算法对宽带信号进行分段滤波后,归一化偏差更小,输出信噪比更高。

需要说明的是,由于上述的降噪算法是基于窄带频谱滤波实现的,因此,算法适用的场合是瞬时频率曲线无跳变点的宽带信号,如 S 型 NLFM 信号、LFM 信号等,而对于 FSK 信号或 BPSK 信号等存在瞬时频率突变的宽带信号则需要进行预

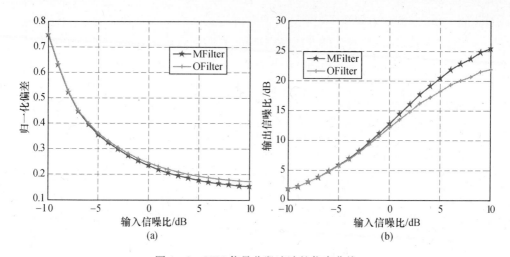

图 4 - 2 LFM 信号分段滤波的仿真曲线

（a）归一化偏差与输入信噪比的仿真曲线；（b）输出信噪比与输入信噪比的仿真曲线。

处理后才能采用上述算法进行降噪处理。

4.3 LFM/BPSK 复合调制信号参数估计

LFM/BPSK 复合调制信号多参数估计的总体思路是首先进行调制分离，将 LFM/BPSK 信号的参数估计转换为 LFM 信号参数估计与 BPSK 信号的参数估计。对 LFM/BPSK 复合调制信号进行平方运算可以去除相位编码，将信号变换为 LFM 信号，分段滤波后估计该 LFM 信号的调频系数和起始频率；在此基础上重构原 LFM/BPSK 信号中的线性调频部分，并与复合信号共轭相乘，近似得到基带 BPSK 信号；最后对 BPSK 信号进行解码，从而完成 LFM/BPSK 复合调制信号的多参数估计。这其中，由于需要重构 LFM/BPSK 信号的线性调频部分以共轭相乘近似得到 BPSK 信号，因此，线性调频部分参数估计的精度将直接影响 BPSK 信号的估计精度。为兼顾估计精度和信噪比门限，我们采用迭代插值 FrFT 方法精确估计 LFM 信号部分的参数，然后再进行 BPSK 信号部分的参数估计。

叠加噪声的 LFM/BPSK 复合调制信号的离散模型为

$$x(n) = A \cdot \exp\left[j\left(2\pi f_0 \Delta t n + \pi k \Delta t^2 n^2 + \theta(n) \right) \right] + w(n) \qquad (4-49)$$

式中：$\theta(n)$ 为相位编码，且 $\theta(n) = \pi \cdot d_2(n)$，$d_2(n) \in \{0,1\}$，码速率为 R_b；f_c 为信号载频；k 为调频系数；Δt 为采样间隔；A 为信号幅度；$w(n)$ 为零均值加性复高斯白噪声序列，其实部与虚部相互独立，且与信号互不相关，方差为 $2\sigma^2$，不失一般性将噪声方差归一化为 $2\sigma^2 = 2$；信号总的样本点数为 N。

4.3.1 调频系数和起始频率的估计

为提高参数估计精度,可首先对 LFM/BPSK 复合调制信号进行分段滤波,根据分析,由于 LFM/BPSK 信号中存在相位编码,这样信号的瞬时频率将存在跳变点,若直接采用分段滤波,将造成信息的损失。为此,需要对 LFM/BPSK 复合调制信号进行预处理。

根据 LFM/BPSK 复合调制信号的表达式(4－49),我们首先通过平方去除相位编码信息,平方后的信号表达式为(暂时忽略噪声)

$$x^2(n) = A^2 \cdot \exp[\,j(4\pi f_0 \Delta t n + 2\pi k \Delta t^2 n^2 + 2\theta(n))\,] \qquad (4-50)$$

此时,$2\theta(n) \in \{0, 2\pi\}$,故式(4－50)可重写为

$$x^2(n) = A^2 \cdot \exp[\,j(4\pi f_0 \Delta t n + 2\pi k \Delta t^2 n^2)\,] \qquad (4-51)$$

这样通过平方运算后,LFM/BPSK 复合调制信号即转换为含噪声的线性调频信号,且调频系数和起始频率为原 LFM 信号的 2 倍。但是,平方运算是非线性运算,将导致信噪比的损失,信号平方后表达式为

$$x^2(n) = A^2 \cdot \exp[\,j(4\pi f_0 \Delta t n + 2\pi k \Delta t^2 n^2)\,] + w'(n) \qquad (4-52)$$

式中,$w'(n) = 2A \cdot \exp[\,j(2\pi f_0 \Delta t n + \pi k \Delta t^2 n^2)\,] \cdot w(n) + w^2(n)$ 为原信号平方后的等效噪声。这样,信号平方运算后的输出信噪比为

$$\mathrm{SNR}_{\mathrm{OUT}} = \frac{A^4}{4A^2 \sigma^2 + 4\sigma^4} = \frac{A^2/\sigma^2}{4 + 4/A^2} = \frac{\mathrm{SNR}}{4 + 4/A^2} \qquad (4-53)$$

式中,SNR 表示输入信噪比。可见,平方运算将不可避免地造成信噪比损失,这给参数估计的精度带来一定的挑战。为此,采用 4.2 节提出的改进型分段滤波算法以提高信噪比。此外,分数阶傅里叶变换可以理解为线性调频基的分解,针对 LFM 信号可以获得最佳的变换域增益。高斯白噪声在时频平面为均匀分布,因此,可采用 4.2 节介绍的迭代插值 FrFT 方法处理 LFM 信号。

这样,LFM/BPSK 复合调制信号的调频系数和起始频率估计流程如下:

(1) 将式(4－49)的 LFM/BPSK 信号平方,得到如式(4－52)所示的含噪线性调频信号。

(2) 采用 4.2 节介绍的改进型分段滤波算法对式(4－52)所示的线性调频信号进行降噪滤波。

(3) 对降噪处理后的线性调频信号采用迭代插值 FrFT 算法进行参数估计,分别得到一次迭代估计结果 $\hat{f}_{01}$、$\hat{k}_1$ 和二次迭代估计结果 $\hat{f}_{02}$、$\hat{k}_2$。

(4) 由于步骤(1)中信号平方的缘故,步骤(3)得到的参数估计结果除以 2 可

得到 LFM/BPSK 复合信号的调频系数和起始频率即 $\hat{f}_0 = \hat{f}_{02}/2, \hat{k} = \hat{k}_2/2$。

4.3.2　码速率估计

得到调频系数 $\hat{k}$ 和起始频率 $\hat{f}_0$ 的估计后,可重构线性调频信号为

$$\hat{s}_{\text{LFM}}(n) = \exp(\mathrm{j}2\pi \hat{f}_0 \cdot n \cdot \Delta t + \mathrm{j}\pi \hat{k} n^2 \cdot \Delta t^2) \tag{4 - 54}$$

将 LFM/BPSK 复合调制信号与式(4 - 54)重构信号共轭相乘,得信号 $s_{\text{B}}(n)$:

$$s_{\text{B}}(n) = x(n)\hat{s}_{\text{LFM}}^*(n) = A \cdot \exp\big[\mathrm{j} \cdot (2\pi \cdot \Delta f \cdot n \cdot \Delta t$$
$$+ \pi \cdot \Delta k n^2 \cdot \Delta t^2 + \theta(n)\big] + w''(n) \tag{4 - 55}$$

式中,$\Delta f = f_0 - \hat{f}_0$, $\Delta k = k - \hat{k}$, $w''(n) = w(n) \cdot \hat{s}_{\text{LFM}}^*(n)$。

若估计精度足够,则 $\Delta f \to 0$, $\Delta k \to 0$,此时 $s_{\text{B}}(n)$ 信号:

$$s_{\text{B}}(n) = A \cdot \exp\big[\mathrm{j} \cdot \theta(n)\big] + w''(n) \tag{4 - 56}$$

可见,信号 $s_{\text{B}}(n)$ 为含有噪声的基带 BPSK 信号,可利用 Haar 小波法[42]估计码速率 R_{b}。

在没有码速率 R_{b} 的先验知识情况下,无法根据码速率选取小波尺度,文献[36]提出将基带信号的 3dB 带宽作为码速率的粗估计,然后根据码速率的粗估计,选取不同尺度伸缩因子,对码速率进行精估计。该算法具体流程如下:

(1)估计出信号的 3dB 带宽 $\hat{B}_{\text{w}}$,选取三个伸缩因子 $a_1(a_1 = 0.2/\hat{B}_{\text{w}})$, $a_2(a_1 = 0.4/\hat{B}_{\text{w}})$, $a_3(a_1 = 0.6/\hat{B}_{\text{w}})$。

(2)计算基带 BPSK 信号三个伸缩因子的离散 Haar 小波幅度 $|\text{CWT}(a_i,n)|^2$ $(i = 1,2,3)$,并将结果叠加: $|\text{CWT}(a,n)|^2 = \sum_{i=1}^{3} |\text{CWT}(a_i,n)|^2$。

(3)滤除 $|\text{CWT}(a,n)|^2$ 的直流分量,并做 FFT 运算,估计峰值谱线对应的频率,即为码速率估计 $\hat{R}_{\text{b}}$。

4.3.3　性能仿真与分析

为验证上述复合调制信号参数估计方法的性能,构造 LFM/BPSK 复合调制信号,其参数如下:起始频率 $f_c = 100\text{MHz}$,调频系数 $k = 300\text{MHz/s}$,二相编码采用 13 位巴克码,码元宽度 $0.04\mu\text{s}$。

采样频率为 $f_s = 2000\text{MHz}$,信号的样本点数 N 为 1040,仿真噪声为零均值加性复高斯白噪声,方差为 2。蒙特卡罗仿真 1000 次,信噪比范围是[- 9dB,15dB]。作为对比,对 4.3.2 中提出的二次迭代 - 小波变换估计法(不妨称为小波复合算法),及文献[2]算法(称 Xiong 算法)性能分别进行了仿真。为保证可比性,仿真

中的信号参数、信噪比环境及样本点数设置均相同。仿真得到的不同信噪比条件下两种算法对码速率、信号载频及调频系数三个参数估计的归一化均方根误差（Normal Root Mean Square Error，NRMSE）如表 4－1 和图 4－3 所示。

表 4－1　LFM/BPSK 复合调制信号多参数估计的 NRMSE

算法		信噪比/dB						
		-4	-2	0	2	4	6	10
Xiong 算法	$\hat{f}_0$	0.0027	0.0023	0.0021	0.0018	0.0016	0.0015	0.0010
	$\hat{k}$	0.0030	0.0025	0.0021	0.0018	0.0016	0.0014	0.0011
	$\hat{R}_b$	0.0862	0.0525	0.041	0.0371	0.0315	0.030	0.0220
小波复合算法	$\hat{f}_0$	0.0016	0.0012	0.0010	0.0007	0.0006	0.0005	0.0003
	$\hat{k}$	0.0020	0.0015	0.0012	0.0009	0.0007	0.0005	0.0003
	$\hat{R}_b$	0.0268	0.0125	0.0122	0.0117	0.0115	0.0111	0.010

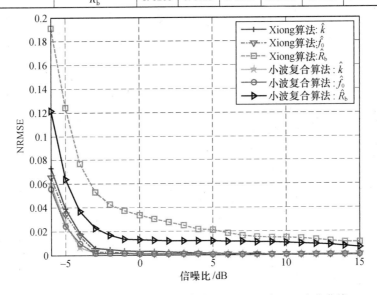

图 4－3　LFM/BPSK 信号参数估计的 NRMSE 随 SNR 变化曲线

本节算法和 Xiong 算法均采用了时频分析技术，在信噪比高于 0dB 时，性能较好。总体来说，尽管不同参数的估计精度不完全一致，但就同一参数而言，本节算法的性能略优于 Xiong 算法。这主要是因为，本节在分数阶域执行了粗搜索加迭代插值（相当于精搜索）的计算方法，计算量较其他算法也略有增加，由于 FrFT 运算可采用 FFT 实现，保证了工程可实现性。

为验证本节提出的小波复合算法的稳定性，本节重新构造了另一个 LFM/BPSK 复合调制信号进行参数估计，起始频率和调频系数分别为上述信号的 1.5 倍和 2.1 倍。两个信号的参数估计结果如图 4－4 所示。从仿真结果可以发现：其一,针对不同参数的 LFM/BPSK 信号,本节算法性能稳定;其二,BPSK 编码的码速率的估计精度均低于 LFM 信号起始频率和调频系数的估计精度。

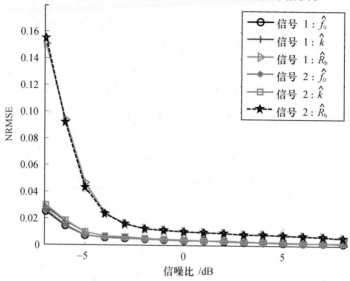

图 4 - 4　两个不同参数的 LFM/BPSK 复合调制信号参数估计性能

4.4　FSK/BPSK 复合调制信号的参数估计

叠加高斯白噪声的 FSK/BPSK 复合调制信号模型如式(3 - 70)所示。如 3.4 节所述,$\theta(n)$ 为相位编码,且 $\theta(n) = \pi \cdot d_2(n)$ 为二元相位编码,$d_2(n) \in \{0,1\}$,并设定码速率为 R_b,编码数为 N_B,信号总的样本数为 $N = Lt_F/\Delta t$。

4.4.1　码元宽度与载频估计

根据 FSK/BPSK 复合调制信号的相位表达式和 3.4.1 节分析,首先将信号平方以去除二相编码信息,平方后的信号相位为 FSK 信号特征:

$$\varphi_x(n) = \sum_{k=1}^{L} 4\pi f_k \Delta t n \cdot \mathrm{rect}(n - (k-1)t_F/\Delta t), n = 0,1,\cdots,N-1$$

$$(4 - 57)$$

为便于分析,式(4 - 57)中暂时忽略噪声。对式(4 - 57)差分可得到瞬时频率:

$$f_x(n) = \frac{f_s}{2\pi}[\varphi_x(n+1) - \varphi_x(n)]$$

$$= \sum_{k=1}^{L} 2f_k \cdot \mathrm{rect}(n - (k-1)t_F/\Delta t), n = 0,1,\cdots,N-2 \qquad (4 - 58)$$

这意味着,FSK/BPSK 复合调制信号通过平方运算可变换为 FSK 信号。FSK 信号瞬时频率曲线为折线,可以利用折线中相邻跳变点之间的持续时间来估计频率编码的码元宽度 t_F。由于瞬时频率曲线对噪声敏感,为降低噪声的影响,采用文献[43]提出的相位加权平均法和文献[44]提出的改进型瞬时频率估计算法对平方后的 FSK/BPSK 复合信号进行相位展开,并进一步估计得到其瞬时频率曲线。

图 4–5 是采用上述方法得到的信噪比为 9dB 时 FSK/BPSK 信号平方后的瞬时频率曲线。

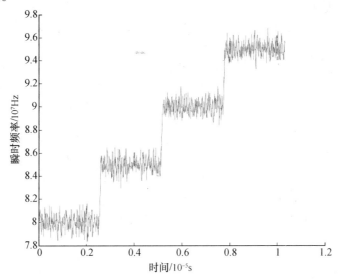

图 4–5　SNR = 9dB 时 FSK/BPSK 复合信号平方后的瞬时频率曲线

如图 4–5 所示,FSK/BPSK 信号平方后为 FSK 信号,其瞬时频率为含有噪声的折线,由于 Haar 小波具有边缘检测和定位突变点的能力[45],因此可以用于估计瞬时频率折线中频率跳变的位置。从图 4–5 不难发现,相邻频率跳变点之间的持续时间即为频率编码的码元宽度 t_F。总结码元宽度的估计流程可小结如下:

(1) 将 FSK/BPSK 复合信号平方后,采用相位加权平均法进行相位展开估计得到如式(4–57)的相位函数。

(2) 对步骤(1)得到的相位函数进行差分得到瞬时频率估计曲线,如式(4–58)。

(3) 选取三个不同尺度,对上述瞬时频率曲线做 Haar 小波变换,分别计算小波变换模 $|WT_i(n)|^2 (i = 1,2,3)$,并将结果叠加: $|WT(n)|^2 = \sum\limits_{i=1}^{3} |WT_i(n)|^2$。

(4) 检测 $|WT(a,n)|^2$ 的第一个极值位置 x_0 作为瞬时频率跳变点,即 FSK 编码的码元临界点,此时 $\hat{t}_F = \Delta t \cdot x_0$。

在码元宽度 $\hat{t}_F$ 估计的基础上,可以将 FSK/BPSK 复合调制信号"切"为若干段,由于每段信号内都不存在频率跳变,这样每个码元宽度 $\hat{t}_F$ 持续时间内均为载频一定的 BPSK 信号,每段信号的载频 f_k 均可估计出来,具体流程如下:

（1）按码元宽度 $\hat{t}_F$ 将 FSK/BPSK 信号分割为若干段,则每段均为 BPSK 信号。

（2）对分割后的每段 BPSK 信号分别做 FFT,并对频谱平滑处理。

（3）搜索平滑后频谱的最大谱线,并以最大谱线幅值的 0.707 倍为阈值搜索出 3dB 带宽区域 $\hat{B}_{3dB}$。

（4）估计 3dB 带宽区域 $\hat{B}_{3dB}$ 内的重心 $\hat{f}_{1k}$,作为载频的粗估计。

（5）以 $\hat{f}_{1k}$ 为中心,4 倍 $\hat{B}_{3dB}$ 为带宽进行频域滤波,然后将滤波后的信号平方。

（6）对滤波后的信号进行正弦波频率估计[46]得到 $\hat{f}_{2k}$,$\hat{f}_{2k}/2$ 即为 FSK/BPSK 复合信号的频率编码估计值 $\hat{f}_k$。

4.4.2　码速率估计

在 4.4.1 节的基础上,根据码元宽度 $\hat{t}_F$ 估计值分割信号,这样每段信号即为载频不同的 BPSK 信号,由于每段信号的 BPSK 码速率相同,故可以分别估计出码速率,然后取均值以减小误差。

BPSK 码速率估计可采用 4.3.2 节的流程实现,不再赘述。

4.4.3　性能仿真与分析

仿真中,FSK/BPSK 复合调制信号的参数如下:取 $L=4$,即 4 个载频分别为 $f_1=80\text{MHz}$,$f_2=85\text{MHz}$,$f_3=90\text{MHz}$,$f_4=95\text{MHz}$,二相编码采用 13 位巴克码,码元宽度 $0.2\mu\text{s}$;每个载频持续时间内均进行独立的二相编码。FSK 信号载频设置及 BPSK 信号参数与样本点数均与 FSK/BPSK 复合调制信号一致。另外,采样频率为 $f_s=200\text{MHz}$,仿真噪声为零均值加性复高斯白噪声,方差为 2。仿真中,分别采用 4.4.2 中提出的估计算法(称为分切算法)及文献[10]方法(称 Tang 算法)进行参数估计,每种信噪比下各进行 1000 次蒙特卡罗仿真,输入信噪比范围是 $[-6\text{dB},10\text{dB}]$,得到各参数估计的 NRMSE 结果如表 4-2 和图 4-6 所示,其中 f_k 的性能以第一个跳频值为例。

表 4-2　FSK/BPSK 复合调制信号参数估计的 NRMSE 仿真结果

算法		信噪比/dB						
		-2	-1	0	1	2	4	6
分切算法	$\hat{t}_F$	0.088	0.067	0.048	0.032	0.026	0.013	0.003
	$\hat{f}_k$	0.0012	0.0011	0.0009	0.0008	0.0007	0.0006	0.0005
	$\hat{R}_b$	0.013	0.012	0.011	0.010	0.009	0.008	0.0075

算法		信噪比/dB						
		-2	-1	0	1	2	4	6
Tang 算法	$\hat{t}_F$	0.115	0.086	0.067	0.049	0.037	0.017	0.007
	$\hat{f}_k$	0.0022	0.0017	0.0009	0.0009	0.0008	0.0006	0.0005
	$\hat{R}_b$	0.042	0.038	0.035	0.032	0.028	0.022	0.018

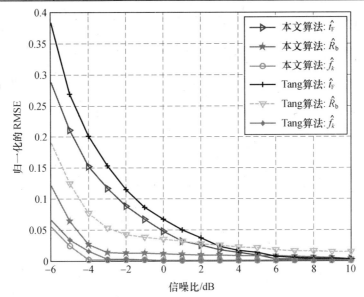

图 4-6　FSK/BPSK 复合调制信号参数估计 NRMSE 仿真曲线

从表 4-2 和图 4-6 可以看出，本节提出的分切算法在信噪比高于 0dB 时，对 FSK/BPSK 复合调制信号的参数估计有较高的精度，而在信噪比低于 -2dB 时，算法精度下降较快，这主要是因为对 FSK/BPSK 复合信号的平方运算造成信噪比的损失较大。此外，从仿真结果可以发现，针对其中任一种参数的估计结果，本节分切算法性能略优于 Tang 算法。

4.5　S 型非线性调频信号的参数估计

4.5.1　参数估计算法

S 型非线性调频信号的特征是采用 S 型三角函数（如正弦函数或正切函数）对信号频率进行调制，因此，其瞬时频率曲线以中心频率为轴呈奇对称。为估计 S 型非线性调频信号的中心频率和带宽，可首先对信号进行相位展开，进而得到瞬时频

率曲线,瞬时频率曲线(即频率函数)的终点和起点的差值即为带宽的估计:

$$\hat{B} = f(t)\Big|_{t=0} - f(t)\Big|_{t=T} \tag{4-59}$$

同理,瞬时频率曲线的中点即为信号的中心频率:

$$\hat{f}_m = f(t)\Big|_{t=T/2} \tag{4-60}$$

基于相位展开的瞬时频率估计方法在前文中已经讨论,故不再赘述。需要说明的是,由于信号相位展开过程中特别容易受到噪声的干扰,因此有必要对信号进行滤波降噪预处理。由于 S 型非线性调频信号不存在频率突变,因此采用 3.2 节提出的改进型分段滤波算法进行降噪处理。

4.5.2　性能仿真与分析

仿真实验中分别构造基于正弦和基于正切的 S 型 NLFM 信号各一个,信号模型如 4.4 节所述。其中,两个信号带宽和脉冲宽度均为 $B = 2\text{MHz}$ 和 $T = 100\mu\text{s}$,中心频率为 $f_m = 38\text{MHz}$。正弦函数的权系数 $K(m)$ 如式(3-92),基于正切的 NLFM 信号模型中 $\alpha = 0.5$,$\gamma = 1.4$。信号的采样频率均设为 200MHz。仿真噪声为零均值加性复高斯白噪声,蒙特卡罗仿真 1000 次。仿真过程中设置输入信噪比为 $[-6\text{dB}, 10\text{dB}]$,采用改进型分段滤波算法降噪后进行带宽和中心频率的估计,估计结果的 NRMSE 如图 4-7 所示。

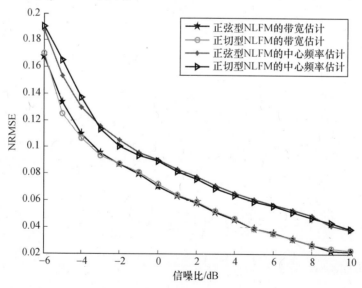

图 4-7　S 型 NLFM 信号参数估计的仿真结果

从仿真结果可以发现,当信号的输入信噪比高于 0dB 时,滤波后进行带宽和

104

中心频率估计的精度较高,其 NRMSE 小于 0.1 且两种 S 型 NLFM 信号对应参数的估计性能相妨。

需要说明的是,针对 S 型 NLFM 信号的参数估计从完整意义上讲,不仅包括带宽和中心频率估计,还包括正弦函数权系数的估计、正弦函数周期估计、正切函数的平衡因子、权重系数的估计。但在工程实验和分析中也可以发现,在没有先验知识的条件下,无法判定 S 型的频率调制特征是正切函数还是正弦函数的调制结果,此外,正弦函数调制时一般都采用多个周期的正弦函数加权,且权系数很小,在噪声的影响下,参数估计时很难分离出多个周期的正弦函数,从而给正弦函数的权系数估计和各个正弦函数的周期估计带来巨大挑战。因此,本书仅就 S 型 NLFM 信号的带宽和中心频率估计进行了探讨。

4.6 本章小结

复合调制信号中由于存在多种调制方式,在进行变换域处理时,一般很难像单一调制方式信号那样能够找到匹配的核函数,因此,信号在变换域的时频聚集性也就不可避免地受到影响。为了实现复合调制信号的多参数估计,一般的思路是进行调制类型的分离,将复合调制信号拆分为多个单一调制方式信号,然后对单一调制信号逐个完成参数估计,本章的方法秉承了这一思想。为提高参数估计精度,本章还介绍了信号的分段滤波算法以提高输出信噪比。针对 LFM/BPSK 复合调制信号和 FSK/BPSK 复合调制信号,通过平方去除相位编码,将复合调制信号的参数估计分别转化为 LFM 信号和 FSK 信号的参数估计问题,在此基础上,再从复合调制信号中分离出 BPSK 编码信号部分,实现 BPSK 的解码,进而实现复合调制信号的多参数估计。最后,针对 S 型 NLFM 信号,本章给出了其中心频率和信号带宽的估计方法。

参 考 文 献

[1] 熊刚, 赵惠昌, 林俊. 伪码 – 载波调频侦察信号识别的谱相关方法(I)——伪码 – 载波调频信号的谱相关函数[J]. 电子与信息学报, 2005, 27(7): 1081 – 1086.

[2] 熊刚, 赵惠昌, 王李军. 伪码 – 载波调频侦察信号识别的谱相关方法(II)——伪码 – 载波调频信号的调制识别和参数估计[J]. 电子与信息学报, 2005, 27(7): 1087 – 1092.

[3] 张淑宁, 赵惠昌, 熊刚. 基于粒子滤波的单通道正弦调频混合信号分离与参数估计[J]. 物理学报, 2014, 63(15): 158401 – 158409.

[4] 林俊, 熊刚, 王智学. 基于时频分析的伪码与线性调频复合体制侦察信号参数估计研究[J]. 电子与信息学报, 2006, 28(6): 1045 – 1048.

[5] 熊刚, 杨小牛, 赵惠昌. 基于平滑伪 Wigner 分布的伪码与线性调频复合侦察信号参数估计[J]. 电子与信

息学报,2008,30(9):2115-2119.

[6] 曾德国,熊辉,龙柯宇,等.伪码-线性调频复合信号快速参数估计方法[J].系统工程与电子技术,2010,32(5):891-894.

[7] 唐江,赵拥军,朱健东,等.基于FrFT的伪码-线性调频信号参数估计算法[J].信号处理,2012,28(9):1271-1277.

[8] 朱健东,马越,赵拥军.基于FRFT和累加积分的PRBC-LFM连续波信号参数估计[J].弹箭与制导学报,2013,33(5):144-148.

[9] 李明孜,赵惠昌.基于改进B分布自适应窗长时频分析的伪码调相-载波调频复合引信信号的参数提取研究[J].兵工学报,2011,32(5):543-547.

[10] 曾小东,曾德国,唐斌.基于ZAM-GTFR的2FSK/BPSK复合信号参数估计方法[J].电子信息对抗技术,2011,26(2):9-14.

[11] Xiong H, Zeng D G, He X D, et al. Parameter estimation approach of FSK/PSK radar signal[J]. Journal of Electronic Science and Technology, 2010, 8(4): 341-346.

[12] 雷雪梅,吕镜清,杨万麟,付海涛.FSK/PSK混合调制信号多参数估计[J].电子信息对抗技术,2009,24(6):9-13.

[13] 雷雪梅,杨万麟,吕镜清.FH/PSK混合调制扩频信号参数估计[J].火控雷达技术,2009,38(4):40-44.

[14] Abatzoglou T J. Fast maximnurm likelihood joint estimation of frequency and frequency rate[J]. IEEE Transactions on Aerospace and Electronic Systems,1986,22(6): 708-715.

[15] 刘渝.快速解线性调频技术[J].数据采集与处理,1999,14(2):175-178.

[16] Peleg S, Porat B. Linear FM signal parameter estimation from discrete-time observations[J]. IEEE Transactions on Acoustics, Speech and Signal Processing, 1991, 27(4): 607-616.

[17] Abatzoglou T J. Fast maximnurm likelihood joint estimation of frequency and frequency rate[J]. IEEE Transactions on Aerospace and Electronic Systems, 1986, 22(6): 708-715.

[18] 胥嘉佳,刘渝,邓振淼.LFM信号参数估计的牛顿迭代方法初始值研究[J].电子学报,2009,37(3):598-602.

[19] Barbarossa S, Farina A. Detection and imaging of moving objects with synthetic aperture radar. Part 2: Joint time-frequency analysis by Wigner-Ville distribution[J]. IEE Proceedings F - Radar and Signal Processing, 1992,139(1): 89-97.

[20] Barbarossa S. Analysis of multicomponent LFM signals by a combined Wigner-Hough transform[J]. IEEE Transactions on Signal Processing, 1995, 43(6): 1511-1515.

[21] Xia X G. Discrete chirp-Fourier transform and its application to chirp rate estimation[J]. IEEE Transactions on Signal Processing, 2000, 48(11): 3122-3133.

[22] Qi L, Tao R, Zhou S, et al. Detection and parameter estimation of multicomponent LFM signal based on the fractional Fourier transform[J]. Science in China Series F: Information Sciences, 2004, 47(2): 184-198.

[23] 赵兴浩,邓兵,陶然.分数阶傅里叶变换的快速计算新方法[J].电子学报, 2007, 35(6): 1089-1093.

[24] 郭斌,张红雨.分级计算迭代在Radon-Ambiguity变换和分数阶Fourier变换对[J].电子与信息学报,2007,29(12):3024-3026.

[25] 袁振涛,胡卫东,郁文贤.用FrFT插值实现LFM信号的参数估计[J].信号处理,2009,25(11):1726-1731.

[26] SooC P, Jian J D. Fractional Fourier transform, Wigner distribution, and filter design for stationary and non-

stationary random processes[J]. IEEE Transactions on Signal Processing, 2010, 58(8): 4079 –4092.

[27] Ozaktas H M, Arikan O, Kutay M A, et al. Digital computation of the fractional Fourier transform[J]. IEEE Transactions on signal processing, 1996, 44(9): 2141 –2150.

[28] Almeida L B. The fractional Fourier transform and time – frequency representations[J]. IEEE Transactions on Signal Processing, 1994, 42(11): 3084 –3091.

[29] Viterbi A. Nonlinear estimation of PSK – modulated carrier phase with application to burst digital transmission [J]. IEEE Transactions on Information Theory, 1983, 29(4): 543 –551.

[30] Mazzenga F, Corazza G E. Blind least – squares estimation of carrier phase, Doppler shift, and Doppler rate for M – PSK burst transmission[J]. IEEE Communications Letters, 1998, 2(3): 73 –75.

[31] Ghogho M, Swami A, Durrani T. Blind estimation of frequency offset in the presence of unknown multipath[C]. Hyderabad:Proceedings of the 2000 IEEE International Conference on Personal Wireless Communications, 2000:104 –108.

[32] 邓振淼, 刘渝. MPSK 信号载频盲估计[J]. 通信学报, 2007, 28(2): 94 –100.

[33] Pinto E L, Brandao J C. A comparison of four methods for estimating the power spectrum of PSK signals[C]. Washington:Proceedings of the IEEE International Conference on Communications, 1987: 1749 –1753.

[34] 胥嘉佳. 电子侦察信号处理关键算法和欠采样宽带数字接收机研究[D]. 南京:南京航空航天大学, 2010.

[35] 邓振淼, 刘渝, 王志忠. 正弦波频率估计的修正 Rife 算法[J]. 数据采集与处理, 2006, 21(4): 473 –477.

[36] Chan Y T, Plews J W, Ho K C. Symbol rate estimation by the wavelet transform[C]. Hong Kong:Proceedings of 1997 IEEE International Symposium on Circuits and Systems, 1997: 177 –180.

[37] Pridham R, Kowalczyk R. Use of FFT subroutine in digital filter design program[J]. Proceedings of the IEEE, 1969, 57(1): 106 –106.

[38] Havlicek J, Sarkady K, Katz G, et al. Fast, efficient median filters with even length windows[J]. Electronics Letters, 1990, 26(20): 1736 –1737.

[39] 宋军, 刘渝, 王旭东. 一种改进的窄带信号降噪算法及其应用[J]. 振动与冲击, 2013, 32(16): 59 –63.

[40] 郝文广, 丁常富, 梁娜. 小波降噪与 FFT 降噪比较[J]. 电力科学与工程, 2011, 27(3): 59 –61.

[41] 赵锋, 刘渝, 杨健. 低信噪比下的脉内调制方式识别[J]. 数据采集与处理, 2011, 26(5): 615 –618.

[42] 邓振淼, 刘渝. 基于多尺度 Haar 小波变换的 MPSK 信号码速率盲估计[J]. 系统工程与电子技术, 2008, 30(1): 36 –40.

[43] Kay S. A fast and accurate single frequency estimator[J]. IEEE Transactions on Acoustics, Speech and Signal Processing, 1989, 37(12): 1987 –1990.

[44] 黄晓红, 邓振淼. 改进的相位展开算法及其在瞬时频率估计中的应用[J]. 电子学报, 2009, 37(10): 2266 –2272.

[45] 胡国兵, 刘渝, 邓振淼. 基于 Haar 小波变换的信号到达时间估计[J]. 系统工程与电子技术, 2009, 31 (7): 1615 –1619.

[46] Aboutanios E, Mulgrew B. Iterative frequency estimation by interpolation on Fourier coefficients[J]. IEEE Transactions on Signal Processing, 2005, 53(4): 1237 –1242.

第5章　正弦波频率估计的可信性评估

5.1　引　　言

噪声中的正弦波信号频率估计是电子侦察、认知无线电等信号处理领域的经典课题之一,其估计结果往往是正弦波信号其他参数(如幅度、相位、到达时间等[1])或其他调制信号参数估计(如用 DPT 法对 LFM 信号的参数估计[2],利用 MAT 法对 BPSK 信号载频估计等)的前提。众多学者对正弦波频率估计算法进行了广泛研究[3-8]。由于电子侦察、认知无线电信号处理是在非协作条件下进行,因此对信号参数只能进行盲估计。因此,对估计结果的正确、可信与否进行评估,同样显得尤为重要。

一般可从两个角度来评估正弦波频率估计的可信性。一是从算法设计者的角度。此时,关注的是整个算法的统计性能,可通过解析推导或蒙特卡罗仿真等方法对其估计均方根误差进行计算,并与相应条件下的 CRLB 进行比较,以评估整个估计器的可信性。文献[9, 10]借助理论分析及仿真数据,通过比较信号参数估计的方差与实际计算得到的均方根误差的差异来评价信号参数估计的可信性。二是从算法使用者的角度。此时,更值得关注的是具体某一次频率估计结果的性能,称为单次频率估计结果的可信性评估。显然,在非协作条件下,对单次频率估计结果的可信性作出判断,对误差大的不可信处理结果舍弃或者重新处理,这样有利于提高后续处理环节的可信性,对避免处理资源的浪费具有重要价值。若已知信号的真实频率及特定估计算法均方根误差,则可以计算单次频率估计的估计误差,并利用"3σ 准则"等方法,对其可信性进行判定。但是需要满足两个必要条件:其一,已知信号的真实频率;其二,所采用频率估计方法的均方根误差。如果所用频率估计方法的均方根误差没有解析表达式(通常情况较难获得),则需进行多次蒙特卡罗仿真,以得到多次频率估计值,利用样本的均方根误差作为总体均方根误差的估计。显然,在非协作条件下,进行单次信号频率估计时,这两个条件是难以达到的。因此,在非协作条件下,对正弦波单次频率估计的可信性分析具有一定的困难。

本章将首先介绍几种常用的正弦波频率估计算法的原理及性能。然后,分别讨论基于局部最大势和切比雪夫不等式的两种正弦波频率估计可信性评估方法,阐述正弦波频率估计可信性评估的假设检验模型、判决统计量的推导及相应门限的设定方法,并对两种算法的统计性能进行详细的理论分析及仿真验证。

5.2 常用正弦波频率估计算法

假设受高斯白噪声污染的复正弦信号的观测模型为

$$x(n) = s(n) + w(n) = A\exp\left[j(2\pi f_0 n\Delta t + \theta_0)\right] + w(n), \quad 0 \leq n \leq N-1$$

$$(5-1)$$

式中:A、f_0、θ_0 分别为信号 $s(n)$ 的幅度、载频及初相;N 为样本个数;$w(n)$ 为零均值复高斯白噪声序列,其实部与虚部相互独立,方差为 $2\sigma^2$。

5.2.1 最大似然估计算法

Rife 研究了高斯白噪声背景下正弦波信号频率的最大似然估计,其估计值为[1]

$$\hat{f}_{0,\text{ML}} = \underset{f}{\text{argmax}}\left\{\left|\sum_{n=0}^{N-1} x(n)\exp(-j2\pi n\Delta tf)\right|\right\} \quad (5-2)$$

该算法的估计均方根误差可达到 CRLB,即

$$\text{CRLB}(\hat{f}_{0,\text{ML}}) = \frac{12\sigma^2}{(2\pi)^2 A^2 (\Delta t)^2 N(N^2-1)}$$

此式也可写为

$$\text{CRLB}(\hat{f}_{0,\text{ML}}) = \frac{6f_s^2}{4\pi^2 N(N^2-1)\text{SNR}} \quad (5-3)$$

式中:$f_s = 1/\Delta t$ 为采样频率;$\text{SNR} = A^2/2\sigma^2$ 为信噪比。

5.2.2 基于 DFT 的准最佳估计算法

式(5-2)的最大似然频率估计为最优估计,但算法实现需要进行一维搜索,计算量太大,无法进行实时处理。为了寻找计算量较小,精度高的正弦波频率估计算法,依据 DFT,众多学者从不同角度提出了若干准最佳算法,主要有直接法与迭代法两种。

1. 直接法

直接法的基本思想就是对信号进行 DFT 变换,找到最大谱线在离散频谱上的位置 k_0,然后估计频偏 δ,得到频率精估计。几种常用的算法综述如下。

1)Rife 算法

Rife 首先提出了一种频域插值算法(简称 Rife 算法[3]),其基本思路是在对信号进行 DFT 运算的基础上,用信号频谱的最大两根谱线进行插值来对频率进行估计。对 $x(n)$ 做 DFT,先不考虑噪声,则第 k 根谱线的模为

$$|X(k)| = \left| \sum_{n=0}^{N-1} x(n) \cdot \exp\left(-j\frac{2\pi kn\Delta t}{N} \right) \right| \approx AN \cdot \text{sinc}[(f_0\Delta tN - k)\pi]$$

$$(5-4)$$

式中：$\text{sinc}(x) = \sin\pi t/\pi t$，为辛克函数。

令采样频率 $f_s = \dfrac{1}{\Delta t}$，假设 $f_0 = \dfrac{f_s}{N}(k_0 + \delta)$，且 $|\delta| < \dfrac{1}{2}$，则模最大的谱线为第 k_0 根，模第二大的谱线为第 $k_0 + r$ 根，其中，$r = \text{sign}(\delta)$，表示 δ 的符号，有

$$\begin{cases} |X(k_0)| = AN \cdot \text{sinc}(\delta\pi) \\ |X(k_0 + r)| = AN \cdot [\text{sinc}(\delta - r)\pi] \end{cases} \tag{5-5}$$

显见

$$r\frac{|X(k_0 + r)|}{|X(k_0)| + |X(k_0 + r)|} = r\frac{\text{sinc}[(\delta - r)\pi]}{\text{sinc}(\delta\pi) + \text{sinc}[(\delta - r)\pi]} = \delta \tag{5-6}$$

k_0 和 $k_0 + r$ 可以通过对 $x(n)$ 的频谱 $X(k)$ 搜索获得。于是，得到 Rife 频率估计器为

$$\hat{f}_0 = \left(k_0 + r\frac{|X(k_0 + r)|}{|X(k_0)| + |X(k_0 + r)|} \right) \cdot (f_s/N) \tag{5-7}$$

其中，当 $|X(k_0 + 1)| \geq |X(k_0 - 1)|$ 时，$r = 1$，否则 $r = -1$。研究表明：在适度信噪比条件下，当信号频率 f_0 接近 2 个量化频率的中心 $(k_0 + r/2)(f_s/N)$ 时，Rife 算法的估计精度较高，估计方差接近 CRLB，而 f_0 接近量化频率点 $k_0(f_s/N)$ 时，其估计精度降低。

2）修正 Rife 算法

针对 Rife 算法中信号频率位于量化频率点附近时，其估计精度降低的问题，文献[11]提出一种基于频移方法的修正 Rife 算法（M - Rife）。首先用 Rife 算法对信号频率进行估计，当估计频率位于 2 个量化频率中心区域（中间 $f_s/3N$）时，就认为估计频率较为精确，并以此频率作为结果；当估计频率落在 2 个量化频率中心区域以外时，将信号频率移动 1/3 量化频率（$f_s/3N$），使信号频率能够落在相邻 2 个量化频率的中间区域，再用 Rife 算法对频移后的信号进行频率估计，以得到较为精确的估计值。仿真结果表明，M - Rife 算法在整个频段上均保持了较高的精度，估计频率的均方根误差接近 CRLB。

3）频偏校正算法

文献[12]提出了一种频偏校正算法，当正弦波频率接近量化频率点附近时，用这种算法估计信号频率的性能优于 Rife 算法，而该算法最大的好处是运算量小，有利于实时的信号处理。频偏校正算法首先对信号 $x(n)$ 做 DFT，得到最大谱线位置 k_0，则信号频率的粗估计为 $\hat{f}_0 = f_s k_0/N$，并构造序列：

$$y(n) = \exp(-j2\pi \hat{f_0} n\Delta t), n = 0, 1, \cdots, N-1 \tag{5-8}$$

将式(5-8)与式(5-1)进行相关累加可得

$$z(n) = \sum_{k=0}^{n-1} x(k)y(k) = \sum_{k=0}^{n-1} A\exp[j(2\pi\Delta f k\Delta t + \theta_0)] + \sum_{k=0}^{n-1} w(k)y(k),$$
$$n = 0, 1, \cdots, N-1 \tag{5-9}$$

式中，$\Delta f = f_0 - \hat{f_0}$，是频率估计误差。经整理得

$$z(n) = A\frac{\sin(\pi n\Delta f\Delta t)}{\sin(\pi\Delta f\Delta t)}\exp[j(\pi(n-1)\Delta f\Delta t + \theta_0)] + w_1(n) \tag{5-10}$$

式中，$w_1(n)$ 为相关累加后的噪声项，其均值为 0，方差为 $2n\sigma^2$。$z(n)$ 信号部分的模为 $|z_s(n)| = A\left|\dfrac{\sin(\pi n\Delta f\Delta t)}{\sin(\pi\Delta f\Delta t)}\right|$，当 $n\Delta f\Delta t \to 0$ 时，$|z_s(n)| \to nA$，此时信噪比趋近于 $nA^2/2\sigma^2$。但当 $n\Delta f\Delta t$ 较大时，$|z_s(n)|$ 的值就不易确定。图 5-1 为 Δf 取不同值，信号幅度 $A=1$ 时 $|z_s(n)|$ 与 n 的关系曲线，其中，b 为 Δf 与频率分辨率 $\Delta F = f_s/N$ 的比值，$b = \dfrac{\Delta f}{\Delta F} = N\Delta f\Delta t$。

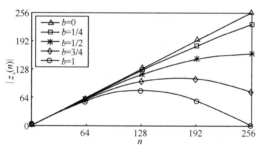

图 5-1　$|z_s(n)|$ 与 n 的关系曲线

从图 5-1 可以看出，当 b 不大于 1/2 时，$|z_s(n)|$ 随 n 的增大而增大，b 越小，$|z_s(n)|$ 与 n 的线性关系越显著，这也验证了前面的分析。如果采用 DFT 做粗估计，一般有 $|\Delta f| < \Delta F/2$。在相同的 n 值情况下，Δf 越小，$|z_s(n)|$ 值越大，信噪比也越大。因此，相关累加的过程就是提高信噪比的过程。

当信噪比较高时，相位噪声比较小，这时 $z_s(n)$ 的相位近似为

$$\varphi(n) = \arctan\left(\frac{\mathrm{Im}[z(n)]}{\mathrm{Re}[z(n)]}\right) \approx \theta_0 + \pi(n-1)\Delta f\Delta t \tag{5-11}$$

则频率偏差 Δf 的估计值为

$$\hat{\Delta f} = \frac{[\varphi(P) - \varphi(Q)]}{\pi(P-Q)\Delta t} \tag{5-12}$$

式中：P, Q 为 $\varphi(n)$ 任意两点的横坐标。这样就可得校正后的精确频率估计

111

$$\hat{\hat{f}}_0 = \hat{f}_0 + \Delta\hat{f} = k_0 f_s / N + \Delta\hat{f} \tag{5-13}$$

式 (5-12) 中, P 和 Q 的具体取值对 Δf 的估计也有一定的影响。根据对图 5-1 的分析可知, n 越大, 信噪比越大, 可以断定 $\varphi(n)$ 的精度也是随着 $\varphi(n)$ 的增大而提高, 因此 P 取最大值 $N-1$。文献[12]中的统计结果表明, Q 取值在 $0.5L$ 附近时 RMSE 较小, 所以 Q 取 $0.5L$ 是比较恰当的。此外频偏校正算法的性能随粗估计的误差 Δf 单调变化, 当 $\Delta f \leqslant \Delta F/4$ 时, 估计的均方根误差小于 1.25 倍 CRLB。

除了上述基于 Rife 算法的几种修正算法之外, 还有几种典型频域插值算法, 如表 5-1 所列。这些方法的基本思想是利用 FFT 及不同的频偏估计算法, 得到频率的精确估计。关于这些方法的具体原理可参见文献[20]。

表 5-1　几中典型频域插值算法

算法名称	主要环节
Quinn[13]	$\alpha_1 = \mathrm{Re}[X(k_0-1)/X(k_0)]$ $\alpha_2 = \mathrm{Re}[X(k_0+1)/X(k_0)]$ $\delta_1 = \alpha_1/(1-\alpha_1)$ $\delta_2 = \alpha_1/(\alpha_2-1)$ 如果 $\delta_1 > 0$ 且 $\delta_2 > 0$, 则 $\hat{\delta}_q = \delta_2$ 否则 $\hat{\delta}_q = \delta_1$
MacLeod[14]	$\beta_1 = \mathrm{Re}[X(k_0-1)X^*(k_0) - X(k_0+1)X*(k_0)]$ $\beta_1 = \mathrm{Re}[2X(k_0)X^*(k_0) + X(k_0-1)X^*(k_0) + X(k_0+1)X^*(k_0)]$ $d = \beta_1/\beta_2$ $\hat{\delta}_m = (\sqrt{1+8d^2}-1)/(4d)$
Jacobsen[15]	$r_1 = X(k_0-1) - X(k_0+1)$ $r_2 = 2X(k_0) - X(k_0-1) - X(k_0+1)$ $\hat{\delta}_j = \mathrm{Re}(r_1/r_2)$
Candan[16]	$\hat{\delta}_c = \tan(\pi/N)/(\pi/N)\hat{\delta}_j$

2. 迭代法

文献[17, 18]提出利用牛顿迭代方法实现正弦波频率的最大似然估计, 令

$$G(f) = \left| \sum_{n=0}^{N-1} x(n) e^{-j2\pi n \Delta f} \right|^2 \tag{5-14}$$

则应用牛顿迭代方法寻找 $G(f)$ 最大值的迭代公式为

$$\hat{f}_{k+1} = \hat{f}_k - \frac{G'(\hat{f}_k)}{G''(\hat{f}_k)} \tag{5-15}$$

式中: $\hat{f}_k$ 为迭代第 k 次的估计值, $G'(\cdot)$, $G''(\cdot)$ 分别表示函数 $G(\cdot)$ 的一阶及二

112

阶导数。利用牛顿迭代法可以极大地减少计算量,但式(5 - 15)的收敛速度仍然较缓慢。为加快收敛速度,1985 年 Abatzoglou[19] 以 Rife 算法频率估计作为初始值,利用半牛顿迭代方法得到一个近似最大似然估计算法,其性能接近 CRLB。该算法包含频率粗估计和频率精确搜索两个步骤。粗估计就是信号频谱的最大谱线对应的频率值,精确搜索由插值和牛顿迭代组成,具体算法简介如下。

记 $x(n)$ 的离散傅里叶变换为

$$H(f) = \sum_{n=0}^{N-1} x(n) e^{-j2\pi n\Delta tf} \tag{5-16}$$

则迭代公式为

$$\hat{f}_{k+1} = \hat{f}_k - \mathrm{Re}\left\{\frac{H'(\hat{f}_k)}{H''(\hat{f}_k)}\right\} \tag{5-17}$$

或

$$\hat{f}_{k+1} = \hat{f}_k - \frac{F'(\hat{f}_k)}{F''(\hat{f}_k)} \tag{5-18}$$

式中,$F(f) = |H(f)|$,迭代的初始值 $\hat{f}_0$ 是由 Rife 算法得到的频率估计值。必须注意,该算法的收敛性与初始值选取有关。由前面的分析可知,当信号真实频率较接近量化频率时 Rife 算法估计的偏差较大,这时以它为初始值进行牛顿迭代算法将导致不收敛情况。为此,文献[7]给出了一种以修正 Rife 算法为初始值的牛顿迭代算法,其性能在整个频段上都比较稳定。文献[8]提出一种新的迭代算法,利用与最大谱线对应的量化频率点相差半个量化频率的两根谱线进行插值,其性能接近 CRLB,具体算法(Aboutanios and Mulgrew 迭代算法) 如下:

$X(k) = \mathrm{FFT}[x(n)]$

$k_0 = \arg \max\{|X(k)|\}$

$\hat{\delta}_0 = 0$

for $i = 1$ to Q do

$$X_p = \sum_{n=0}^{N-1} x(n)\exp[-j2\pi n\Delta t(k_0 + \hat{\delta}_{i-1} + p)/N], p = \pm 0.5$$

$$h(\hat{\delta}_{i-1}) = \begin{cases} \dfrac{1}{2}\mathrm{Re}\left\{\dfrac{X_{0.5} + X_{-0.5}}{2}\right\}, \mathrm{version1} \\ \dfrac{1}{2}\left\{\dfrac{|X_{0.5}| - |X_{-0.5}|}{|X_{0.5}| + |X_{-0.5}|}\right\}, \mathrm{version2} \end{cases}$$

$\hat{\delta}_i = \hat{\delta}_{i-1} + h(\hat{\delta}_{i-1})$

end for

$\hat{f}_0 = (k_0 + \hat{\delta}_Q)f_s/N$

文献[20]通过对 DFT 系数中相位项及其对频率估计偏差分析的基础上,提出一种相位修正的正弦波频率估计算法,在直接插值或迭代之前先进行相位修正,其估计性能有较大的提高。

5.2.3 基于相位信息的估计算法

除了前述几种基于 DFT 的迭代或者插值的频率估计算法之外,相关学者从相位角度也提出了若干频率估计算法。文献[21]提出了相位平均算法。设 $x(n)$ 的相位为 $\angle x(n)$,定义

$$\Delta_l = \angle x(l+1) - \angle x(l) \tag{5-19}$$

式中:$l = 0,1,\cdots,N-2$。利用相位加权得到的频率估计值为

$$\hat{f}_0 = \frac{1}{2\pi}\sum_{l=0}^{N-2}\omega(l)\Delta_l \tag{5-20}$$

其中:$\omega(l)$ 为相位加权系数。当信噪比较低时,相位平均算法的估计精度下降,信噪比低于 6dB 时该算法误差太大,无法使用。文献[22]研究了基于 DFT 相位的正弦波频率和初相估计方法,提出利用分段 DFT 频谱的相位差消除初相对频率估计的影响,从而获得频率的精确估计。

基于相位信息的算法具有运算简单、处理速度快的优点,在许多领域得到应用。但此类方法需要较高的信噪比,为了获得准确的频率估计值,通常要保证信噪比在 10dB 以上,否则误差太大,无法使用。为此,多位学者提出一些改进的相位频率估计的算法。文献[23,24]提出的算法虽然在信噪比门限以下的性能不会急剧恶化,但高信噪比条件下的性能无法接近克拉美罗限,最主要的问题是这两种算法只能估计较小范围内的频率,限制了算法的应用范围。文献[25]利用频带重叠的四通道滤波器组估计信号的频率,虽然没有缩小频率估计范围,与文献[23,24]相比,算法的信噪比门限也降低了 3dB,但是其估计方差却高出克拉美罗限 0.69dB。文献[26,27]分别提出了另外两种基于自相关函数的迭代频率估计算法,高信噪比条件下的性能接近克拉美罗限。

基于 DFT 的频率估计算法具有较低的信噪比门限,能在较低信噪比条件下获得信号频率的估计值,基于相位信息的频率估计算法则具有速度快的优点,但无法处理低信噪比条件下的正弦信号频率估计。

5.3 基于 LMP 检验的正弦波频率估计可信性检验

为了便于分析,此处认为若满足 $|\Delta f| \leq 0.25\Delta F$(其中 Δf 为载频估计误差,$\Delta F = 1/(N\Delta t)$ 为量化频率间隔),则认为正弦波信号频率参数估计的精度较高,误差较小,判定为频率估计结果可信。用 DFT 法对频率估计时,当待估频率不在量

化频率点上或信噪比过低时,最大谱线的位置会受噪声的影响发生偏移,导致估计误差变大,但在信噪比门限内,最大估计误差的绝对值一般小于1/4的量化频率间隔,换言之,若误差大于这个标准,则认为其估计精度过低[28]。于是,正弦波频率估计的可信性评估可归结为如下假设检验:

$$\begin{cases} H_0 : |\Delta f| \leqslant 0.25 \Delta F \\ H_1 : |\Delta f| > 0.25 \Delta F \end{cases} \tag{5-21}$$

5.3.1 特征分析

在 H_0 假设下,利用某种频率估计方法对信号的载频进行估计,得到估计值 $\hat{f}_0$,然后构造参考信号

$$y_0(n) = \exp(-j2\pi\hat{f}_0 n \Delta t), 0 \leqslant n \leqslant N-1 \tag{5-22}$$

将观测信号 $x(n)$ 与参考信号 $y_0(n)$ 作相关累加,得到

$$Z_0 = \sum_{m=0}^{N-1} [s(m) + w(m)] y_0(m) = s_0 + w_0 \tag{5-23}$$

式中:s_0 为相关累加后的信号部分,w_0 为相关累加后的噪声分量。

当 $\Delta f = 0$ 时,式(5-23)中的信号部分可写为

$$s_0 = A \frac{\sin(\pi \Delta f \Delta t N)}{\sin(\pi \Delta f \Delta t)} e^{j[\pi(N-1)\Delta f \Delta t + \theta]} \bigg|_{\Delta f = 0} = NA\exp(j\theta) \tag{5-24}$$

当 $|\Delta f| = 0.25 \Delta F$,有

$$s_0 = A \frac{\sin(\pi \Delta f \Delta t N)}{\sin(\pi \Delta f \Delta t)} \exp(j\beta_0) = NA\mathrm{sinc}(0.25)\exp(j\beta_0) \approx 0.9NA\exp(j\beta_0) \tag{5-25}$$

式中:$\beta_0 = \frac{1}{4}\pi\left(1 - \frac{1}{N}\right) + \theta$ 为相关累加后的等效相位。进一步将式(5-23)的相关累加值写成代数形式 $Z_0 = Z_{R0} + jZ_{I0}$,Z_{R0},Z_{I0} 分别为其实部与虚部,且两者相互独立。易知,Z_{R0},Z_{I0} 分别服从高斯分布,其均值、方差分别为

$$\begin{cases} E(Z_{R0}) = \mu_{z_{R0}} \approx 0.9NA\cos\beta_0, E(Z_{I0}) = \mu_{z_{I0}} \approx 0.9NA\sin\beta_0 \\ D(Z_{R0}) = D(Z_{I0}) = \frac{1}{2}D(Z_0) = \frac{N\sigma^2}{2} = \sigma_z^2 \end{cases} \tag{5-26}$$

显然,当 $|\Delta f| = 0$ 时,$|E(Z_0)| = |s_0| = \sqrt{\mu_{z_{R0}}^2 + \mu_{z_{I0}}^2} = NA$;当 $|\Delta f| = 0.25 \Delta F$ 时,有 $|E(Z_0)| \approx 0.9NA$;当 $|\Delta f| \leqslant 0.25 \Delta F$ 时,有 $|E(Z_0)| = |s_0| \geqslant 0.9NA$ 成立。

H_1 假设下,若由于信噪比较低或其他原因,信号 DFT 的最大谱线不一定落在信号真实最大谱线应在的量化频率点或者相应量化间隔内,此时载频估计误差 $|\Delta f| > 0.25 \Delta F$。将参考信号与观测信号相关累加值写为 $Z_1 = s_1 + w_1$,其中 s_1 为相

关累加后的信号部分，w_1 为相关累加后的噪声分量。类似地，在 H_1 假设下，写成代数形式 $Z_1 = Z_{R1} + jZ_{I1}$，Z_{R1}，Z_{I1} 分别为其实部与虚部，且两者相互独立。同理，Z_{R1}，Z_{I1} 分别服从高斯分布，其均值、方差分别为

$$\begin{cases} E(Z_{R1}) = \mu_{z_{R1}} \approx \mathrm{sinc}(\Delta f/\Delta F)NA\cos\beta_0, E(Z_{I0}) = \mu_{z_{I0}} \approx \mathrm{sinc}(\Delta f/\Delta F)NA\sin\beta_0 \\ D(Z_{R1}) = D(Z_{I1}) = \frac{1}{2}D(Z_1) = \sigma_z^2 \end{cases}$$

$$(5-27)$$

同理可知，由于 $|\Delta f| > 0.25\Delta F$，故

$$|E(Z_1)| = |s_1| = NA|\mathrm{sinc}(\Delta f/\Delta F)| < 0.9NA \qquad (5-28)$$

根据 $\mathrm{sinc}(x)$ 的性质，可知频率估计误差 $|\Delta f|$ 越大，其 $|E(Z_1)|$ 下降幅度越大，如当频率估计误差 $|\Delta f| = 0.5\Delta F$ 时，$|E(Z_1)|$ 下降到 NA 的 63.66%。若令频率估计误差因子 $\delta = \Delta f/\Delta F$，则定义比值 $r = |E(Z_i)|/NA = \sin(\pi\delta)/[N\sin(\pi\delta/N)]$，$i = 0, 1$。图 5-2 所示为比值 r 与频率估计误差因子 δ 的关系曲线。由图可知：当 $\delta < 0.25$ 时，$r > 0.9$；当 $\delta > 0.25$ 后，r 随着 δ 的增加而减小。也就是说可以通过观测相关累加值与 NA 比值的大小来推断频率估计偏差是否过大，从而对单次频率估计的可信性做出判定。

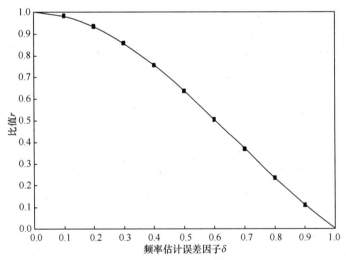

图 5-2 频偏对相关累加值的影响示意图

为了消除相位的影响，定义标准变量 $V = |Z|^2/\sigma_z^2$，则随机变量 V 的概率密度函数为

$$p_{V|H_i}(v) = \begin{cases} \frac{1}{2}\exp\left[-\frac{1}{2}(v + \lambda_i)\right]I_0(\sqrt{\lambda_i v}), & v \geq 0 \\ 0, & v < 0 \end{cases} \qquad (5-29)$$

116

式(5 – 28)称非中心 χ^2 分布概率密度函数的标准形式,$I_0(x)$ 为第一类零阶修正贝赛尔函数,$\lambda_i = (\mu_{z_{Ri}}^2 + \mu_{z_{Ii}}^2)/\sigma_z^2$ 为非中心参数。根据前述的分析,可知在 H_0 假设下,由于 $|\Delta f| \leqslant 0.25\Delta F$,有

$$\lambda_0 \geqslant \lambda_t = \frac{2[NA\mathrm{sinc}(0.25)]^2}{N\sigma^2} = 2[\mathrm{sinc}(0.25)]^2\mathrm{NSNR} \approx 1.62\mathrm{NSNR} \qquad (5-30)$$

式中:λ_t 表示当 $|\Delta f| = 0.25\Delta F$ 时的非中心参数值。在 H_1 假设下,$|\Delta f| > 0.25\Delta F$,即 $\delta > 0.25$,故有

$$\lambda_1 = (\mu_{z_{R1}}^2 + \mu_{z_{I1}}^2)/\sigma_z^2 = 2[\mathrm{sinc}(\delta)]^2\mathrm{NSNR} < \lambda_t \qquad (5-31)$$

成立。显然,在两种假设下,统计量 V 都服从非中心 χ^2 分布,其区别在于非中心参数不相同,于是式(5 – 21)的假设检验问题转为如下参数检验问题:

$$\begin{cases} H_0 : \lambda \geqslant \lambda_t \\ H_1 : \lambda < \lambda_t \end{cases} \qquad (5-32)$$

对于 H_1 假设考虑两种情况:第一种,称为小偏差情形,即当频率估计绝对误差 $|\Delta f|$ 略大于 $0.25\Delta F$ 时,虽然 $\lambda_1 < \lambda_0$,但两个参数之间相差不大;第二种称为大偏差情形,即频率估计绝对误差 $|\Delta f|$ 远大于 $0.25\Delta F$ 时,此时 $\lambda_1 \ll \lambda_0$,两者相差较大。一般而言,在信号处理中,只要调制方式识别正确,频率估计误差不会过大,因此,第一种情形出现的概率更大,为此本书主要针对第一种情形作研究。

5.3.2 算法描述

先考虑式(5 – 32)的退化形式:

$$\begin{cases} H_0' : \lambda = \lambda_t \\ H_1 : \lambda < \lambda_t \end{cases} \qquad (5-33)$$

与式(5 – 32)的不同之处在于零假设下 $\lambda = \lambda_t$。后文将说明,式(5 – 32)与式(5 – 33)具有相同的拒绝域。

在 H_1 假设下,当参数 λ 与 λ_t 差异较小,但 $\lambda < \lambda_t$。考虑 N – P 准则,如果

$$\frac{p(v;\lambda)}{p(v;\lambda_t)} > \gamma \qquad (5-34)$$

则判 H_1 成立,式中 $\gamma > 0$ 为特定门限。对式(5 – 34)两边取对数:

$$\ln p(v;\lambda) - \ln p(v;\lambda_t) > \ln\gamma \qquad (5-35)$$

当 $(\lambda_t - \lambda)$ 较小时,$\ln p(v;\lambda)$ 可以在 $\lambda = \lambda_t$ 处进行一阶泰勒级数展开,得

$$\ln p(v;\lambda) = \ln p(v;\lambda_t) + \frac{\partial \ln p(v;\lambda)}{\partial \lambda}\bigg|_{\lambda = \lambda_t} (\lambda - \lambda_t) \qquad (5-36)$$

将式(5 – 36)移项得

$$\ln p(v;\lambda) - \ln p(v;\lambda_t) = \frac{\partial \ln p(v;\lambda)}{\partial \lambda}\bigg|_{\lambda = \lambda_t} (\lambda - \lambda_t) \qquad (5-37)$$

从而有

$$\frac{\partial \ln p(v;\lambda)}{\partial \lambda}\bigg|_{\lambda=\lambda_t}(\lambda-\lambda_t)>\ln\gamma$$

则判 H_1。由于 $\lambda<\lambda_t$，故有

$$\frac{\partial \ln p(v;\lambda)}{\partial \lambda}\bigg|_{\lambda=\lambda_t}<-\frac{\ln\gamma}{(\lambda_t-\lambda)} \qquad (5-38)$$

则判 H_1。

LMP 检验统计量[29]定义为

$$T_{\text{LMP}}(V)=\frac{\dfrac{\partial \ln[p(v;\lambda)]}{\partial \lambda}\bigg|_{\lambda=\lambda_t}}{\sqrt{I(\lambda_t)}}\leqslant\gamma_1,\text{判 }H_1\text{成立} \qquad (5-39)$$

式中：$\gamma_1<0$ 为判决门限；$I(\lambda_t)$ 为当 $\lambda=\lambda_t$ 时的 Fisher 信息矩阵,定义为

$$I(\lambda)=-E\left\{\frac{\partial^2\ln[p(v;\lambda)]}{\partial\lambda^2}\right\} \qquad (5-40)$$

下面分别求取 $\dfrac{\partial\ln[p(v;\lambda)]}{\partial\lambda}$ 及 $\dfrac{\partial^2\ln[p(v;\lambda)]}{\partial\lambda^2}$。易知,$p_{V|H_i}(v),i=0,1$ 在两种假设下除了参数 λ_i 取值不同外,形式相同,不妨写作

$$p(v;\lambda)=\frac{1}{2}\exp\left[-\frac{1}{2}(v+\lambda)\right]I_0(\sqrt{\lambda v}),v>0 \qquad (5-41)$$

易得

$$\ln[p(v;\lambda)]=\ln(1/2)-\frac{1}{2}(v+\lambda)+\ln[I_0(\sqrt{\lambda v})],v>0 \qquad (5-42)$$

令 $u=\sqrt{\lambda v}$,则 $u'_\lambda=\dfrac{1}{2}v^{1/2}\lambda^{-1/2},u''_\lambda=-\dfrac{1}{4}v^{1/2}\lambda^{-3/2}$,于是

$$\frac{\partial\ln[p(v;\lambda)]}{\partial\lambda}=-\frac{1}{2}+\frac{[I_0(u)]'_u\cdot u'_\lambda}{I_0(u)}=-\frac{1}{2}+\frac{I_1(u)\cdot u'_\lambda}{I_0(u)} \qquad (5-43)$$

式中：$[I_0(u)]'_u=I_1(u)$[30]。对于式(5-43),有

$$\frac{\partial^2\ln[p(v;\lambda)]}{\partial\lambda^2}=\left[\frac{I_1(u)\cdot u'_\lambda}{I_0(u)}\right]'_\lambda=\frac{I_1(u)\cdot u''_\lambda}{I_0(u)}+u'_\lambda\left[\frac{I_1(u)}{I_0(u)}\right]'_\lambda \qquad (5-44)$$

考虑到

$$\left[\frac{I_1(u)}{I_0(u)}\right]'_\lambda=\frac{[I_1(u)]'_\lambda I_0(u)-I_1(u)[I_0(u)]'_\lambda}{I_0^2(u)}=\frac{[I_1(u)]'_\lambda}{I_0(u)}-\frac{I_1^2(u)}{I_0^2(u)}u'_\lambda$$

$$=\frac{[I_1(u)]'_u u'_\lambda}{I_0(u)}-\frac{I_1^2(u)u'_\lambda}{I_0^2(u)} \qquad (5-45)$$

式中：$I_i(x),i=0,1,2$ 为第一类 i 阶修正贝赛尔函数。由于 $[I_1(u)]'_u=\dfrac{1}{2}[I_2(u)+$

$I_0(u)]^{[30]}$，于是式 $(5-45)$ 可写为

$$\left[\frac{I_1(u)}{I_0(u)}\right]_\lambda' = \frac{1}{2}\left[1 + \frac{I_2(u)}{I_0(u)}\right]u_\lambda' - \frac{I_1^2(u)}{I_0^2(u)}u_\lambda'$$

$$= u_\lambda'\left[\frac{1}{2} + \frac{1}{2}\frac{I_2(u)}{I_0(u)} - \frac{I_1^2(u)}{I_0^2(u)}\right] \qquad (5-46)$$

将式 $(5-46)$ 代入式 $(5-45)$，有

$$\frac{\partial^2 \ln[p(v;\lambda)]}{\partial\lambda^2} = \left[\frac{I_1(u)\cdot u_\lambda'}{I_0(u)}\right]_\lambda' = \frac{I_1(u)\cdot u_\lambda''}{I_0(u)} + (u_\lambda')^2\left[\frac{1}{2} + \frac{1}{2}\frac{I_2(u)}{I_0(u)} - \frac{I_1^2(u)}{I_0^2(u)}\right]$$

$$(5-47)$$

考虑到由于相关累加至最后一点，信噪比增益最大，因此 $u = \sqrt{\lambda}v \gg 1$，所以 $I_0(u)$，$I_1(u)$，$I_2(u)$ 作如下近似处理[30]：

$$\begin{cases} I_2(u) \approx \dfrac{e^u}{\sqrt{2\pi u}}e^{\frac{4}{2u}} \approx \dfrac{e^u}{\sqrt{2\pi u}}\left(1 - \dfrac{2}{u}\right), \\[3mm] I_1(u) \approx \dfrac{e^u}{\sqrt{2\pi u}}e^{\frac{1}{2u}} \approx \dfrac{e^u}{\sqrt{2\pi u}}\left(1 - \dfrac{1}{2u}\right), \\[3mm] I_0(u) \approx \dfrac{e^u}{\sqrt{2\pi u}} \end{cases} \qquad (5-48)$$

令 $r_{20} = \dfrac{I_2(u)}{I_0(u)} \approx \left(1 - \dfrac{2}{u}\right) \approx 1$，$r_{10} \approx \dfrac{I_1(u)}{I_0(u)} \approx \left(1 - \dfrac{1}{2u}\right) \approx 1$，于是有

$$\frac{\partial \ln[p(v;\lambda)]}{\partial\lambda} = -\frac{1}{2} + \frac{I_1(u)\cdot u_\lambda'}{I_0(u)}$$

$$\approx u_\lambda' - \frac{1}{2} = \frac{1}{2}(v^{1/2}\lambda^{-1/2} - 1) \qquad (5-49)$$

$$\frac{\partial^2 \ln(p(v;\lambda))}{\partial\lambda^2} = \left[\frac{I_1(u)\cdot u_\lambda'}{I_0(u)}\right]_\lambda' = \frac{I_1(u)\cdot u_\lambda''}{I_0(u)} + (u_\lambda')^2\left[\frac{1}{2} + \frac{1}{2}\frac{I_2(u)}{I_0(u)} - \frac{I_1^2(u)}{I_0^2(u)}\right]$$

$$= r_{10}u_\lambda'' + \left[\frac{1}{2} + \frac{1}{2}r_{20} - r_{10}^2\right](u_\lambda')^2 \approx u_\lambda'' \qquad (5-50)$$

于是

$$I^{-1}(\lambda) \approx \frac{1}{-E\{u_\lambda''\}} = \frac{1}{-E\left\{-\dfrac{1}{4}v^{1/2}\lambda^{-3/2}\right\}}$$

$$= \frac{4}{\lambda^{-3/2}E(v^{1/2})} \qquad (5-51)$$

下面求取 $E\{v^{1/2}\}$。令 $g = v^{1/2} = |z|/\sigma_z$，则 g 服从 Rician 分布，其概率密度为

$$p_G(g) = g\exp\left[-\frac{1}{2}(g^2 + \kappa^2)\right]I_0(\kappa g), g > 0 \qquad (5-52)$$

119

式中:$\kappa^2 = \lambda$。于是

$$E\{v^{1/2}\} = E\{g\} = \sqrt{\frac{\pi}{2}} L_{1/2}(-\lambda/2) \tag{5-53}$$

式中:$L_{1/2}(-\lambda/2)$ 为 Laguerre 多项式[31]。当 $\lambda/2$ 较大时,$L_{1/2}(-\lambda/2) \approx \dfrac{\lambda + 1}{\sqrt{\pi\lambda/2}}$,

故有 $E\{v^{1/2}\} \approx \sqrt{\lambda} + \dfrac{1}{\sqrt{\lambda}}$。

于是,在 H_0' 假设下

$$I^{-1}(\lambda_t) \approx \frac{4}{\lambda_t^{-3/2}(\lambda_t^{1/2} + \lambda_t^{-1/2})} = \frac{4}{\lambda_t^{-1} + \lambda_t^{-2}} \tag{5-54}$$

代入式(5-39),得到

$$T_{\text{LMP}}(V) = \frac{\sqrt{v} - \sqrt{\lambda_t}}{\sqrt{1 + \lambda_t^{-1}}} = \frac{g - \sqrt{\lambda_t}}{\sqrt{1 + \lambda_t^{-1}}} \leqslant \gamma_1, \text{则判 } H_1 \text{ 成立} \tag{5-55}$$

根据文献[29],$T_{\text{LMP}}(V)|H_0$ 近似服从 $N(0,1)$ 标准正态分布。从而有

$$P\{T_{\text{LMP}}(V) \leqslant \gamma_1; H_0'\} \approx 1 - \Phi(\gamma_1) \tag{5-56}$$

式中:$\Phi(x) = \dfrac{1}{\sqrt{2\pi}} \displaystyle\int_{-\infty}^{x} e^{-\frac{t^2}{2}} dt$ 为标准正态分布的分布函数。通过计算标准正态分布逆概率可得到近似的门限:

$$\gamma_1 = \Phi^{-1}(1 - \alpha) \tag{5-57}$$

式中:$\Phi^{-1}(x)$ 为逆标准正态累积分布函数;α 为式(5-34)定义检测器的虚警概率。这样,式(5-55)的判决式可简化为

$$\text{若 } T_{\text{LMP}}(V) \leqslant \gamma_1, \text{则判 } H_1, \text{否则判 } H_0 \tag{5-58}$$

由前述分析可知,对于式(5-34)而言,在 H_0' 假设下参数 λ 正好等于 λ_t,因此门限由

$$P\{D_1 | H_0'\} = P_{\lambda = \lambda_t} \left\{ \frac{g - \sqrt{\lambda_t}}{\sqrt{1 + \lambda_t^{-1}}} \leqslant \gamma_1 \right\} = \alpha \tag{5-59}$$

确定。而对于式(5-33),在 H_0 假设下参数 λ 大于或者等于 λ_t,即

$$P\{D_1 | H_0\} = P_{\lambda \geqslant \lambda_t} \left\{ \frac{g - \sqrt{\lambda}}{\sqrt{1 + \lambda^{-1}}} \leqslant \gamma_1 \right\}$$

$$\leqslant P_{\lambda = \lambda_t} \left\{ \frac{g - \sqrt{\lambda_t}}{\sqrt{1 + \lambda_t^{-1}}} \leqslant \gamma_1 \right\} = P\{D_1 | H_0'\} = \alpha \tag{5-60}$$

式(5-58)中不等号成立的原因在于当 $\lambda \geqslant \lambda_t$ 时,$\dfrac{g - \sqrt{\lambda}}{\sqrt{1 + \lambda^{-1}}} \leqslant \dfrac{g - \sqrt{\lambda_t}}{\sqrt{1 + \lambda_t^{-1}}}$,从而

事件 $\left\{\dfrac{g-\sqrt{\lambda}}{\sqrt{1+\lambda^{-1}}}\leqslant\gamma_1\right\}\subseteq\left\{\dfrac{g-\sqrt{\lambda_t}}{\sqrt{1+\lambda_t^{-1}}}\leqslant\gamma_1\right\}$。要控制 $P\{D_1|H_0\}\leqslant\alpha$，只需令 $P\{D_1|H_0'\}=$

$P_{\lambda=\lambda_t}\left\{\dfrac{g-\sqrt{\lambda_t}}{\sqrt{1+\lambda_t^{-1}}}\leqslant\gamma_1\right\}=\alpha$，从而解出其门限。从上述分析可知，式(5-33)与其退

化形式具有相同的拒绝域，因此式(5-58)的判决规则仍适用于式(5-33)定义的假设检验。

综上所述，本节算法可小结如下：

（1）参考信号建立：利用特定算法对正弦波信号的频率进行估计，并按式(5-22)构建参考信号。

（2）统计量构造：将构造的参考信号与原信号进行相关累加，得到检验统计量 $T_{\mathrm{LMP}}(V)$。

（3）统计判决：根据设定的虚警概率 α，计算出判决门限 γ_1，若 $T_{\mathrm{LMP}}(V)\leqslant\gamma_1$，则判 H_1，反之判 H_0。

图5-3所示为通过仿真得到的统计量 $T_{\mathrm{LMP}}(V)$ 在不同频率误差因子时的统计直方图及判决门限。仿真条件为信号载频取 19.081MHz，样本点数 1024，初相 $\pi/6$，频率估计误差因子 $\delta=0.1,0.25,0.4$，虚警概率 α 取 0.001，信噪比 0dB，仿真次数 1000 次。由图可见，三种不同情形下，统计量 $T_{\mathrm{LMP}}(V)$ 统计直方图与正态分布的概率密度函数较好地吻合且所选定的判决门限能较好地区分 H_0 假设与 H_1 假设。

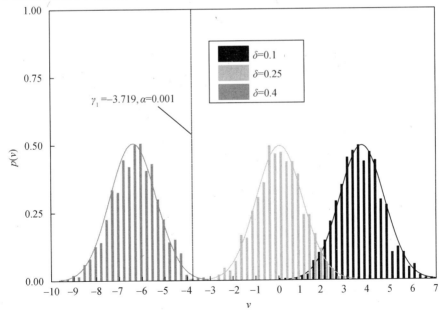

图5-3　不同频率误差因子时统计量 T_{LMP} 的统计直方图及判决门限

5.3.3 性能的理论分析

在 H_0 假设下,当 $\lambda = \lambda_t$,记统计量 $T_{\mathrm{LMP}}(V)|H_0$ 为 $T_{H_0}^{\lambda_t} = \dfrac{g - \sqrt{\lambda_t}}{\sqrt{1 + \lambda_t^{-1}}} \sim N(0,1)$;当 $\lambda \geqslant \lambda_t$,记统计量 $T_{\mathrm{LMP}}(V)|H_0$ 为 $T_{H_0}^{\lambda} = \dfrac{g - \sqrt{\lambda}}{\sqrt{1 + \lambda^{-1}}} \sim N(0,1)$。显然,当 $\lambda > \lambda_t$ 时,检验统计量

$$T_{H_0}^{\lambda_t} = \frac{g - \sqrt{\lambda_t}}{\sqrt{1 + \lambda_t^{-1}}} = \frac{g - (\sqrt{\lambda} - \Delta)}{\zeta \sqrt{1 + \lambda^{-1}}} = \frac{g - \sqrt{\lambda}}{\zeta \sqrt{1 + \lambda^{-1}}} + \frac{\Delta}{\zeta \sqrt{1 + \lambda^{-1}}} \qquad (5-61)$$

式中:$\Delta = |\sqrt{\lambda} - \sqrt{\lambda_t}|$,$\zeta = \dfrac{\sqrt{1 + \lambda_t^{-1}}}{\sqrt{1 + \lambda^{-1}}} > 1$。根据高斯变量的性质,可知式(5-61)中

$T_{H_0}^{\lambda_t} \sim N(\mu_{H_0}^{\lambda_t}, \sigma_{H_0}^{\lambda_t})$,其中 $\mu_{H_0}^{\lambda_t} = \dfrac{\Delta}{\sqrt{1 + \lambda_t^{-1}}}$,$\sigma_{H_0}^{\lambda_t} = \dfrac{1}{\zeta}$。于是,式(5-33)定义的检测器的虚警概率为

$$P_{\mathrm{f}} = P\{T_0^{\lambda_0} \leqslant \gamma_1 \mid H_0\} = \int_{-\infty}^{\gamma_1} \frac{1}{\sqrt{2\pi}\sigma_{H_0}^{\lambda_0}} \exp\left[-(x - \mu_{H_0}^{\lambda_0})^2 / 2(\sigma_{H_0}^{\lambda_0})^2\right] \mathrm{d}x$$

$$\approx \Phi\left(\frac{\gamma_1 - \mu_{H_0}^{\lambda_0}}{\sigma_{H_0}^{\lambda_0}}\right) \qquad (5-62)$$

式中:$\Phi(x) = \dfrac{1}{\sqrt{2\pi}} \displaystyle\int_{-\infty}^{x} \exp\left(-\dfrac{t^2}{2}\right) \mathrm{d}t$ 为标准正态分布函数。

在 H_1 假设下,当 $\lambda < \lambda_t$ 时,记统计量 $T_{\mathrm{LMP}}(V)|H_1$ 为 $T_{H_1}^{\lambda} = \dfrac{g - \sqrt{\lambda}}{\sqrt{1 + \lambda^{-1}}} \sim N(0,1)$。同理,当 $\lambda < \lambda_t$ 时,检验统计量

$$T_{H_1}^{\lambda_t} = \frac{g - \sqrt{\lambda_t}}{\sqrt{1 + \lambda_0^{-1}}} = \frac{g - (\sqrt{\lambda} + \Delta)}{\zeta \sqrt{1 + \lambda^{-1}}} = \frac{g - \sqrt{\lambda}}{\zeta \sqrt{1 + \lambda^{-1}}} - \frac{\Delta}{\zeta \sqrt{1 + \lambda^{-1}}} \qquad (5-63)$$

且 $T_{H_1}^{\lambda_t} \sim N(\mu_{H_1}^{\lambda_t}, \sigma_{H_1}^{\lambda_t})$ 服从正态分布,其中 $\mu_{H_1}^{\lambda_t} = -\dfrac{\Delta}{\sqrt{1 + \lambda_0^{-1}}}$,$\sigma_{H_1}^{\lambda_t} = \dfrac{1}{\zeta}$。于是,检测概率

$$P_{\mathrm{d}} = P\{T_{H_1}^{\lambda_t} \leqslant \gamma_1 \mid H_1\} = \int_{-\infty}^{\gamma_1} \frac{1}{\sqrt{2\pi}\sigma_{H_1}^{\lambda_t}} \exp\left[-(x + \mu_{H_1}^{\lambda_t})^2 / 2(\sigma_{H_1}^{\lambda_t})^2\right] \mathrm{d}x$$

$$\approx \Phi\left(\frac{\gamma_1 + \mu_{H_1}^{\lambda_t}}{\sigma_{H_1}^{\lambda_t}}\right) \qquad (5-64)$$

对上述分析,可以总结如下:

122

（1）在判决门限一定的情况下，检测概率 P_d 和虚警概率 P_f 均与 ζ、Δ 及 λ 有关，而 ζ、Δ 及 λ 均与样本长度 N、信噪比 SNR 及频率误差因子 δ 有关。就检测概率 P_d 而言，样本长度、信噪比及频率误差因子与之成正比；就虚警概率 P_f 而言，样本长度、信噪比及频率误差因子与之成反比。相同条件下，检测概率 P_d 与虚警概率 P_f 不能同时变好。

（2）前述确定判决门限 γ_1 的虚警概率 α 是定义在式（5 - 34）检测器下的，计算时对应的是 H_0' 假设下 $T_{\text{LMP}}(V)$ 概率密度函数，而式（5 - 62）所给定的虚警概率 P_f 则对应于式（5 - 33）检测器，计算时对应于 H_0 假设下 $T_{\text{LMP}}(V)$ 的概率密度函数，即

$$P_f = P\{T_0^{\lambda_t} \leqslant \gamma_1 \mid H_0\} \approx \Phi\left(\frac{\gamma_1 - \mu_{H_0}^{\lambda_t}}{\sigma_{H_0}^{\lambda_0}}\right) \tag{5-65}$$

$$\alpha = P\{T_0^{\lambda_t} \leqslant \gamma_1 \mid H_0'\} \approx \Phi(\gamma_1) \tag{5-66}$$

由于 $\sigma_{H_0}^{\lambda_t} \leqslant 1$，故有 $\dfrac{\gamma_1 - \mu_{H_0}^{\lambda_t}}{\sigma_{H_0}^{\lambda_t}} < \dfrac{\gamma_1}{\sigma_{H_0}^{\lambda_t}} \leqslant \gamma_1$，因此 $P_f \leqslant \alpha$。

5.4 基于 CI 不等式的正弦波频率估计可信性检验

5.4.1 切比雪夫不等式

设随机变量 X 具有均值 $\text{E}(X)$ 及方差 $\text{D}(X)$，对任意给定的正数 $\varepsilon > 0$，有

$$P\{|X - \text{E}(X)| \geqslant \varepsilon \sqrt{\text{D}(X)}\} \leqslant \frac{1}{\varepsilon^2} \tag{5-67}$$

式（5 - 65）称为切比雪夫不等式（CI）。其作用是在仅知随机变量数学期望与方差时，可以近似估计出随机变量的取值在以 $\text{E}(X)$ 为中心的特定范围内的概率。切比雪夫不等式是证明大数定律的重要工具和理论基础。本节将其应用于正弦波信号频率估计结果的可信性分析中。

5.4.2 统计量的确定

考虑式（5 - 33）另一种退化形式：

$$\begin{cases} H_0' : \lambda = \lambda_t \\ H_1' : \lambda \neq \lambda_t \end{cases} \tag{5-68}$$

令 $c = 2 + \lambda$，$b = \lambda/c$，5.3 节所述的统计量 V 由变换 $W = (V/c)^{1/3}$ [32] 近似成高斯变量，其均值与方差为

$$\begin{cases} \text{E}(W) = 1 - 2(1 + b)/9c \\ \text{D}(W) = 2(1 + b)/9c \end{cases} \tag{5-69}$$

定义标准化随机变量:

$$U = \frac{W - \mathrm{E}(W)}{\sqrt{\mathrm{D}(W)}} \sim N(0,1) \tag{5-70}$$

于是式(5-68)定义的假设检验可简化为

$$\begin{cases} H_0' : \mu_U = 0 \\ H_1' : \mu_U \neq 0 \end{cases}$$

式中:μ_U 是标准化随机变量 U 的均值。

5.4.3 判决规则与门限

显然,在不同假设下,随机变量 U 的均值不同,可以考虑用切比雪夫不等式作为判决规则,完成式(5-68)定义的假设检验。根据切比雪夫不等式的定义:

$$P\{|U| \leq \varepsilon\} \geq 1 - \frac{1}{\varepsilon^2}$$

式中:$\varepsilon > 0$ 是一个特定的正实数。由于 U 近似服从标准正态分布,因此其样本落在三倍方差之内的概率大于 0.9973,通过调节 ε 可以得到所需的概率。于是,将判决规则写为如果 $-\varepsilon \leq U \leq \varepsilon$,则 H_1' 成立。

根据前述的分析,可将式(5-68)写为

$$\begin{cases} H_0 : \mu_U \geq 0 \\ H_1 : \mu_U < 0 \end{cases} \tag{5-71}$$

易知,相应的判决规则为

$$\text{若 } U \geq \gamma = -\varepsilon, \text{ 判 } H_1 \tag{5-72}$$

式中,γ 为判决门限。判决的虚警概率为

$$P\{U \leq \gamma; H_0\} \approx 1 - \Phi(\gamma) = \alpha \tag{5-73}$$

式中:$\Phi(\gamma) = \dfrac{1}{\sqrt{2\pi}} \int_{-\infty}^{x} \mathrm{e}^{-\frac{t^2}{2}} \mathrm{d}t$ 是标准正态分布的分布函数;α 是给定的虚警概率。于是,门限可由下式解出:

$$\gamma = \Phi^{-1}(1 - \alpha) \tag{5-74}$$

式中:$\Phi^{-1}(x)$ 为逆标准正态累积分布函数。图5-4所示为通过仿真得到的统计量 U 在不同频率误差因子时的统计直方图及判决门限。仿真条件与图5-3相同。由图可知,三种不同情形下,统计量 U 统计直方图与正态分布概率密度函数相吻合,所选定的判决门限能较好地区分 H_0 假设与 H_1 假设。

综上所述,本节算法可小结如下:

(1)参考信号建立:利用特定算法对正弦波信号的频率进行估计,并按式(5-22)构建参考信号。

(2)统计量构造:将构造的参考信号与原信号进行相关累加,由式(5-70)得

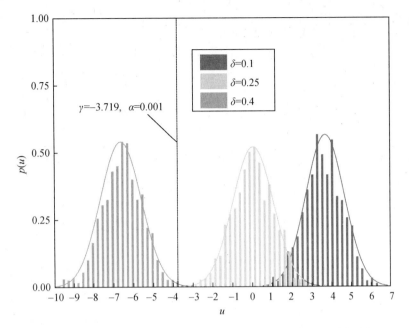

图 5-4 不同频率误差因子时统计量的统计直方图及判决门限

到检验统计量 U。

（3）统计判决：根据设定的虚警概率 α，由式(5-74)计算出判决门限 γ，若 $U \geqslant \gamma$，则判 H_1，反之判 H_0。

5.4.4 性能的理论分析

在 H_0' 假设下，$\lambda = \lambda_t$，统计量为[32]

$$U_{H_0}^{\lambda_t} = \frac{\left(\dfrac{V}{c_t}\right)^{1/3} - \left[1 - \dfrac{2}{9}(1+b_t)/c_t\right]}{\sqrt{\dfrac{2}{9}(1+b_t)/c_t}} \sim N(0,1) \tag{5-75}$$

式中：$c_t = 2 + \lambda_t$，$b = \lambda_t/c_t$。当 $\lambda \geqslant \lambda_t$，统计量为

$$U_{H_0}^{\lambda} = \frac{\left(\dfrac{V}{c}\right)^{1/3} - \left[1 - \dfrac{2}{9}(1+b)/c\right]}{\sqrt{\dfrac{2}{9}(1+b)/c}} \sim N(0,1) \tag{5-76}$$

当 $\lambda > \lambda_t$ 时，式(5-76)变为

$$U_{H_0}^{\lambda_t} = \frac{\left(\dfrac{V}{c_t}\right)^{1/3} - \left[1 - \dfrac{2}{9}(1+b_t)/c_t\right]}{\sqrt{\dfrac{2}{9}(1+b_t)/c_t}} \underline{\underline{c_t = cS\,(S \geqslant 1)}} \frac{\left(\dfrac{V}{c}\right)^{1/3} - S^{1/3}\left[1 - \dfrac{2}{9}(1+b_t)/c_t\right]}{S^{1/3}\sqrt{\dfrac{2}{9}(1+b_t)/c_t}}$$

$$= \frac{\left(\dfrac{V}{c}\right)^{1/3} - \left[1 - \dfrac{2}{9}(1+b)/c\right] + \left[1 - \dfrac{2}{9}(1+b)/c\right] - S^{1/3}\left[1 - \dfrac{2}{9}(1+b_t)/c_t\right]}{S^{1/3}\sqrt{\dfrac{2}{9}(1+b_t)/c_t}}$$

$$(5-77)$$

式中:$S = c_t/c$。根据高斯随机变量的性质,有

$$U_{H_0}^{\lambda_t} \sim N(\mu_{H_0}^{\lambda_t}, \sigma_{H_0}^{\lambda_t})$$

其中均值为

$$\mu_{H_0}^{\lambda_t} = E(U_{H_0}^{\lambda_t}) = \frac{1 - \dfrac{2}{9}(1+b)/c - S^{1/3}\left[1 - \dfrac{2}{9}(1+b_t)/c_t\right]}{S^{1/3}\sqrt{\dfrac{2}{9}(1+b_t)/c_t}}$$

方差为

$$\sigma_{H_0}^{\lambda_t} = \sqrt{D(U_{H_0}^{\lambda_t})} = S^{-1/3}\sqrt{\frac{(1+b)/c}{(1+b_t)/c_t}}$$

因此,可以得到虚警概率的表达式为

$$P_f = P\{U_0^{\lambda_t} \leqslant \gamma_1 \mid H_0\}$$

$$= \int_{-\infty}^{\gamma_1} \frac{1}{\sqrt{2\pi}\sigma_{H_0}^{\lambda_t}}\exp\left[-(x - \mu_{H_0}^{\lambda_t})^2 \big/ 2(\sigma_{H_0}^{\lambda_t})^2\right]\mathrm{d}x \approx \Phi\left(\frac{\gamma_1 - \mu_{H_0}^{\lambda_t}}{\sigma_{H_0}^{\lambda_t}}\right) \quad (5-78)$$

同样地,在 H_1 假设下,有 $\lambda < \lambda_t$,统计量为

$$U_{H_1}^{\lambda_t} = \frac{\left(\dfrac{V}{c_t}\right)^{1/3} - \left[1 - \dfrac{2}{9}(1+b_t)/c_t\right]_{c_t = c\xi(0 < \xi < 1)}}{\sqrt{\dfrac{2}{9}(1+b_t)/c_t}}$$

$$\frac{\left(\dfrac{V}{c}\right)^{1/3} - \left[1 - \dfrac{2}{9}(1+b)/c\right] + \left[1 - \dfrac{2}{9}(1+b)/c\right] - \xi^{1/3}\left[1 - \dfrac{2}{9}(1+b_t)/c_t\right]}{\xi^{1/3}\sqrt{\dfrac{2}{9}(1+b_t)/c_t}}$$

$$(5-79)$$

易知 $U_{H_1}^{\lambda_t} \sim N(\mu_{H_1}^{\lambda_t}, \sigma_{H_1}^{\lambda_t})$,均值与方差分别为

$$\mu_{H_1}^{\lambda_t} = E(U_{H_1}^{\lambda_t}) = \frac{1 - \dfrac{2}{9}(1+b)/c - \xi^{1/3}\left[1 - \dfrac{2}{9}(1+b_t)/c_t\right]}{\xi^{1/3}\sqrt{\dfrac{2}{9}(1+b_t)/c_t}}$$

$$\sigma_{H_1}^{\lambda_t} = \sqrt{D(U_{H_1}^{\lambda_t})} = \xi^{-1/3}\sqrt{\frac{(1+b)/c}{(1+b_t)/c_t}}$$

于是,检测概率表达式为

126

$$P_d = P\{U_{H_1}^{\lambda_t} \leqslant \gamma_1 \mid H_1\} = \int_{-\infty}^{\gamma_1} \frac{1}{\sqrt{2\pi}\sigma_{H_1}^{\lambda_t}} \exp[-(x - \mu_{H_1}^{\lambda_t})^2 / 2(\sigma_{H_1}^{\lambda_t})^2] dx$$

$$\approx \Phi\left(\frac{\gamma_1 - \mu_{H_1}^{\lambda_t}}{\sigma_{H_1}^{\lambda_t}}\right) \tag{5-80}$$

由式(5-80)可知,本算法的检验性能主要由参数 λ 决定,且其大小与样本点数、信噪比及频率估计误差因子有关。

5.5　性能仿真与分析

5.5.1　性能理论分析的正确性

本节的目的是为检验前述 LMP 及 CI 两种算法的统计性能理论分析的正确性,并考察所提方法在不同条件下的性能。假设接收到的观测信号 $x(n)$ 为被加性高斯白噪声污染的复正弦波信号,设定采样频率100MHz,每种条件下仿真次数为1000 次。

图 5-5 所示为不同虚警概率 α 时,分别由式(5-65)及式(5-80)得到的 LMP 及 CI 方法理论检测概率 P_d 与对应由仿真得到的检测概率的对比示意图。仿真条件为信号载频取 19.081MHz,样本点数 1024,初相 $\pi/6$,频率估计误差因子 $\delta = 0.4$,虚警概率 α 分别取 0.1,0.01,0.001,信噪比从 -12dB 变化到 10dB,步长 2dB。由图 5-5 可知:①虚警概率 α 分别取 0.1,0.01,0.001 不同信噪比时,两种情形下理论检测概率与仿真得到的检测概率均能很好吻合,这印证了前述公式推导的正确性;②相同样本点数及信噪比时,虚警概率 α 越大,检测概率也越大,反之亦然;③样本点数及虚警概率 α 一定时,检测概率随信噪比的增加变大。

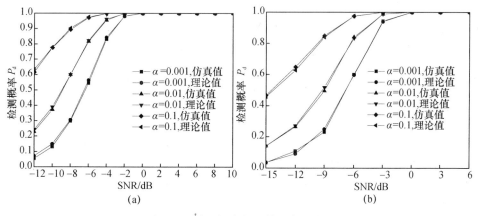

图 5-5　检测概率与虚警概率的关系

(a) LMP 方法; (b) CI 方法。

图 5 - 6 所示为本章提出的两种算法在不同频率估计误差因子条件下理论检测性能与仿真值之间的对比。仿真中频率估计误差因子 δ 分别取 0. 3,0. 4,0. 5,虚警概率 0. 01,其他参数与图 5 - 5 相同。由图可知：①不同频率估计误差时，理论检测概率与仿真估计的检测概率能很好吻合，进一步印证了前述公式的正确性；②相同信噪比及相同样本点数时，频率估计误差因子越大，则说明频率估计误差偏离 $\Delta F/4$ 越远，检测概率越大。

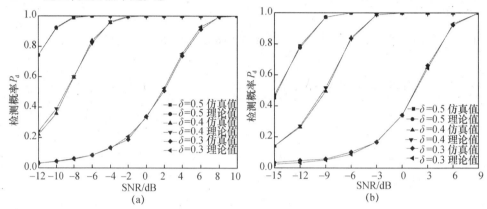

图 5 - 6　检测性能与频率估计误差因子的关系

(a) LMP 方法；(b) CI 方法。

图 5 - 7 所示为本章提出的两种算法的检测性能与样本点数的关系示意图。仿真条件为信号载频取 19. 081MHz，样本点数分别取 512,1024,2048 三种，初相为 $\pi/6$，频率估计误差因子 $\delta = 0.4$。由图可知：①三种不同样本点数条件下，两种算法的理论检测概率与仿真值能较好吻合，样本点数为 512 点，信噪比小于 - 4dB 时，略有误差，其原因在于样本点数小且信噪比低时，NSNR 的值也相应小，前述分

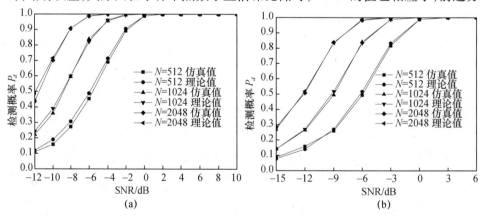

图 5 - 7　检测性能与样本点数的关系

(a) LMP 方法；(b) CI 方法。

析中的相关近似表达式的性能变差;②在相同信噪比条件下,虚警概率一定时,样本点数越大,检测概率也越大。

5.5.2 实例分析

本节将利用本章提出的两种检验算法分别对修正 Rife 及半牛顿迭代最大似然估计两种频率估计器的可信性进行评估。仿真中,正弦波频率设定为 19.081MHz,初相为 $\pi/6$,样本点数 1024,信噪比从 -18dB 到 -6dB,虚警概率为 0.05。仿真次数 $N_s = 10000$ 次,采样频率为 100MHz。为了表达方便,后续描述中,将满足 H_0 假设的情形(单次频率估计误差较小, $|\Delta f| \leqslant 0.25\Delta F$)称为可信处理,将满足 H_1 假设的情形(单次频率估计误差较大, $|\Delta f| > 0.25\Delta F$)称为不可信处理。表 5-2 至表 5-3 中: n_{00} 表示实际假设为 H_0,利用所提出的可信性检验算法判为 H_0 的次数; n_{01} 表示实际假设为 H_0,但利用检验算法判为 H_1 的次数; n_{10} 表示实际假设为 H_1,但利用检验算法判为 H_0 的次数; n_{11} 表示实际假设为 H_1,利用检验算法判为 H_1 的次数。此处,定义第一类错误为实际假设为 H_0,但利用检验算法判为 H_1,第二类错误为实际假设为 H_1,但利用检验算法判为 H_0,故两类错误概率 $P_e = (n_{10}+n_{01})/N_s$。当 $(n_{11}+n_{10}) \neq 0$,定义检错率 $P_d = n_{11}/(n_{11}+n_{10})$,实质上就是检测概率的大小。以两类错误概率及检错率作为性能分析的两大指标。

表 5-2   半牛顿迭代 ML 频率估计器可信性评估的统计性能

SNR/dB	算法	n_{00}	n_{01}	n_{11}	n_{10}	P_e	P_d
-6	LMP	9999	0	1	0	0.0000	1.0000
	CI	9999	0	1	0	0.0000	1.0000
-9	LMP	9988	5	7	0	0.0005	1.0000
	CI	9990	3	7	0	0.0003	1.0000
-12	LMP	9918	21	61	0	0.0021	1.0000
	CI	9924	15	61	0	0.0015	1.0000
-15	LMP	9521	61	398	20	0.0081	0.9522
	CI	9542	40	397	21	0.0061	0.9498
-16	LMP	9141	23	779	57	0.0080	0.9318
	CI	9157	7	755	81	0.0088	0.9031
-17	LMP	8304	12	1233	451	0.0463	0.7322
	CI	8312	4	1009	675	0.0679	0.5992
-18	LMP	6962	0	919	2119	0.2119	0.3025
	CI	6962	0	699	2339	0.2339	0.2301

表 5 – 3　修正 Rife 频率估计器可信性评估的统计性能

SNR/dB	算法	n_{00}	n_{01}	n_{11}	n_{10}	P_e	P_d
−6	LMP	9999	0	1	0	0.0001	—
	CI	9999	0	1	0	0.0001	—
−9	LMP	9987	8	5	0	0.0008	1.0000
	CI	9990	5	5	0	0.0005	1.0000
−12	LMP	9904	25	70	1	0.0026	0.9859
	CI	9908	21	70	1	0.0022	0.9859
−15	LMP	9489	40	426	45	0.0085	0.9045
	CI	9505	24	425	46	0.0070	0.9023
−16	LMP	9041	33	831	95	0.0128	0.8974
	CI	9056	18	816	110	0.0128	0.8812
−17	LMP	8212	9	1349	430	0.0439	0.7583
	CI	8220	1	1179	600	0.0601	0.6627
−18	LMP	6834	1	1195	1970	0.1971	0.3776
	CI	6835	0	972	2193	0.2193	0.3071

表 5 – 2、表 5 – 3 所列为利用 LMP 及 CI 方法分别对半牛顿迭代 ML 频率估计器及修正 Rife 频率估计器可信性评估的统计性能。以表 5 – 2 为例,可知,两种可信性评估算法的性能均随信噪比增加而提高。当信噪比为 − 6dB 时,10000 次频率估计中不可信处理的次数仅 1 次,两种检验方法都可将其检出,两类错误概率为 0;当信噪比降低到 − 12dB 时,10000 次频率估计中有 61 次不可信处理情形,利用两种检验方法均可将其检出,检错率达 100%,但也均存在第一类错误,分别为 0.21%,0.15%;当信噪比进一步降为 − 15dB,两种方法的错误概率及检错率均有所下降。此外,从仿真数据来看,两种方法对半牛顿迭代 ML 频率估计器的可信性评估性能接近。表 5 – 3 的变化规律与表 5 – 2 类同。由表可知,两种方法在信噪比大于 − 15dB 时均能有效完成对修正 Rife 频率估计器的可信性检验,在相同条件下,两种可信性评估算法性能接近。

5.5.3　算法的复杂度分析

本节对算法复杂度分析的基本依据是,一次复数乘法需要 6 次浮点运算,一次复加需要 2 次浮点运算[33]。根据 5.3 节与 5.4 节的推导与分析过程,可以发现两种算法的主要环节如下:

（1）相关累加:假设观测信号及构造的参考信号长度均为 N,则作相关累加运算需 N 次复乘及 $N-1$ 次复加;取模运算需要作 $2N$ 次实乘(折合为 $N/2$ 次复乘),

N 次实加(折合为 $N/2$ 次复加),这样相关累加运算总的浮点运算次数近似为 $12N-2$ 次。此外,取模时还要作开方运算,开方运算通常是通过调用内置函数或 IP 核来进行,计算时一般通过泰勒级数展开实现,具体的运算量根据不同的精度要求而变化,较难精确得到。

(2)统计量计算:本节的统计量计算除了要计算参考信号与观测信号相关累加值之外,还要估计信噪比及噪声方差。若用二阶四阶矩法来估计信噪比及噪声方差时,计算二阶矩估计值时约需 $2N$ 次实乘(折合为 $N/2$ 次实乘),$2N-1$ 次实加(折合为 $(2N-1)/2$ 次复加),计算四阶矩估计值时约需 $2N$ 次实乘(折合为 $N/2$ 次复乘),$2N-1$ 次实加(折合为 $(2N-1)/2$ 次复加)。因此,此时共需的浮点运算次数为 $12N-3$ 次。

综上可知,两种算法的主要环节所需的浮点运算次数约为 $24N-5$ 次,算法的时间复杂度也是 $O(N)$ 阶。这就意味着用现有的 FPGA 或微处理器在工程上是可以实现的。

5.6 本 章 小 结

本章针对正弦波频率估计结果的可信性检验问题,首先总结了常用正弦波频率估计算法的原理与流程,然后分别介绍了基于 LMP 及 CI 的正弦波频率估计可信性检验的两种算法,分析了其统计量及概率分布特性、检验规则及门限确定方法,对检验的统计性能进行了理论推导,并以实际中常用的修正 Rife 算法及半牛顿迭代算法为实例,利用 LMP 及 CI 算法分别对其估计结果的可信性评估进行了仿真分析,验证了算法的有效性。最后对两种算法的时间复杂度及工程应用的可能性进行了分析。

参 考 文 献

[1] Rife D,Boorstyn R. Single tone parameter estimation from discrete – time observations[J]. IEEE Transactions on information theory, 1974, 20(5): 591 – 598.

[2] Peleg S,Porat B. Linear FM signal parameter estimation from discrete – time observations[J]. IEEE Transactions on Aerospace and Electronic Systems, 1991, 27(7): 607 – 615.

[3] Rife D C, Vincent G A. Use of the discrete Fourier transform in the measurement of frequencies and levels of tones[J]. Bell Labs Technical Journal, 1970, 49(2): 197 – 228.

[4] Jain V K, Collins W L, Davis D C. High – accuracy analog measurements via interpolated FFT[J]. IEEE Transactions on Instrumentation & Measurement, 1979, 28(2): 113 – 122.

[5] Abatzoglou T. A fast maximum likelihood algorithm for frequency estimation of a sinusoid based on Newton's method[J]. IEEE Transactions on Acoustics, Speech and Signal Processing, 1985, 33(1): 77 – 89.

[6] Kay S. A fast and accurate single frequency estimator[J]. IEEE Transactions on Acoustics, Speech and Signal

Processing, 1989, 37(12): 1987 – 1990.

［7］邓振淼, 刘渝. 正弦波频率估计的牛顿迭代方法初始值研究[J]. 电子学报, 2007, 35(1): 104 – 107.

［8］Aboutanios E, Mulgrew B. Iterative frequency estimation by interpolation on Fourier coefficients[J]. IEEE Transactions on Signal Processing, 2005, 53(4): 1237 – 1242.

［9］Li X R, Zhao Z, Jilkov V P. Practical measures and test for credibility of an estimator[C]. Monterey: Proc. Workshop on Estimation, Tracking, and Fusion Tribute to Yaakov Bar – Shalom, 2001: 481 – 495.

［10］Li X R, Zhao Z, Jilkov V P. Estimator's credibility and its measures[C]. Barcelona: Proceedings of IFAC 15th World Congress, 2002.

［11］邓振淼, 刘渝. 正弦波频率估计的修正 Rife 算法[J]. 数据采集与处理, 2006, 21(4): 474 – 477.

［12］陈役涛, 刘渝, 邓振淼. 基于相关累加的正弦波频率估计算法[J]. 数据采集与处理, 2008, 23(6): 729 – 733.

［13］Quinn B G. Estimating frequency by interpolation using Fourier coefficients[J]. IEEE Transactions on Signal Processing, 1994, 42(5): 1264 – 1268.

［14］Macleod M D. Fast nearly ML estimation of the parameters of real or complex single tones or resolved multiple tones[J]. IEEE Transactions on Signal Processing, 1998, 46(1): 141 – 148.

［15］Jacobsen E, Kootsookos P. Fast, accurate frequency estimators[J]. IEEE Signal Processing Magzine, 2007, 24(3): 123 – 125.

［16］Candan C. A method for fine resolution frequency estimation from three DFT samples[J]. IEEE Signal Processing Letters, 2011, 18(6): 351 – 354.

［17］Rife D C. Digital tone parameter estimation in the presence of Gaussian noise[D]. New York: Polytechnic Institute of Brooklyn, 1973.

［18］Tufts D W, Francis J. Estimation and tracking of parameters of narrow – band signals by iterative processing[J]. IEEE Transactions on Information Theory, 1977, 23(6): 742 – 751.

［19］Abatzoglou T. A fast maximum likelihood algorithm for frequency estimation of a sinusoid based on Newton's method. [J]. IEEE Transactions on Acoustics, Speech and Signal Processing, 1985, 33(1): 77 – 89.

［20］Liao J R, Chen C M. Phase correction of discrete Fourier transform coefficients to reduce frequency estimation bias of single tone complex sinusoid[J]. Signal Processing, 2014, 94(1): 108 – 117.

［21］Kay S. A fast and accurate single frequency estimator[J]. IEEE Transactions on Acoustics, Speech and Signal Processing, 1989, 37(12): 1987 – 1990.

［22］齐国清, 贾欣乐. 基于 DFT 相位的正弦波频率和初相的高精度估计方法[J]. 电子学报, 2001, 29(9): 1164 – 1167.

［23］Fitz M P. Further results in the fast estimation of a single frequency[J]. IEEE Transactions on Communications, 1994, 42(234): 862 – 864.

［24］Luise M, Reggiannini R. Carrier frequency recovery in all – digital modems for burst – mode transmissions[J]. IEEE Transactions on Communications, 1995, 43(2/ 3/4): 1169 – 1178.

［25］Fowler M L, Johnson J A. Extending the threshold and frequency range for phase – based frequency estimation [J]. IEEE Transactions on Signal Processing, 1999, 47(10): 2857 – 2863.

［26］Brown T, Wang M M. An iterative algorithm for single – frequency estimation[J]. IEEE Transactions on Signal Processing, 2002, 50(11): 2671 – 2682.

［27］Xiao Y C, Wei P, Tai H M. Autocorrelation – based algorithm for single – frequency estimation[J]. Signal Processing, 2007, 87(6): 1224 – 1233.

[28] 胡国兵, 徐立中, 金明. 基于 NP 准则的 LFM 信号盲处理结果可靠性检验[J]. 电子学报, 2013, 41 (4): 739 - 743.

[29] Kay S M. Fundamentals of statistical signal processing, volume II: detection theory[M]. Englewood Cliffs: PTR Prentice Hall, 1993.

[30] Clarke K K, Hess D T. Communication circuits: analysis and design[M]. Reading: Addison - Wesley, 1971.

[31] Abramowitz M, Stegun I. Handbook of mathematic function with formulas, graphs, and mathematical tables[M]. New York: Dover, 1965.

[32] Sankaran M. On the non - central Chi - square distribution[J]. Biometrika, 1959, 46(1): 235 - 237.

[33] Karami E, Dobre O A. Identification of SM - OFDM and AL - OFDM signals based on their second - order cyclostationarity[J]. IEEE Transactions on Vehicular Technology, 2015, 64(3): 942 - 953.

第6章 LFM信号盲分析结果的可信性评估

6.1 引 言

在缺乏信号先验信息及低信噪比条件下,对观测信号的调制识别、参数估计等只能进行盲分析。检验分析结果是否正确、可信是电子侦察、认知无线电领域中面临的一个新课题。文献[1]作为 IEEE P1990.6 标准(针对认知无线电),称部分民用无线信号感知设备中已经将调制识别的可信性评估作为其中一个输出参数。据报道,Agilent 公司生产的 E3238S 型信号检测与监测系统中,调制方式识别可信度与信号的频谱、载频、频偏、信噪比信息等并列,作为信号分析系统的输出结果之一。文献[2]指出:美国军方在军用非协作条件下的信号处理系统中,已将调制识别结果的可信性信息作为调制识别之后一个独立的新环节,具体如图 6 - 1 所示,其作用是利用识别的可信性信息,辅助判别"未知信号"。

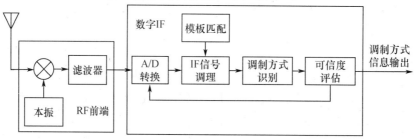

图 6 - 1 文献[2]提出的调制方式识别处理框图

第 5 章中,本书对单频正弦波信号频率估计结果的可信性评估算法作了介绍,但在电子侦察中,特别是对 LPI 雷达信号的分析与处理而言,除了正弦波之外,还有其他各种脉压信号,其信号模型要比正弦波复杂,参数较多且相互影响。相应地,对于这些信号盲分析结果的可信性评估对电子侦察信号处理而言,显得至关重要且应用价值更加广泛,但目前关于信号盲分析结果可信性检验方法的文献很少。Fehske[3] 等提出了调制识别分类器可信性问题,将神经网络分类器的最大输出值与次大输出值之间差值的一半作为分类器的可信度度量,但是这一方法要依赖大量的训练样本,这在电子侦察的非协作条件下是较难实现的。Lin[4] 等提出了一种

134

基于信息熵的调制识别结果可信度分析方法。先由各种假设下的似然函数值构造向量,后计算该向量的信息熵来度量调制识别的可信性。信息熵的大小体现了向量中各似然值之间的差异大小,从某种意义上体现了调制识别结果的可信性。但在无信号先验知识的条件下,计算各种假设下的似然值较为困难。并且,上述两种方法仅考虑了对信号调制方式识别的可信性,未考虑对后续处理结果的可信性检验问题[5]。

自本章至第 8 章,本书将分别以 LFM 信号、BPSK 信号及 LFM/BPSK 复合调制信号为例,对几种常用脉压信号盲分析结果的可信性评估问题,从模型、方法及性能评估三个方面进行系统介绍。本章将重点介绍 LFM 信号盲分析结果的可信性评估。众所周知,在雷达信号设计中,LFM 信号是最早的脉冲压缩信号,同时也是目前最常用的脉冲压缩信号形式之一,在电子侦察信号分析中是常见信号形式[6,7]。本章针对 LFM 信号盲分析结果的可信性评估问题,利用假设检验与统计推断方法,分别介绍基于循环平稳分析、N-P 准则两种盲分析结果可信性检验算法。循环平稳分析可信性评估算法的基本思路为先根据调制识别结果对应的模型进行参数估计、构造参考信号,并将参考信号与接收信号进行相关运算,通过检测相关序列在零频率附近是否存在循环频率,实现对 LFM 信号盲处理结果的可信性检验。N-P 法的基本思想是先根据调制识别结果对应的模型进行参数估计、构造参考信号,并将参考信号与接收信号进行相关累加,在分析不同假设下参考信号与观测信号相关累加值概率分布参数差异的基础上,利用 N-P 准则构建检验统计量,并确定相应门限对 LFM 信号盲处理结果的可信性进行检验。

6.2 基于循环平稳分析的 LFM 信号
盲分析结果可信性检验

设 LFM 信号模型为

$$x(t) = A\exp\left[j(2\pi f_0 t + \pi k t^2 + \theta_0)\right] + w(t), 0 \leqslant t \leqslant T \qquad (6-1)$$

式中:A、f_0、θ_0、T、k 分别是信号的包络函数、起始频率、初相、脉冲宽度及调频系数;$w(t)$ 是实部与虚部相互独立的零均值平稳复白高斯噪声。以 Δt 为间隔,对其进行离散采样得到

$$x(n) = A\exp\left[j(2\pi f_0 n\Delta t + \pi k n^2 \Delta t^2 + \theta_0)\right] + w(n), 0 \leqslant n \leqslant N-1 \qquad (6-2)$$

式中:Δt 是采样间隔;$w(n)$ 是零均值复高斯白噪声,其实部与虚部相互独立,方差为 $2\sigma^2$;N 是样本个数;信噪比定义为 $\text{SNR} = 10\lg A^2/2\sigma^2$(dB)。

对于 LFM 信号的某一次特定处理而言,其环节主要包括信号调制方式识别、起始频率估计、调频系数估计等。对其结果可信性评估的任务就是根据某一次接

收信号样本及其处理结果,完成如下假设检验:

$$\begin{cases} H_0:调制识别结果正确且参数估计误差小; \\ H_1:调制识别结果错误或参数估计误差大。 \end{cases} \quad (6-3)$$

上述模型中,LFM 信号各参数估计误差大小较难确定一个统一的评价准则,需根据实际应用需求来调整。一般认为若满足[8]

$$\begin{cases} |\Delta f| \leq 0.5\Delta F \\ |\Delta k| \leq 3/\Delta F^2 \end{cases} \quad (6-4)$$

则认为参数估计精度较高,误差较小。式($6-4$)中:Δf 为起始频率估计误差;Δk 为调频系数估计误差;$\Delta F = 1/(N\Delta t)$ 为量化频率间隔。

6.2.1　特征分析

在 H_0 假设下,当调制方式识别正确时,分别对信号的起始频率、调频系数进行估计,得到 $\hat{f}_0, \hat{k}$,并利用这两个参数构造参考信号:

$$y_0(n) = \exp\{-j[2\pi\hat{f}_0 n\Delta t + \pi\hat{k}(n\Delta t)^2]\}, 0 \leq n \leq N-1 \quad (6-5)$$

将观测信号 $x(n)$ 与参考信号 $y(n)$ 作相关运算,得

$$z(n) = x(n)y_0(n) = [s(n) + w(n)]y(n)$$
$$= s_0(n) + w_0(n) \quad (6-6)$$

其中信号分量为

$$s_0(n) = A\exp[j(2\pi n\Delta f\Delta t + \pi\Delta k(n\Delta t)^2 + \theta)] \quad (6-7)$$

噪声分量 $w_0(n) = w(n)y_0(n)$。显然,$s_0(n)$ 是一个起始频率为 Δf,调频系数为 Δk 的线性调频信号。为了便于分析,将其写为

$$s_0(t) = s_{\Delta f}(t)s_{\Delta k}(t) = \underbrace{A\exp[j(2\pi\Delta ft + \theta_0)]}_{s_{\Delta f}(t)}\underbrace{\exp[j\pi\Delta kt^2]}_{s_{\Delta k}(t)} \quad (6-8)$$

式中:$s_{\Delta f}(t), s_{\Delta k}(t)$ 分别体现了 Δf 及 Δk 的影响。

若令 $S_0(f) = FT[s_0(t)], S_{\Delta f}(f) = FT[s_{\Delta f}(t)], S_{\Delta k}(f) = FT[s_{\Delta k}(t)]$,则 $S_0(f) = S_{\Delta f}(f) * S_{\Delta k}(f)$,且有

$$S_{\Delta f}(f) = A\exp(j\theta)\delta(f - \Delta f) \quad (6-9)$$

$$S_{\Delta k}(f) = \sqrt{1/2\Delta k}\exp[-j\pi(f^2/\Delta k + T)]\{[C(z_2) + C(z_1)] + j[S(z_2) + S(z_1)]\} \quad (6-10)$$

式中:$C(x) = \int_0^x \cos(\pi x^2/2)dx, S(x) = \int_0^x \sin(\pi x^2/2)dx$, 称 Fresnel 积分[6];$z_1 = $

$- \sqrt{2\Delta k}(T/2 + f/\Delta k)$，$z_2 = \sqrt{2\Delta k}(T/2 - f/\Delta k)$。故有

$$S_0(f) = A\sqrt{1/2\Delta k}\exp[\mathrm{j}(\theta - \pi T)]S_{\Delta k}(f - \Delta f) \tag{6-11}$$

其幅度谱为

$$|S_0(f)| = A|S_{\Delta k}(f - \Delta f)|/\sqrt{2\Delta k} \tag{6-12}$$

其中

$$|S_{\Delta k}(f)| = \sqrt{[C(z_2) + C(z_1)]^2 + [S(z_2) + S(z_1)]^2} \tag{6-13}$$

由上述分析可知：

（1）$s_0(n)$是一个起始频率为Δf，调频系数为Δk的线性调频信号，其带宽$B = \Delta kT$。当参数估计无误时，即$\Delta f = 0$，$\Delta k = 0$，$s_0(n)$近似为一个直流信号，其幅度谱$|S_0(f)|$在零频率处存在线谱，即零频率点是$s_0(n)$的循环频率。

（2）当参数估计误差较小时，即$\Delta f \to 0$，$\Delta k \to 0$时，$s_0(n)$近似为一个频率为Δf的正弦波信号，其幅度谱$|S_0(f)|$在零频率附近存在线谱，即零频率点是$s_0(n)$的循环平稳频率。根据 Fresnel 积分的特性，当Δk增大时，$s_0(n)$的带宽增加，主要能量分散在带宽内的各个频率点上，其幅度也相对较小，频谱中无线谱存在，从而在零频率附近不存在循环频率；当Δk较小时，$s_0(n)$的带宽也较窄，根据帕赛伐尔定理，信号能量不变时，$|S_0(f)|$将增加，在一定条件下将呈现近似循环平稳特性。显然，$|S_0(f)|$中是否存在循环频率由调频系数Δk决定，而循环频率点的位置是否在零点则由起始频率估计误差Δf决定。因此，若Δf及Δk同时较小，循环频率将在零频率点出现，否则循环频率点将发生偏移或者不存在。需要指出如下几点：

① 不考虑线性调频信号的起始频率估计误差（$\Delta f \to 0$）时，观测信号与参考信号相关后序列的信号部分$s_0(n)$是一个线性调频信号。当调频系数估计误差Δk较小时，$s_0(n)$近似为正弦波信号。在工程上，一般认为3dB 带宽小于三根谱线时，可认定为正弦波信号。换言之，可以通过观测$s_0(n)$的带宽大小来度量调频系数估计误差Δk的大小。据此，认为若带宽$B \leqslant 3\Delta F$，即$|\Delta k| = B/T \leqslant 3\Delta F/(N\Delta t) = 3/\Delta F^2$时，$\Delta k$误差较小。这就是本节中对调频系数估计误差的界定准则选择为$|\Delta k| \leqslant 3/\Delta F^2$的原因。

② 在H_0假设下，Δf在零频率附近，但不可能正好落在量化频率点上，可能会存在谱线分裂。大量的仿真结果表明，当 LFM 信号调制方式识别结果正确，且参数估计误差满足式（6-4）的要求时，相关序列$z(n)$的频谱中在第0及第1个离散频率处至少存在一个循环频率。

图 6-2 所示为 LFM 信号调制方式识别结果正确，三种不同参数估计误差条件下，$z(n)$的循环频率分布（虚警概率为 0.0001，循环平稳频率检测门限 th 为 27.631，LFM 信号起始频率为 19.8MHz，调频系数为 0.05MHz/μs，信号样本点数

为 1024 点,信噪比为 0dB)。由图可知:当 LFM 信号处理结果可信时(在 H_0 假设下),相关序列 $z(n)$ 仅在第 0、1 个离散频率处至少存在一个循环频率;当满足式(6 -4)的条件,参数估计误差大小程度也有所不同。当参数估计误差偏小时,循环频率出现在第 0 个离散频率处,如图 6 - 2(a)所示。随着参数估计误差增加,循环频率发生偏移,且相应离散频率处谱线的幅度也变小,但循环频率的位置仍位于第 0 及第 1 个离散频率,如图 6 - 2(b)、6 - 2(c)所示。这说明,两个参数估计误差越小,$z(n)$ 循环频率的位置越接近零频率,且谱线的幅度也越大。在后面的分析中,将会随着参数估计误差进一步变大,$z(n)$ 中将不存在循环频率。

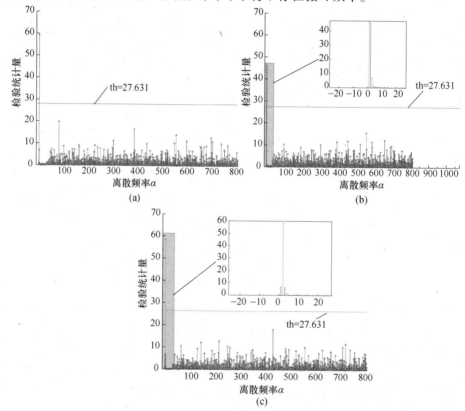

图 6 - 2 LFM 信号调制方式识别正确且参数估计误差小时 $z(n)$ 的循环频率分布
(a) 识别正确, $|\Delta f| = 0.05\Delta F$, $|\Delta k| \leqslant 0.3/\Delta F^2$; (b) 识别正确, $|\Delta f| = 0.25\Delta F$, $|\Delta k| \leqslant 1.5/\Delta F^2$;
(c) 识别正确, $|\Delta f| = 0.125\Delta F$, $|\Delta k| \leqslant 0.75/\Delta F^2$。

在 H_1 假设下,可能出现两种情况:

(1) 调制方式识别错误:根据所识别的调制方式结果对应的模型进行参数估计,并构造相应的参考信号:

$$y_1(n) = \exp\{ -j[2\pi \hat{f}_0 n\Delta t + \hat{\phi}(n)]\}, 0 \leqslant n \leqslant N-1 \qquad (6-14)$$

138

式中:$\hat{f}_0$ 与 $\hat{\phi}(n)$ 分别为 H_1 假设下载频与相位函数估计值。当 LFM 信号带宽较小或者信号受干扰发生畸变时,在接收端有可能将其判为常规信号或其他信号。以误识为常规信号为例,若用处理常规信号的方法来处理 LFM 信号,由于模型失配,参数估计的误差将较大。将观测信号 $x(n)$ 与失配的参考信号 $y_1(n)$ 作相关,得到

$$z(n) = x(n)y_1(n) = [s(n) + w(n)]y_1(n)$$
$$= s_1(n) + w_1(n) \qquad\qquad (6-15)$$

其中,信号分量 $s_1(n) = A\exp[j(2\pi n\Delta f\Delta t + \pi k(n\Delta t)^2 + \theta)]$,噪声分量 $w_1(n) = w(n)y_1(n)$。可见,在此条件下信号分量 $s_1(n)$ 是一个起始频率为 Δf,调频系数为 k 的线性调频信号,其幅度频谱仍是一个 Fresnel 积分。由于 $k \gg \Delta k$,故 $s_1(n)$ 的能量分散在 Fresnel 积分函数的上下限决定的带宽内,其幅度谱不存在线谱,也就无法检测到循环频率。图 6-3 所示为 LFM 信号分别误识成 NS、BPSK 及 QPSK 信号时,$z(n)$ 的循环频率分布(门限对应的虚警概率为 0.0001,循环频率检测门限 th 为 27.631[9])。仿真条件同图 6-2。由图可知,此时 $z(n)$ 的频谱中不存在循环频率。

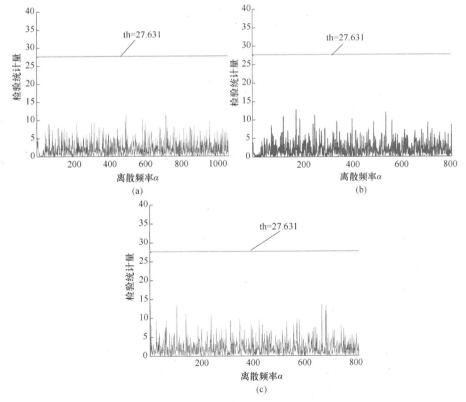

图 6-3 LFM 信号调制方式识别错误时 $z(n)$ 的循环平稳频率分布
(a) 误识为 NS 信号;(b) 误识为 BPSK 信号;(c) 误识为 QPSK 信号。

（2）调制方式识别正确,但其他参数估计误差较大:若调制方式识别正确,但参数估计误差超出了式(6-4)定义的边界时,可能出现以下三种情形:

① 起始频率估计误差小,但调频系数估计误差大。此时由于调频系数估计误差的存在,将增大$z(n)$的带宽,从而不存在线谱,在零频率附近不存在循环频率。图6-4所示为两种误差条件下$z(n)$的循环频率分布示意图。

② 起始频率估计误差大,但调频系数估计误差小。此时虽然可能存在循环频率,但由于起始频率估计误差大,循环频率存在谱线分裂,偏离零频率,在第0、1根谱线之外存在循环频率,如图6-5所示。

③ 起始频率及调频系数估计误差同时较大。此时,由于调频系数估计误差较大,$z(n)$中将不存在循环平稳频率,如图6-6所示。

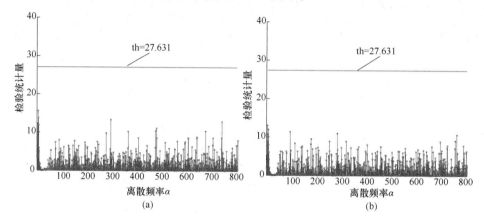

图6-4 调频系数估计误差较大时$z(n)$的循环平稳频率分布
（a）$|\Delta f| = 0.02\Delta F$, $|\Delta k| = 3.2/\Delta F^2$；（b）$|\Delta f| = 0.02\Delta F$, $|\Delta k| = 3.5/\Delta F^2$。

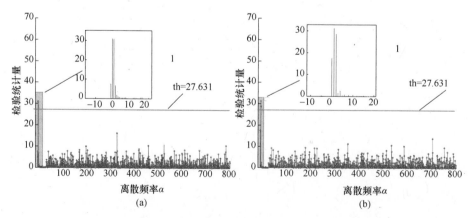

图6-5 起始频率估计误差较大时$z(n)$的循环平稳频率分布
（a）$|\Delta f| = 0.6\Delta F$, $|\Delta k| = 0.1/\Delta F^2$；（b）$|\Delta f| = 0.75\Delta F$, $|\Delta k| = 0.1/\Delta F^2$。

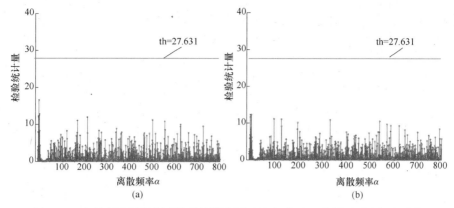

图 6 - 6　起始频率及调频系数估计误差同时较大时 $z(n)$ 的循环平稳频率分布

(a) $|\Delta f| = 0.6\Delta F$，$|\Delta k| = 3.2/\Delta F^2$；(b) $|\Delta f| = 0.75\Delta F$，$|\Delta k| = 3.5/\Delta F^2$。

综上所述，可知：

（1）在 H_0 假设下，即信号调制方式识别正确且参数估计误差较小时，相关序列 $z(n)$ 仅在零频率附近的 2 个离散频率点上至少存在一个循环平稳频率；

（2）在 H_1 假设下，当调制方式识别错误时，$z(n)$ 无循环平稳频率存在；当调制方式识别正确但参数估计误差较大时，$z(n)$ 不存在循环频率或者其循环频率位置超出零频率附近的 2 个离散频率点。

于是，LFM 信号盲分析结果的可信性评估就转化为相关序列谱在第 0 及第 1 个离散频率处是否存在循环频率的检验问题。

6.2.2　算法描述

由上述分析可知，对 LFM 信号盲分析结果的可信性评估，其关键环节在于对相关序列 $z(n)$ 在零频率附近是否存在循环频率的检测。理论上，若信号长度无限且不存在噪声时，信号仅存在一个循环频率 α，则在该点处的频谱是一个冲激函数，信号的所有能量都聚集在此处，而在非循环频率点的能量为 0。但是，实际中，由于受信号观测长度的限制，加上噪声功率的叠加，循环频率 α 处的幅度是一个有限值，而在非循环频率处也不等于 0。文献[9]给出了噪声条件下循环平稳频率存在性的检验方法。具体如下：

（1）设 $z(n)$ 的一阶循环矩的估计值

$$\hat{M}_{z,N}^{\alpha}(\tau = 0) = M_z^{\alpha}(0) + \varepsilon_{z,N}^{\alpha}(0) \tag{6-16}$$

式中：$\hat{M}_{z,N}^{\alpha}(0)$ 表示在频率 α 处，延时 $\tau = 0$ 时，$z(n)$ 一阶循环矩的估计值；$\varepsilon_{1z,N}^{\alpha}(0)$ 为估计误差。

（2）定义检测统计量：

$$\Gamma_z^{\alpha}(0) = N\hat{M}_z(0)\,\hat{\Sigma}_z^{-1}\,\hat{M}_z'(0)，\alpha = i\Delta F, i = 0, 1, \cdots, N-1 \tag{6-17}$$

式中：$\hat{M}_z(0) = [\, \mathrm{Re}\{\hat{M}_{z,N}^\alpha(0)\}, \mathrm{Im}\{\hat{M}_{z,N}^\alpha(0)\}\,]$，$\hat{M}'_z(0)$ 为 $\hat{M}_z(0)$ 的转秩阵，$\hat{\Sigma}_z$ 为 $\hat{M}_z(0)$ 估计的协方差矩阵，定义为

$$\hat{\Sigma}_z = \begin{bmatrix} \mathrm{Re}\left\{\dfrac{\hat{Q}_z(\alpha;0)+\hat{Q}_z^*(\alpha;0)}{2}\right\} & \mathrm{Im}\left\{\dfrac{\hat{Q}_z(\alpha;0)+\hat{Q}_z^*(\alpha;0)}{2}\right\} \\[2mm] \mathrm{Im}\left\{\dfrac{\hat{Q}_z(\alpha;0)-\hat{Q}_z^*(\alpha;0)}{2}\right\} & \mathrm{Re}\left\{\dfrac{\hat{Q}_z(\alpha;0)-\hat{Q}_z^*(\alpha;0)}{2}\right\} \end{bmatrix} \qquad (6-18)$$

其中

$$\begin{cases} \hat{Q}_z(\alpha;0) = \dfrac{1}{NL}\displaystyle\sum_{n=-(L-1)/2}^{(L-1)/2} W_L(n) F_{N,0}\left(\alpha-\dfrac{2\pi n}{N}\right) F_{N,0}\left(\alpha+\dfrac{2\pi n}{N}\right) \\[4mm] \hat{Q}_z^*(\alpha;0) = \dfrac{1}{NL}\displaystyle\sum_{n=-(L-1)/2}^{(L-1)/2} W_L(n) F_{N,0}^*\left(\alpha-\dfrac{2\pi n}{N}\right) F_{N,0}\left(\alpha+\dfrac{2\pi n}{N}\right) \end{cases} \qquad (6-19)$$

式中：$F_{N,\tau_1}(\omega) = \displaystyle\sum_{t=0}^{N-1} z(t) z^*(t-\tau_1) \mathrm{e}^{-j\omega t}$，$W_L(n)$ 是长度为 L 的窗谱函数。可知，若某离散频率 $\alpha = i\Delta F, i = 0, 1, \cdots, N-1$ 为循环频率时，$\Gamma_r^\alpha(0)$ 近似服从自由度为 2 的中心 χ^2 分布；若不是循环频率时 $\Gamma_z^\alpha(0)$ 服从高斯分布，其均值及方差分别为 $\mu_{\Gamma_z^\alpha} = [NM_z(0)\Sigma_z^{-1}M'_z(0)]_i$，$\sigma_{\Gamma_z^\alpha}^2 = [4NM_z(0)\Sigma_z^{-1}M'_z(0)]_i$。

（3）根据一定的虚警概率 $P_f = P\{\Gamma_r^\alpha(0) \geqslant \gamma \mid \alpha$ 不是循环频率$\}$，确定一个门限值 γ，当 $\Gamma_z^\alpha(0) \geqslant \gamma$，则判定在其频率 α 处为循环频率，反之不然。

本节所提出的基于循环平稳特征分析的 LFM 信号盲处理结果可信性检验算法总结如下：

（1）参数估计与参考信号建立：根据对应的识别结果的信号模型估计参数，构建参考信号；

（2）相关运算：将参考信号与观测信号作相关运算，并作 DFT；

（3）统计量构造：构造统计量 $\Gamma_z^\alpha(0) = N\hat{M}_z(0)\hat{\Sigma}_z^{-1}\hat{M}'_z(0)$；

（4）统计判决：设定虚警概率 P_f，确定判决门限 γ，并取循环平稳频率为 $\alpha = 0, F_s$，若这两个离散频率处至少有一个 $\Gamma_z^\alpha(0) \geqslant \gamma$，则 H_0 成立，否则 H_1 成立。

6.2.3 错误概率的理论推导

由前述分析可知，式（6-3）定义的假设检验可描述成对相关序列 $z(n)$ 的频谱在零频率附近循环频率的存在性检验问题。考虑到量化频率的因素，此处认为若 $\Gamma_z^\alpha(0)$ 仅在前两个离散频率处存在至少一个循环平稳频率点，则认为满足 H_0 假设，否则判为 H_1。记对 H_0 及 H_1 的判决分别为 D_0 及 D_1。显见，D_0 表示统计量 $G =$

$[\Gamma_z^0(0), \Gamma_z^{\Delta F}(0)]$ 中至少存在一个循环频率,D_1 则反之。根据前面的分析,对 H_0 及 H_1 的判决,主要针对第 0 个及第 1 个离散频率是否出现循环频率进行检测,此时考虑三种情形:

(1) 仅在第 0 个离散频率处存在唯一的循环频率;

(2) 仅在第 1 个离散频率处存在唯一的循环频率;

(3) 在第 0、1 个离散频率处均存在循环频率。

显然,对于某一次具体的盲分析结果可信性判决而言,相关序列的循环频率是否存在必然是属于上述三种情形之一。

如果将上述三种情形定义成事件类 $\{K_0, K_1, K_2\}$(其中 K_0, K_1, K_2 分别对应于情形(1)、(2)及(3)),将 $K = H_0 \cup H_1$ 看成一个集合,则 $\{K_0, K_1, K_2\}$ 可以看作集合 K 的一个划分,K_0, K_1, K_2 不可能同时发生,即两两不相容,而 H_0, H_1 都是 K 的子集,都可以在 $\{K_0, K_1, K_2\}$ 上存在投影。后续分析与推导中,均假设循环平稳检验统计量 $\Gamma_z^\alpha(0)$ 中各分量(各离散频率点)之间相互独立[10,11]。

下面分别计算第一、二类错误概率及总的错误概率。

1. 第一类错误概率

根据上述分析,第一类错误概率为

$$P(D_1 | H_0) = 1 - P(D_0 | H_0) \tag{6-20}$$

式中:$P(D_0 | H_0) = \sum_{i=0}^{2} P(D_0 | K_i, H_0) P(K_i)$,且有 $\sum_{i=0}^{2} P(K_i) = 1$。

下面分别计算 $P(D_0 | K_0, H_0)$,$P(D_0 | K_1, H_0)$,$P(D_0 | K_2, H_0)$。

$P(D_0 | K_0, H_0)$ 表示 $G = [\Gamma_z^0(0), \Gamma_z^{\Delta F}(0)]$ 中仅在第 0 个离散频率点处存在循环频率,且根据判决规则也检测到了这个唯一的循环频率时的检测概率,可写为

$$P(D_0 | K_0, H_0) = P(\Gamma_z^0(0) \geq \gamma | K_0, H_0)$$

$$= \int_{(\gamma - \mu_{\Gamma_z^0})/\sigma_{\Gamma_z^0}}^{\infty} p(y) \mathrm{d}y = \left[1 - \Phi\left(\frac{\gamma - \mu_{\Gamma_z^0}}{\sigma_{\Gamma_z^0}}\right)\right] \tag{6-21}$$

式中:$\Phi(x) = \int_{-\infty}^{x} p(y)\mathrm{d}y$,$p(y) = \frac{1}{\sqrt{2\pi}}\exp\left(-\frac{y^2}{2}\right)$ 分别为标准正态分布的分布函数及概率密度函数;

$P(D_0 | K_1, H_0)$ 表示 $G = [\Gamma_z^0(0), \Gamma_z^{\Delta F}(0)]$ 中仅在第 1 个离散频率点处存在循环频率,且根据判决规则也检测到了这个循环频率时的检测概率,可写为

$$P(D_0 | K_1, H_0) = P(\Gamma_z^{\Delta F}(0) \geq \gamma | K_1, H_0)$$

$$= \int_{(\gamma - \mu_{\Gamma_z^{\Delta F}})/\sigma_{\Gamma_z^{\Delta F}}}^{\infty} p(y) \mathrm{d}y = \left[1 - \Phi\left(\frac{\gamma - \mu_{\Gamma_z^{\Delta F}}}{\sigma_{\Gamma_z^{\Delta F}}}\right)\right] \tag{6-22}$$

143

$P(D_0 | K_2, H_0)$ 表示 $G = [\Gamma_{1z}^0(0), \Gamma_{1z}^1(0)]$ 中第 0、1 两个离散频率点处均存在循环频率,且根据判决规则至少检测到 1 个循环频率时的检测概率,可表示为

$$
\begin{aligned}
P(D_0 \mid K_2, H_0) &= P(\Gamma_z^{\Delta F}(0) \geqslant \gamma \mid K_2, H_0) P(\Gamma_z^0(0) \geqslant \gamma \mid K_2, H_0) + P(\Gamma_z^0(0) \\
&\quad \geqslant \gamma \mid K_2, H_0) P(\Gamma_z^{\Delta F}(0) < \gamma \mid K_2, H_0) \\
&\quad + P(\Gamma_z^{\Delta F}(0) \geqslant \gamma \mid K_2, H_0) P(\Gamma_z^0(0) < \gamma \mid K_2, H_0) \\
&= \int_{(\gamma - \mu_{\Gamma_z^0})/\sigma_{\Gamma_z^0}}^{\infty} p(y)\,\mathrm{d}y \int_{(\gamma - \mu_{\Gamma_z^{\Delta F}})/\sigma_{\Gamma_z^{\Delta F}}}^{\infty} p(y)\,\mathrm{d}y \\
&\quad + \int_{(\gamma - \mu_{\Gamma_z^0})/\sigma_{\Gamma_z^0}}^{\infty} p(y)\,\mathrm{d}y \int_{-\infty}^{\gamma} p(y)\,\mathrm{d}y \\
&\quad + \int_{(\gamma - \mu_{\Gamma_z^{\Delta F}})/\sigma_{\Gamma_z^{\Delta F}}}^{\infty} p(y)\,\mathrm{d}y \int_{-\infty}^{\gamma} p(y)\,\mathrm{d}y \\
&= \left[1 - \Phi\left(\frac{\gamma - \mu_{\Gamma_z^0}}{\sigma_{\Gamma_z^0}}\right)\right] \left[1 - \Phi\left(\frac{\gamma - \mu_{\Gamma_z^{\Delta F}}}{\sigma_{\Gamma_z^{\Delta F}}}\right)\right] \\
&\quad + \left[1 - \Phi\left(\frac{\gamma - \mu_{\Gamma_z^0}}{\sigma_{\Gamma_z^0}}\right)\right] \Phi\left(\frac{\gamma - \mu_{\Gamma_z^{\Delta F}}}{\sigma_{\Gamma_z^{\Delta F}}}\right) \\
&\quad + \left[1 - \Phi\left(\frac{\gamma - \mu_{\Gamma_z^{\Delta F}}}{\sigma_{\Gamma_z^{\Delta F}}}\right)\right] \Phi\left(\frac{\gamma - \mu_{\Gamma_z^0}}{\sigma_{\Gamma_z^0}}\right) \\
&= 1 - \Phi\left(\frac{\gamma - \mu_{\Gamma_z^{\Delta F}}}{\sigma_{\Gamma_z^{\Delta F}}}\right) \Phi\left(\frac{\gamma - \mu_{\Gamma_z^0}}{\sigma_{\Gamma_z^0}}\right) \quad\quad (6-23)
\end{aligned}
$$

故第一类错误概率为

$$
\begin{aligned}
P(D_1 | H_0) = 1 - \Bigg\{ &\left[1 - \Phi\left(\frac{\gamma - \mu_{\Gamma_z^0}}{\sigma_{\Gamma_z^0}}\right)\right] P(K_0) + \left[1 - \Phi\left(\frac{\gamma - \mu_{\Gamma_z^{\Delta F}}}{\sigma_{\Gamma_z^{\Delta F}}}\right)\right] P(K_1) \\
&+ \left\{1 - \Phi\left(\frac{\gamma - \mu_{\Gamma_z^{\Delta F}}}{\sigma_{\Gamma_z^{\Delta F}}}\right) \Phi\left(\frac{\gamma - \mu_{\Gamma_z^0}}{\sigma_{\Gamma_z^0}}\right)\right\} P(K_2) \Bigg\} \quad (6-24)
\end{aligned}
$$

2. 第二类错误概率

第二类错误概率为

$$
P(D_0 | H_1) = 1 - P(D_1 | H_1) \quad\quad (6-25)
$$

同前文所述,先分别计算 $P(D_1 | K_0, H_1)$, $P(D_1 | K_1, H_1)$, $P(D_1 | K_2, H_1)$。具体如下:

$$
P(D_1 | K_0, H_1) = P(\Gamma_z^0(0) < \gamma | K_0, H_0) = \int_0^{\gamma} p_{\chi^2}(y)\,\mathrm{d}y = 1 - \exp\left(-\frac{\gamma}{2}\right)
$$

$$
(6-26)
$$

144

$$P(D_1 | K_1, H_1) = P(\Gamma_z^{\Delta F}(0) < \gamma | K_1, H_0) = \int_0^\gamma p_{\chi_2^2}(y)\,\mathrm{d}y = 1 - \exp\left(-\frac{\gamma}{2}\right)$$

$$(6-27)$$

$$P(D_1 | K_2, H_1) = P(\Gamma_z^0(0) < \gamma | K_2, H_1) P(\Gamma_z^{\Delta F}(0) < \gamma | K_2, H_1)$$

$$= \left[\int_0^\gamma p_{\chi_2^2}(y)\,\mathrm{d}y\right]^2 = \left[1 - \exp\left(-\frac{\gamma}{2}\right)\right]^2 \qquad (6-28)$$

$$P(D_1 | H_1) = \sum_{i=0}^2 P(D_1 | K_i, H_1) P(K_i)$$

$$= \left[1 - \exp\left(-\frac{\gamma}{2}\right)\right]\left[P(K_0) + P(K_1)\right] + \left[1 - \exp\left(-\frac{\gamma}{2}\right)\right]^2 P(K_2)$$

$$(6-29)$$

从而

$$P(D_0 | H_1) = 1 - P(D_1 | H_1)$$

$$= 1 - \left\{\left[1 - \exp\left(-\frac{\gamma}{2}\right)\right]\left[P(K_0) + P(K_1)\right] + \left[1 - \exp\left(-\frac{\gamma}{2}\right)\right]^2 P(K_2)\right\}$$

$$(6-30)$$

由式(6-24)及式(6-30)可得,算法总的错误概率为

$$P_e = P(D_1 | H_0) P(H_0) + P(D_0 | H_1) P(H_1)$$

$$= p_0\left\{1 - \left\{q_0\left[1 - \Phi\left(\frac{\gamma - \mu_{\Gamma_z^0}}{\sigma_{\Gamma_z^0}}\right)\right] + q_1\left[1 - \Phi\left(\frac{\gamma - \mu_{\Gamma_z^{\Delta F}}}{\sigma_{\Gamma_z^{\Delta F}}}\right)\right]\right.\right.$$

$$\left.\left. + q_2\left[1 - \Phi\left(\frac{\gamma - \mu_{\Gamma_z^{\Delta F}}}{\sigma_{\Gamma_z^{\Delta F}}}\right)\Phi\left(\frac{\gamma - \mu_{\Gamma_z^0}}{\sigma_{\Gamma_z^0}}\right)\right]\right\}\right\}$$

$$+ p_1\left\{q_0\left\{1 - \left[1 - \exp\left(-\frac{\gamma}{2}\right)\right] + q_1\left[1 - \exp\left(-\frac{\gamma}{2}\right)\right]\right.\right.$$

$$\left.\left. + q_2\left[1 - \exp\left(-\frac{\gamma}{2}\right)\right]^2\right\}\right\} \qquad (6-31)$$

式中:$p_i = P(H_i)$,$q_j = P(K_j)$,$i = 0, 1$;$j = 0, 1, 2$。

图6-7至图6-9所示为本算法在不同设定条件下第一、第二类错误概率及总的错误概率与信噪比的关系示意图。图中 Pe1_s、Pe2_s、Pe_s 分别表示仿真得到的第一、第二类错误概率及总的错误概率值,Pe1_t、Pe2_t、Pe_t 表示利用本节推导的公式计算出的第一、第二类错误概率及总的错误概率理论值,括号中的数值为

145

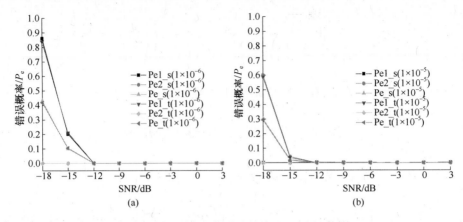

图 6 - 7　错误概率与信噪比的关系示意图(条件 1)

(a) $P_f = 1 \times 10^{-6}$; (b) $P_f = 1 \times 10^{-5}$。

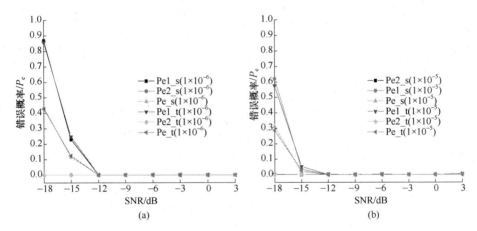

图 6 - 8　错误概率与信噪比及信噪比的关系示意图(条件 2)

(a) $P_f = 1 \times 10^{-6}$; (b) $P_f = 1 \times 10^{-5}$。

虚警概率。仿真中条件 1,2,3 的具体设定如表 6 - 1 所列,每种条件均进行 2000 次仿真,在 H_0 设定条件、H_1 设定条件下各运行 1000 次。由图可知:

(1) 三种不同条件下,由仿真得到的第一、第二类错误概率及总的错误概率与本节理论推导相应公式计算的理论值能较好吻合。

(2) 当虚警概率一定时,总的错误概率随着信噪比的减少而增加。

(3) 在本节设定的条件下,总的错误概率中第一类错误概率占主导,第二类错误概率接近零。相同信噪比条件下,虚警概率越小,其第一类错误概率变大,第二类错误概率变小,总错误概率增加。这一结论为后续实例仿真中虚警概率的选择提供了依据。因为,一般任何一种处理方法,在信噪比较低时,可信处理的概率较小(H_0),不可信处理的可能性较大(H_1),更值得关注地是在兼顾总体错误概率的

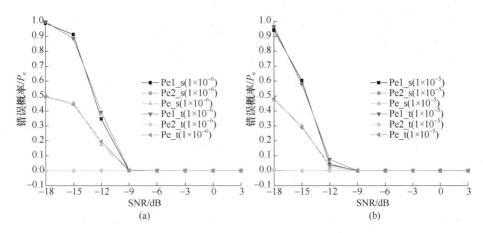

图6-9　错误概率与信噪比及信噪比的关系示意图(条件3)

(a) $P_f = 1 \times 10^{-6}$; (b) $P_f = 1 \times 10^{-5}$.

条件下如何减少第二类错误概率,将不可信处理的情形检测出来。因此,一般虚警概率选0.00001或者0.000001。

表6-1　图6-7、图6-8及图6-9的仿真条件设定

类别	H_0 设定条件	H_1 设定条件
条件1	识别正确,参数估计误差: $\lvert \Delta f \rvert = 0.05\Delta F \ \lvert \Delta k \rvert \leqslant 0.3/\Delta F^2$	错识为 BPSK 信号
条件2	识别正确,参数估计误差: $\lvert \Delta f \rvert = 0.25\Delta F \ \lvert \Delta k \rvert \leqslant 1.5/\Delta F^2$	错识为 NS 信号
条件3	识别正确,参数估计误差: $\lvert \Delta f \rvert = 0.125\Delta F \ \lvert \Delta k \rvert \leqslant 0.75/\Delta F^2$	错识为 QPSK 信号

6.3　基于 N－P 检验的 LFM 信号盲分析结果可信性检验

6.3.1　N－P检验

在假设检验理论中,N－P检验是一个常用方法[12]。假设 S 是由一个实验的各种结果构成的样本空间,并用 x 代表 S 中的任意一个元素。在检验一个假设 H_0 时,也就是根据观测数据判决 H_0 是否可以拒绝,不论采用何种程序,总会涉及两种类型的错误:第一类是当 H_0 为真时,反而被拒绝;第二类是当 H_0 不成立时被接受。检验的过程就是将样本空间 S 分成 w 与 $S-w$ 两个区域。若观测的 $x \in w$,就拒绝 H_0,而当 $x \notin w$ 时,则接受 H_0。易知,第一类错误的概率为 $P(w \mid H_0) = P_f$,P_f 为虚警

概率。第二类错误概率为 $P(S-w|H_1)$。N-P检验的准则就是在保证 $P(w|H_0) = P_f$ 时,使 $P(w|H_1)$ 最大,具体而言:

$$\begin{cases} \dfrac{p(x|H_1)}{p(x|H_0)} \geqslant \gamma & \text{则判 } H_1 \\ P(w|H_0) = P_f \end{cases}$$

此处所选择的原假设 H_0 及备择假设 H_1 由式(6-3)定义。因此,问题可具体化为在保持原为 H_0 假设(识别正确且参数估计精度较高),但却判为 H_1(识别错误或参数估计误差大)的概率为一恒定的数 P_f(通常较小)的条件下,使原为 H_1 假设(识别错误或参数估计误差大)也判为 H_1 的概率达到最大。在这样的选择下,门限的求取仅与 H_0 假设下统计量的概率密度函数的参数有关,这个参数的近似值不难得到,从而可以避免在求取门限时对 H_1 假设下统计量概率密度函数参数的要求。因为错误识别结果的可能性较多,其参数估计的机制也较难确定。因此,很难得到 H_1 假设下统计量概率密度函数相关参数的具体取值。

6.3.2　特征分析

针对式(6-3)给出的假设检验模型,本节基于 N-P 准则,针对 LFM 信号盲处理结果可信性检验,提出了如下思路:

(1)根据特定调制识别算法的识别结果所对应的信号模型,估计其参数并构造相应的参考信号;

(2)借鉴雷达信号处理中的匹配滤波处理方法,采用相关累加,提高处理信噪比,并为分析参考信号与原始接收信号在两种不同假设下的差异提供依据;

(3)确定检验统计量并根据 N-P 准则得到检验规则与门限;

(4)通过计算机仿真,统计 LFM 信号盲分析结果可信性检验中两类错误概率的大小,以此评价可信性检验方法的有效性。

根据上述基本思路,基于 N-P 检验的 LFM 信号盲分析结果的可信性检验算法详述如下。

在 H_0 假设下,先分别对信号的起始频率、调频斜率进行估计,得到估计值 $\hat{f}_0$ 和 $\hat{k}$,然后根据估计的参数,构造参考信号:

$$y_0(n) = \exp\{-\mathrm{j}[2\pi\hat{f}_0 n\Delta t + \pi\hat{k}(n\Delta t)^2]\}, 0 \leqslant n \leqslant N-1 \qquad (6-32)$$

将观测信号 $x(n)$ 与参考信号 $y_0(n)$ 作相关累加,得到

$$Z_0 = \sum_{n=0}^{N-1} x(n)y_0(n) = \sum_{n=0}^{N-1}[s(n)+w(n)]y_0(n) = s_0 + w_0 \qquad (6-33)$$

其中

$$s_0 = \sum_{n=0}^{N-1} A\exp\left[\,\mathrm{j}\left(2\pi n\Delta f\Delta t + \pi\Delta k(n\Delta t)^2 + \theta_0\right)\right]$$

$$w_0 = \sum_{n=0}^{N-1} w(n)y_0(n)$$

当 H_0 假设成立时,在一定的信噪比条件下,参数估计算法选择适当(一般可选择最大似然方法或其他准最佳方法),信号各参数估计误差一般较小。可以证明[13],在参数估计误差较小时,有

$$s_0 \approx NA\exp\left\{\mathrm{j}\left[\phi - \frac{\pi(\Delta f)^2}{\Delta k} + \theta_0\right]\right\} = NA\exp\mathrm{j}\beta_0 \qquad (6-34)$$

式中: $\beta_0 = \phi - \dfrac{\pi(\Delta f)^2}{\Delta k} + \theta_0$, ϕ 是一个等效相位。将相关累加值写成代数形式 $Z_0 = Z_{R0} + \mathrm{j}Z_{I0}$ (Z_{R0}, Z_{I0} 分别为其实部与虚部,且两者相互独立)。易知, Z_{R0}, Z_{I0} 分别服从高斯分布,其均值分别为 $\mathrm{E}(Z_{R0}) = \mu_{z_{R0}} \approx NA\cos\beta_0$, $\mathrm{E}(Z_{I0}) = \mu_{z_{I0}} \approx NA\sin\beta_0$, 方差为 $\mathrm{D}(Z_{R0}) = \mathrm{D}(Z_{I0}) = \mathrm{D}(Z_0)/2 = N\sigma^2 = \sigma_z^2$。显然, $|\mathrm{E}(Z_0)| = |s_0| = \sqrt{\mu_{z_{R0}}^2 + \mu_{z_{I0}}^2} \approx NA$。

在 H_1 假设下,根据所识别的调制方式结果对应的模型进行参数估计,并构造相应的参考信号:

$$y_1(n) = \exp\left\{-\mathrm{j}\left[2\pi\hat{f}_0 n\Delta t + \hat{\phi}(n)\right]\right\}, 0 \leqslant n \leqslant N-1 \qquad (6-35)$$

式中: $\hat{f}_0$ 与 $\hat{\phi}(n)$ 分别为 H_1 假设下载频与相位函数估计值。可能出现两种情况:

(1)调制方式识别错误:当 LFM 信号带宽较小或者信号受干扰发生畸变时,在接收端有可能将其判为常规信号或其他信号。以错识为常规信号为例,若用处理常规信号的办法来处理 LFM 信号,由于模型失配,参数估计的误差将变大。此时,将观测信号 $x(n)$ 与失配的参考信号 $y_1(n)$ 作相关累加,得到

$$Z_1 = \sum_{n=0}^{N-1} x(n)y_1(n) = \sum_{n=0}^{N-1}\left[s(n) + w(n)\right]y_1(n) = s_1 + w_1 \qquad (6-36)$$

其中

$$s_1 = \sum_{n=0}^{N-1} A\exp\left\{\mathrm{j}\left[2\pi n\Delta f\Delta t + \pi k(n\Delta t)^2 + \theta_0\right]\right\}$$

$$w_1 = \sum_{n=0}^{N-1} w(n)y_1(n) \qquad (6-37)$$

式中: s_1 为相关累加后的信号部分; w_1 为相关累加后的噪声分量。

类似地,将 H_1 假设下的相关累加值写成代数形式 $Z_1 = Z_{R1} + \mathrm{j}Z_{I1}$ (Z_{R1}, Z_{I1} 分别为其实部与虚部,两者相互独立)。 Z_{R1}, Z_{I1} 仍分别服从高斯分布,方差与 H_0 时相同, $\mathrm{D}_1(Z_{R1}) = \mathrm{D}_1(Z_{I1}) = \sigma_z^2$,但其均值与 H_0 时不同。若令 $\mathrm{E}(Z_{R1}) = \mu_{z_{R1}}$, $\mathrm{E}(Z_{I1}) =$

$\mu_{z_{I1}}$,则有

$$|\mathrm{E}(Z_1)| = |s_1| = \sqrt{\mu_{z_{R1}}^2 + \mu_{z_{I1}}^2} = A\left|\sum_{n=0}^{N-1}\exp(\mathrm{j}2\pi\Delta f_0 n\Delta t + \theta)\exp[\mathrm{j}\pi k(n\Delta t)^2]\right|$$

$$(6-38)$$

由于模型失配,式(6-38)中的频偏 Δf_0 将较大,加上 $\exp[\mathrm{j}\pi k(n\Delta t)^2]$ 项的影响,有 $|\mathrm{E}(Z_1)| < |\mathrm{E}(Z_0)|$ 成立。

(2)调制方式识别正确,但其他参数估计误差较大:在这种情形下,虽然调制方式识别正确,但可能由于调频系数估计误差大,起始频率估计误差较大,也将导致 $|\mathrm{E}(Z_1)| < |\mathrm{E}(Z_0)|$。

为了消除相位的影响,便于后续分析,定义随机量 $V_i = |Z_i|$,$i = 0,1$。在 H_0 假设下,当频率估计误差为 0 时,则 $V_0|_{\Delta f_0 = 0, \Delta k = 0}$ 服从 Rician 分布,其概率密度函数为[14]

$$p_{V_0}(v|\Delta f_0 = 0) = \begin{cases} \dfrac{v}{\sigma_z^2}\exp\left[-\dfrac{1}{2\sigma_z^2}(v^2 + \xi_0^2)\right]I_0\left(\dfrac{\xi_0 v}{\sigma_z^2}\right), & v \geqslant 0 \\ 0, & v < 0 \end{cases} \quad (6-39)$$

式中:$I_0(x)$ 为第一类零阶修正贝赛尔函数,$\xi_0 = NA$。显然,在 H_0 假设下,$\Delta f_0 \approx 0$,$\Delta k \approx 0$,则随机量 $V_0|_{\Delta f_0 = 0, \Delta k = 0}$ 的概率密度函数 $p_{V_0}(v|\Delta f_0 \approx 0, \Delta k \approx 0)$ 在 $\xi = \xi_0$ 附近进行一阶泰勒展开,得到

$$p_{V_0}(v|\Delta f_0 \approx 0, \Delta k \approx 0) = p_{V_0}(v|\Delta f_0 = 0, \Delta k = 0)$$
$$+ \frac{\partial p_{V_0}(v|\Delta f_0 = 0, \Delta k = 0)}{\partial \xi}\bigg|_{\xi = \xi_0}(\xi - \xi_0) \quad (6-40)$$

式中

$$\frac{\partial p_{V_0}(v|\Delta f = 0, \Delta k = 0)}{\partial \xi}\bigg|_{\xi = \xi_0} \approx \frac{v}{\sigma_z^4}\exp\left[-\frac{1}{2\sigma_z^2}(v^2 + \xi_0^2)\right]\left[vI_1\left(\frac{\xi_0 v}{\sigma_z^2}\right) - \xi_0 I_0\left(\frac{\xi_0 v}{\sigma_z^2}\right)\right], v > 0$$

$$(6-41)$$

式(6-41)中,$I_0(x)$ 为第一类零阶修正贝赛尔函数,$I_1(x)$ 为第一类一阶修正贝赛尔函数,且有 $I_0'(x) = I_1(x)$[15]。

当 $x \gg 1$ 时,有[7]

$$I_1(x) \approx \frac{\mathrm{e}^x}{\sqrt{2\pi x}}\mathrm{e}^{\frac{1}{2x}} \approx \frac{\mathrm{e}^x}{\sqrt{2\pi x}}\left(1 - \frac{1}{2x}\right) \approx \frac{\mathrm{e}^x}{\sqrt{2\pi x}} \approx I_0(x) \quad (6-42)$$

于是,式(6-41)可写为

150

$$\frac{\partial p_{V_0}(v \mid \Delta f = 0, \Delta k = 0)}{\partial \xi} \bigg|_{\xi = \xi_0} \approx \frac{v}{\sigma_z^4} \exp\left[-\frac{1}{2\sigma_z^2}(v^2 + \xi_0^2) \right] I_0\left(\frac{\xi_0 v}{\sigma_z^2}\right)(v - \xi_0)$$

$$= \frac{v}{\sigma_z^2} \exp\left[-\frac{1}{2\sigma_z^2}(v^2 + \xi_0^2) \right] I_0\left(\frac{\xi_0 v}{\sigma_z^2}\right)\frac{(v - \xi_0)}{\sigma_z^2}$$

$$= p_{V_0}(v \mid \Delta f = 0, \Delta k = 0)\frac{(v - \xi_0)}{\sigma_z^2} \qquad (6-43)$$

当 $\frac{\xi_0 v}{\sigma_z^2} \gg 1$，即高信噪比条件下，$p_{V_0}(v \mid \Delta f = 0, \Delta k = 0)$ 在 $v = \xi_0$ 附近近似服从高斯分布，且有 $E(v) \approx \xi_0^{[16]}$，于是式(6-40)可写为

$$p_{V_0}(v \mid \Delta f_0 \approx 0, \Delta k \approx 0) = p_{V_0}(v \mid \Delta f_0 = 0, \Delta k = 0)$$

$$+ p_{V_0}(v \mid \Delta f_0 = 0, \Delta k = 0)\frac{(v - \xi_0)}{\sigma_z^2}(\xi - \xi_0)$$

$$= p_{V_0}(v \mid \Delta f_0 = 0, \Delta k = 0)\left[1 + \frac{(v - \xi_0)}{\sigma_z^2}(\xi - \xi_0) \right]$$

$$\approx p_{V_0}(v \mid \Delta f_0 = 0, \Delta k = 0) \qquad (6-44)$$

为了书写方便，记 $p_{V_0}(v \mid \Delta f \approx 0, \Delta k \approx 0)$ 为 $p_{V_0}(v)$。相应地，在 H_1 假设下有 $\xi_1^2 = (\mu_{z_{R1}}^2 + \mu_{z_{I1}}^2)$，随机量 V_1 的概率密度函数可写为

$$p_{V_1}(v) = \begin{cases} \frac{v}{\sigma_z^2} \exp\left[-\frac{1}{2\sigma_z^2}(v^2 + \xi_1^2) \right] I_0\left(\frac{\xi_1 v}{\sigma_z^2}\right), & v \geq 0 \\ 0, & v < 0 \end{cases} \qquad (6-45)$$

由前述分析可知 $\xi_1 < \xi_0$，但由于 H_1 假设的情况不唯一，ξ_1 很难解析确定。

6.3.3 算法描述

图 6-10 所示为统计量 V_i 在不同假设下的统计直方图及拟合图(信噪比为 3dB)。由图可知，在不同假设下统计的概率分布存在较大差异。于是式(6-3)的假设检验问题可转化为如下参数检验问题：

$$\begin{cases} H_0: \xi = \xi_0 \approx NA \Rightarrow \text{识别正确参数估计精度较高} \\ H_1: \xi = \xi_1 < \xi_0 \Rightarrow \text{识别错误或参数估计误差大} \end{cases} \qquad (6-46)$$

但必须注意到在备择假设 H_1 下可能的情况较多，很难确切解析表达其参数 ξ_1。

根据 N-P 准则，若

$$\frac{p_{V_1}(v)}{p_{V_0}(v)} \geqslant \gamma, 则判 H_1 \qquad (6-47)$$

将式(6-39)、式(6-45)代入式(6-47),得

$$\frac{p_{V_1}(v)}{p_{V_0}(v)} = \frac{\dfrac{v}{\sigma_z^2}\exp\left[-\dfrac{1}{2\sigma_z^2}(v^2+\xi_1^2)\right]I_0\left(\dfrac{\xi_1 v}{\sigma_z^2}\right)}{\dfrac{v}{\sigma_z^2}\exp\left[-\dfrac{1}{2\sigma_z^2}(v^2+\xi_0^2)\right]I_0\left(\dfrac{\xi_0 v}{\sigma_z^2}\right)} \geqslant \gamma, 判 H_1 \qquad (6-48)$$

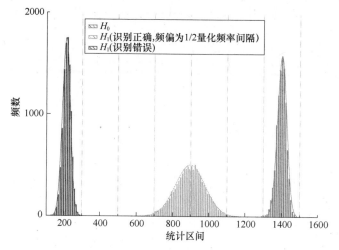

图 6-10　统计量 V_i 在不同假设下的统计直方图及拟合图

考虑到,相关累加至最后一点,信噪比增益最高,有 $\dfrac{\xi_i v}{\sigma_z^2} \gg 1$,于是[14]

$$I_0\left(\frac{\xi_i v}{\sigma_z^2}\right) \approx \frac{\mathrm{e}^{\frac{\xi_i v}{\sigma_z^2}}}{\sqrt{2\pi \dfrac{\xi_i v}{\sigma_z^2}}} \qquad (6-49)$$

将式(6-48)代入式(6-49),整理得

$$\begin{aligned}
\frac{p_{V_1}(v)}{p_{V_0}(v)} &= \frac{\dfrac{v}{\sigma_z^2}\exp\left[-\dfrac{1}{2\sigma_z^2}(v^2+\xi_1^2)\right]I_0\left(\dfrac{\xi_1 v}{\sigma_z^2}\right)}{\dfrac{v}{\sigma_z^2}\exp\left[-\dfrac{1}{2\sigma_z^2}(v^2+\xi_0^2)\right]I_0\left(\dfrac{\xi_0 v}{\sigma_z^2}\right)} \\
&= \exp\left[\frac{\xi_0^2-\xi_1^2}{2\sigma_z^2}\right]\exp\left[\frac{(\xi_1-\xi_0)v}{\sigma_z^2}\right]\sqrt{\frac{\xi_0}{\xi_1}} \geqslant \gamma, 判 H_1 \qquad (6-50)
\end{aligned}$$

由于在 H_1 假设下,有 $\xi_1<\xi_0$,从而 $\exp\left[\dfrac{\xi_0^2-\xi_1^2}{2\sigma_z^2}\right]>1$,$\sqrt{\dfrac{\xi_0}{\xi_1}}>1$,式(6-50)变为

$$\exp\left[\frac{(\xi_1 - \xi_0)v}{\sigma_z^2}\right] \geq \gamma \sqrt{\frac{\xi_1}{\xi_0}} \exp\left[-\frac{\xi_0^2 - \xi_1^2}{2\sigma_z^2}\right] \qquad (6-51)$$

再对式(6-51)两边取对数,得

$$(\xi_1 - \xi_0)v \geq \gamma_1, \text{判 } H_1 \qquad (6-52)$$

式中:$\gamma_1 = \sigma_z^2(\ln\gamma + \ln\sqrt{\xi_1/\xi_0}) + (\xi_1^2 - \xi_0^2)/2$。考虑到在 H_1 假设下,$\xi_1 - \xi_0 < 0$,式 (6-52)等价为

$$v \leq \gamma_2, \text{判 } H_1 \qquad (6-53)$$

根据 N-P 准则,在给定的虚警概率 P_f 下,由下式确定门限 γ_2:

$$P\{v \leq \gamma_2; H_0\} = P_f \qquad (6-54)$$

有

$$P\{v \leq \gamma_2; H_0\} = \int_0^{\gamma_2} p_{V_0}(v)\mathrm{d}v = 1 - Q_{\chi'^2_2(\xi_0)}(\gamma_2^2/\sigma_z^2) \qquad (6-55)$$

式中:$Q_{\chi'^2_2(\xi_0)}(x) = \int_x^\infty p(x)\mathrm{d}x$,其中 $p(x)$ 为自由度为 2,非中心参量为 ξ_0 的非中心 chi 方分布的概率密度函数。通过计算逆概率可确定门限为[17]

$$\gamma_2 = Q_{\chi'^2_2(\xi_0)}^{-1}(1 - P_f) \approx Q_{\chi'^2_2(2\text{NSNR})}^{-1}(1 - P_f) \qquad (6-56)$$

式中:$Q_{\chi'^2_2(\xi_0)}^{-1}(1 - P_f)$ 为自由度为 2,非中心参量为 ξ_0 的逆非中心 chi 方累积分布函数。

考虑到在 H_0 假设下,相关累加至最后一点,信噪比增益最大,故 $\frac{\xi_0 v}{\sigma_z^2} \gg 1$,从而 $I_0\left(\frac{\xi_0 v}{\sigma_z^2}\right) \approx \exp\left(\frac{\xi_0 v}{\sigma_z^2}\right) \Big/ \sqrt{2\pi\frac{\xi_0 v}{\sigma_z^2}}$[14],有

$$p_{V_0}(v) \approx \frac{v}{\sqrt{2\pi\xi_0 v}\sigma_z}\exp\left[-\frac{(v - \xi_0)^2}{2\sigma_z^2}\right] \approx \frac{1}{\sqrt{2\pi}\sigma_z}\exp\left[-\frac{(v - \xi_0)^2}{2\sigma_z^2}\right] \qquad (6-57)$$

式中用到在高信噪比条件下,$v \approx \xi_0$[16]。由式(6-57)可知,信噪比较高时(文献 [18]认为 $\xi_0/\sigma_z > 3$,约为 4.77dB 时,Rician 分布近似服从高斯分布),V_0 近似服从均值为 ξ_0,方差为 σ_z^2 的高斯分布,则 $\frac{V_0 - \xi_0}{\sigma_z}$ 近似服从 $N(0,1)$ 标准正态分布。可知在 H_0 假设下 v 近似服从均值为 ξ_0,方差为 σ_z^2 的高斯分布,故 $\frac{v - \xi_0}{\sigma_z}$ 近似服从 $N(0, 1)$ 标准正态分布,从而有

$$P\left\{\frac{v}{\sigma_z} - \sqrt{2\text{NSNR}} \leq \gamma_3 \mid H_0\right\} = P\{T_0 \leq \gamma_3 \mid H_0\} \approx 1 - \Phi(\gamma_3) \qquad (6-58)$$

式中：$\varPhi(x) = \dfrac{1}{\sqrt{2\pi}}\displaystyle\int_{-\infty}^{x} e^{-\frac{t^2}{2}}dt$ 为标准正态分布的分布函数,通过计算标准正态分布逆概率可得到近似的门限：

$$\gamma_3 = \varPhi^{-1}(1 - P_f) \tag{6-59}$$

式中：$\varPhi^{-1}(x)$ 为逆标准正态累积分布函数。图6-11所示为线性调频信号在信噪比3dB时,利用N-P法构建的盲分析结果可信性检验统计量 T_0 在两种不同假设下的1000次观测值及其相应门限的示意图。仿真中虚警概率 $P_f = 0.001$。所构建的统计量在一定信噪比下都能较好地体现不同假设下观测信号与参考信号的相关性差异,所选门限在一定条件下也能够有效区分这些差异。

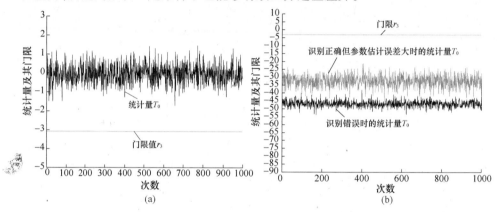

图6-11　线性调频信号盲分析结果可信性检验的统计量及其门限(N-P法)
(a) H_0 假设；(b) H_1 假设(错识为NS信号)。

本节所提出的基于N-P检验的LFM信号盲分析结果可信性检验算法总结如下：

(1) 参数估计与参考信号建立：根据对应的识别结果的信号模型估计参数,构建参考信号。

(2) 统计量构造：构造统计量 $T_0 = \dfrac{v}{\sigma_z} - \sqrt{2N\mathrm{SNR}}$。

(3) 统计判决：设定虚警概率为 P_f,根据式(6-59)计算出判决门限 γ_3。若 $T_0 \leqslant \gamma_3$,则判 H_1 成立,否则 H_0 成立。

6.4　性能仿真与分析

假设接收到的观测信号 $x(n)$ 为被加性高斯白噪声污染的LFM信号。仿真中采样频率为100MHz,线性调频信号参数估计利用DPT算法,所用脉内调制识别算法为文献[19]的方法，每种条件下各做1000次蒙特卡罗仿真。本节中：n_{00}表示实际假设为H_0，利用检验算法判为H_0的次数，也就是调制方式识别正确且参数估计较准，利用检验统计量根据门限判决认为识别正确且参数估计较准的次数；n_{01}表示实际假设为H_0，但利用检验算法判为H_1的次数；n_{10}表示实际假设为H_1，但利用检验算法判为H_0的次数；n_{11}表示实际假设为H_1，利用检验算法判为H_1的次数。两类错误概率$P_e = (n_{10} + n_{01})/1000$，此处，定义第一类错误为实际假设为$H_0$，但利用检验算法判为$H_1$；第二类错误为实际假设为$H_1$，但利用检验算法判为$H_0$。当$n_{11} + n_{10} \neq 0$时，检错率$P_d = n_{11}/(n_{11} + n_{10})$。

6.4.1 信噪比及门限对检验性能的影响

表6-2和表6-3所列为分别利用循环平稳分析法（记为CYC）及N-P法对LFM信号盲分析结果可信性进行检验的统计性能。设定LFM信号起始频率为19.8MHz，调频系数0.05MHz/μs，信号样本点数1024点时，由表6-2和表6-3可得以下两点结论：

（1）在适度信噪比范围内，门限选择合适时，2种算法均可有效完成对LFM信号盲分析结果可信性检验。相较而言，CYC法在低信噪比条件下优于N-P法。

（2）在相同信噪比条件下，2种算法对LFM信号调制识别结果可信性检验的性能受门限选择的影响。无论门限（或虚警概率）如何选择，都无法使两类错误概率同时达到最小，仍应根据实际情况对门限做出折中选择。

表6-2 不同虚警概率时LFM信号盲分析结果可信性检验的性能（CYC法）

SNR/dB	P_f	n_{00}	n_{01}	n_{11}	n_{10}	P_e	P_d
3	1×10^{-4}	999	0	1	0	0	1
	1×10^{-5}	999	0	1	0	0	1
	1×10^{-6}	999	0	1	0	0	1
0	1×10^{-4}	999	0	1	0	0	1
	1×10^{-5}	999	0	1	0	0	1
	1×10^{-6}	999	0	1	0	0	1
-3	1×10^{-4}	941	1	52	6	0.007	0.897
	1×10^{-5}	941	1	52	6	0.007	0.897
	1×10^{-6}	941	1	52	6	0.007	0.897
-6	1×10^{-4}	70	0	922	8	0.008	0.991
	1×10^{-5}	70	0	923	7	0.007	0.992
	1×10^{-6}	70	0	923	7	0.007	0.992
-9	1×10^{-4}	0	0	1000	0	0	1
	1×10^{-5}	0	0	1000	0	0	1
	1×10^{-6}	0	0	1000	0	0	1

SNR/dB	P_f	n_{00}	n_{01}	n_{11}	n_{10}	P_e	P_d
-12	1×10^{-4}	0	0	996	4	0.004	0.996
	1×10^{-5}	0	0	999	1	0.001	0.999
	1×10^{-6}	0	0	1000	0	0	1
-15	1×10^{-4}	0	0	999	1	0.001	0.999
	1×10^{-5}	0	0	1000	0	0	1
	1×10^{-6}	0	0	1000	0	0	1
-18	1×10^{-4}	0	0	1000	0	0	1
	1×10^{-5}	0	0	1000	0	0	1
	1×10^{-6}	0	0	1000	0	0	1

表 6-3　不同虚警概率时 LFM 信号盲分析结果可信性检验的性能（N-P 法）

SNR/dB	P_f	n_{00}	n_{01}	n_{11}	n_{10}	P_e	P_d
3	1×10^{-4}	1000	0	0	0	0	—
	1×10^{-5}	1000	0	0	0	0	—
	1×10^{-6}	1000	0	0	0	0	—
0	1×10^{-4}	999	0	1	0	0	1
	1×10^{-5}	999	0	1	0	0	1
	1×10^{-6}	999	0	1	0	0	1
-3	1×10^{-4}	999	0	1	0	0	1
	1×10^{-5}	999	0	1	0	0	1
	1×10^{-6}	999	0	1	0	0	1
-6	1×10^{-4}	942	0	42	16	0.016	0.724
	1×10^{-5}	942	0	42	16	0.016	0.724
	1×10^{-6}	942	0	42	16	0.016	0.724
-9	1×10^{-4}	70	0	916	14	0.014	0.985
	1×10^{-5}	70	0	916	14	0.014	0.985
	1×10^{-6}	70	0	916	14	0.014	0.985
-12	1×10^{-4}	0	0	1000	0	0.000	1
	1×10^{-5}	0	0	1000	0	0.000	1
	1×10^{-6}	0	0	992	8	0.008	0.992
-15	1×10^{-4}	0	0	382	618	0.618	0.382
	1×10^{-5}	0	0	186	814	0.814	0.186
	1×10^{-6}	0	0	114	886	0.886	0.114
-18	1×10^{-4}	0	0	12	988	0.988	0.012
	1×10^{-5}	0	0	2	998	0.998	0.002
	1×10^{-6}	0	0	0	1000	1	0.000

6.4.2　信号参数变化对检验性能的影响

1. 起始频率变化的影响

表 6-4 和表 6-5 所列为设定 LFM 信号调频系数取 0.05MHz/μs，信号样本点数取 2000 点，起始频率分别为 19.8MHz、20.8MHz、21.8MHz，分别利用 CYC 法及 N-P 法对 LFM 信号盲分析结果进行可信性检验的统计性能。虚警概率 P_f 取 0.00001。由表 6-4 和表 6-5 可知，2 种方法对 LFM 信号分析结果可信性检验的性能基本不受起始频率变化的影响，具有一定的韧性。

表 6-4　不同起始频率时 LFM 信号盲分析结果可信性检验的性能（CYC 法）

SNR/dB	f_0/MHz	n_{00}	n_{01}	n_{11}	n_{10}	P_e	P_d
3	19.8	1000	0	0	0	0	—
	20.8	1000	0	0	0	0	—
	21.8	1000	0	0	0	0	—
0	19.8	998	0	2	0	0	1
	20.8	1000	0	0	0	0	—
	21.8	1000	0	0	0	0	—
-3	19.8	1000	0	0	0	0	—
	20.8	996	0	4	0	0	1
	21.8	998	0	1	1	0.001	0.500
-6	19.8	960	1	32	7	0.008	0.821
	20.8	945	2	45	8	0.010	0.849
	21.8	940	0	48	12	0.012	0.800
-9	19.8	78	1	911	10	0.011	0.989
	20.8	61	2	928	9	0.011	0.990
	21.8	75	0	920	5	0.005	0.995
-12	19.8	0	0	998	2	0.002	0.998
	20.8	0	0	999	1	0.001	0.999
	21.8	0	0	997	3	0.003	0.997
-15	19.8	0	0	995	5	0.005	0.995
	20.8	0	0	997	3	0.003	0.997
	21.8	0	0	997	3	0.003	0.997
-18	19.8	0	0	997	3	0.003	0.997
	20.8	0	0	1000	0	0	1.000
	21.8	0	0	993	7	0.007	0.993

表 6-5　不同起始频率时 LFM 信号盲分析结果可信性检验的性能(N-P 法)

SNR/dB	f_0/MHz	n_{00}	n_{01}	n_{11}	n_{10}	P_e	P_d
3	19.8	1000	0	0	0	0	—
	20.8	1000	0	0	0	0	—
	21.8	1000	0	0	0	0	—
0	19.8	998	0	2	0	0	1
	20.8	1000	0	0	0	0	—
	21.8	1000	0	0	0	0	—
-3	19.8	1000	0	0	0	0	—
	20.8	996	0	4	0	0	1
	21.8	998	0	1	1	0.001	0.500
-6	19.8	961	0	27	12	0.012	0.692
	20.8	947	0	40	13	0.013	0.755
	21.8	940	0	42	18	0.018	0.700
-9	19.8	79	0	902	19	0.019	0.979
	20.8	62	1	918	19	0.020	0.980
	21.8	75	0	908	17	0.017	0.982
-12	19.8	0	0	1000	0	0	1
	20.8	0	0	1000	0	0	1
	21.8	0	0	1000	0	0	1
-15	19.8	0	0	380	620	0.620	0.380
	20.8	0	0	360	640	0.640	0.360
	21.8	0	0	375	625	0.625	0.375
-18	19.8	0	0	11	989	0.989	0.011
	20.8	0	0	10	990	0.990	0.010
	21.8	0	0	15	985	0.985	0.015

2. 调频系数变化的影响

表 6-7 和表 6-8 所列为设定 LFM 信号起始频率为 19.8MHz,,信号样本点数 1024 点,调频系数分别取 0.1MHz/μs、0.15MHz/μs、0.2MHz/μs,初相为 π/6 时,分别利用 CYC 法及 N-P 方法对 LFM 信号盲分析结果进行可信性检验的统计性能。虚警概率 P_f 取 0.00001。由表 6-6 和表 6-7 可知,信噪比适度时,2 种算法的检测性能基本不受调频系数变化的影响。

表 6-6　不同调频系数时 LFM 信号盲分析结果可信性检验的性能(CYC)

SNR/dB	k/(MHz/μs)	n_{00}	n_{01}	n_{11}	n_{10}	P_e	P_d
3	0.1	1000	0	0	0	0	—
	0.15	1000	0	0	0	0	—
	0.2	1000	0	0	0	0	—

SNR/dB	$k/(\text{MHz}/\mu s)$	n_{00}	n_{01}	n_{11}	n_{10}	P_e	P_d
0	0.1	999	0	1	0	0	—
	0.15	998	0	2	0	0	—
	0.2	999	0	1	0	0	—
−3	0.1	998	0	2	0	0	—
	0.15	1000	0	0	0	0	—
	0.2	997	0	3	0	0	—
−6	0.1	913	0	71	16	0.016	1
	0.15	945	2	38	15	0.017	0.816
	0.2	879	1	107	13	0.014	0.717
−9	0.1	57	0	942	1	0.001	0.892
	0.15	81	1	912	6	0.007	0.999
	0.2	43	0	953	4	0.004	0.993
−12	0.1	0	0	1000	0	0	0.996
	0.15	0	0	1000	0	0	1
	0.2	0	0	997	3	0.003	1
−15	0.1	0	0	997	3	0.003	0.997
	0.15	0	0	997	3	0.003	0.997
	0.2	0	0	997	3	0.003	0.997
−18	0.1	0	0	996	4	0.004	0.997
	0.15	0	0	997	3	0.003	0.996
	0.2	0	0	998	2	0.002	0.997

表 6-7　不同调频系数时 LFM 信号盲分析结果可信性检验的性能（N-P 法）

SNR/dB	$k/(\text{MHz}/\mu s)$	n_{00}	n_{01}	n_{11}	n_{10}	P_e	P_d
3	0.1	1000	0	0	0	0	—
	0.15	1000	0	0	0	0	—
	0.2	1000	0	0	0	0	—
0	0.1	999	0	1	0	0	1
	0.15	998	0	2	0	0	1
	0.2	999	0	1	0	0	1
−3	0.1	998	0	2	0	0	1
	0.15	1000	0	0	0	0	/
	0.2	997	0	3	0	0	1
−6	0.1	913	0	48	39	0.039	0.552
	0.15	947	0	32	21	0.021	0.604
	0.2	880	0	91	29	0.029	0.758

SNR/dB	$k/(\text{MHz}/\mu\text{s})$	n_{00}	n_{01}	n_{11}	n_{10}	P_e	P_d
-9	0.1	57	0	930	13	0.013	0.986
	0.15	82	0	905	13	0.013	0.986
	0.2	43	0	942	15	0.015	0.984
-12	0.1	0	0	999	1	0.001	0.999
	0.15	0	0	1000	0	0	1
	0.2	0	0	1000	0	0	1
-15	0.1	0	0	348	652	0.652	0.348
	0.15	0	0	396	604	0.604	0.396
	0.2	0	0	380	620	0.62	0.380
-18	0.1	0	0	9	991	0.991	0.009
	0.15	0	0	15	985	0.985	0.015
	0.2	0	0	16	984	0.984	0.016

6.4.3 算法的性能对比

设定虚警概率为 0.000001,分别采用本章介绍的 N - P 法和 CYC 法进行性能仿真分析,结果对比如表 6 - 8 所列。由表可知,CYC 方法在信噪比大于 - 12dB 时,其性能与 N - P 法相差较小,但低信噪比时,其性能明显优于 N - P 法。如信噪比为 - 15dB 时,用 DPT 方法对 LFM 信号进行处理,1000 次仿真均为不可信处理情形,CYC 方法的检错率达 99.5% ,两类错误概率为 0.5% ,而 N - P 法此时基本失效。此外,CYC 方法的统计量与门限确定均无需对信号的幅度、噪声方差或信噪比进行估计,而 N - P 法必须事先对这些信息进行估计,从而影响了算法本身的韧性与复杂度。

表 6 - 8 两种算法的性能对比

SNR/dB	算法	n_{00}	n_{01}	n_{11}	n_{10}	P_e	P_d
3	CYC	1000	0	0	0	0	—
	N - P	1000	0	0	0	0	—
0	CYC	998	0	2	0	0	1
	N - P	998	0	2	0	0	1
-3	CYC	1000	0	0	0	0	—
	N - P	1000	0	0	0	0	—
-6	CYC	960	1	32	7	0.008	0.821
	N - P	961	0	27	12	0.012	0.692
-9	CYC	78	1	911	10	0.011	0.989
	N - P	79	0	902	19	0.019	0.979

SNR/dB	算法	n_{00}	n_{01}	n_{11}	n_{10}	P_e	P_d
-12	CYC	0	0	998	2	0.002	0.998
	N-P	0	0	1000	0	0	1
-15	CYC	0	0	995	5	0.005	0.995
	N-P	0	0	380	620	0.62	0.380
-18	CYC	0	0	997	3	0.003	0.997
	N-P	0	0	11	989	0.989	0.011

6.4.4　算法的复杂度分析

本节对算法复杂度分析的基本依据是,一次复数乘法需要6次浮点运算,一次复加需要2次浮点运算[14]。根据6.2节与6.3节的推导与分析过程,分别将两种算法中主要处理环节的运算量分析如下:

1. 循环平稳分析法

本算法主要环节如下:

(1) 相关运算:需 N 次复乘运算。

(2) 相关谱计算:假设观测信号及构造的参考信号长度均为 N,两者相关后做1次FFT,需要 $0.5N\text{lb}N$ 次复乘, $N\text{lb}N$ 次复加。

(3) 统计量计算:运算量可以忽略不计,因为 $\Gamma_z^\alpha(0) = N\hat{M}_z(0)\hat{\Sigma}_z^{-1}\hat{M}_z'(0)$ 中, $\hat{\Sigma}_z^{-1}$ 是一个 2×2 的方阵, $\hat{M}_z(0)$ 是一个 1×2 的向量,维度均不大。

2. N-P检验法

本算法的主要环节如下:

(1) 相关累加:假设观测信号及构造的参考信号长度均为 N,则做相关累加运算需 N 次复乘及 $N-1$ 次复加;取模运算需要 $2N$ 次实乘(折合为 $N/2$ 次复乘), N 次实加(折合为 $N/2$ 次复加),这样相关累加运算总的浮点运算次数近似为 $12N-2$。此外,取模时还要做开方运算,开方运算通过调用内置函数或IP核来进行,计算时一般通过泰勒级数展开实现,具体的运算量根据不同的精度要求而变化,较难精确得到。

(2) 统计量计算:统计量的计算除了要计算参考信号与观测信号相关累加值之外,还要估计信噪比及噪声方差。若用二阶四阶矩法来估计信噪比及噪声方差,计算二阶矩估计值时约需 $2N$ 次实乘(折合为 $N/2$ 次复乘), $2N-1$ 次实加(折合为 $(2N-1)/2$ 次复加),计算四阶矩估计值时也需 $2N$ 次实乘(折合为 $N/2$ 次复乘), $2N-1$ 次实加(折合为 $(2N-1)/2$ 次复加)。因此,此时共需的浮点运算次数为 $12N-3$。

综上可知,循环平稳分析法共需约 $N+0.5N\text{lb}N$ 次复乘, $N\text{lb}N$ 次复加,相应地

浮点运算次数约为 $6N+5N\mathrm{lb}N$, 其时间复杂度阶数为 $O(N\mathrm{lb}N)$; N–P 检验法的主要环节所需的浮点运算次数约为 $24N-5$, 算法的时间复杂度也是 $O(N)$ 阶。这就意味着用现有的 FPGA 或微处理器在工程上是可以实现的。

6.5　本 章 小 结

本章针对 LFM 信号的盲分析结果可信性检验问题,分别从频域、时域两个角度提出了 2 种可信性检验方法。频域法,利用不同可信性假设下,接收信号与参考信号的相关序列的频谱是否在零频率附近存在循环频率,实现对 LFM 信号盲分析结果的可信性评估。时域法,则利用不同可信性假设下,接收信号与参考信号相关累加模值的概率分布差异来实现对 LFM 信号盲分析结果的可信性检验。最后,在不同条件下,对 2 种方法的性能进行了大量的仿真。结果表明,2 种方法在其各自的应用场合下均可不同程度地完成对信号盲分析结果的可信性检验,算法性能受信号参数的变化影响较小,具有一定的韧性。需要指出的是频域法不需要对接收信号的噪声方差、幅度及信噪比进行估计,且在低信噪比条件下性能更好,但其计算复杂度也略高。

参 考 文 献

[1] Pucker L. Review of Contemporary Spectrum Sensing Technologies(For. IEEE – SA P1900.6 Standards Group) [S/OL]. [2009 – 7 – 26]. http://grouper. ieee. org/groups/scc41/6/documents/white_papers/P1900.6_Sensor_Survey. pdf.

[2] Wei Su, Kosinski J A,Yu M. Dual – use of modulation recognition techniques for digital communication signals [C]. Binghamton:Proceedings of the Systems, Applications and Technology Conference, 2006:1 – 6.

[3] Fehske A, Gaeddert J, Reed J H. A new approach to signal classification using spectral correlation and neural networks[C]. Baltimore:Proceedings of the First IEEE International Symposium on New Frontiers in Dynamic Spectrum Access Networks, 2005:144 – 150.

[4] Lin W S, Liu K J R. Modulation forensics for wireless digital communications[C]. Las Vegas:Proceedings of the 2008 IEEE International Conference on Acoustics, Speech and Signal Processing, 2008:1789 – 1792.

[5] 胡国兵, 刘渝. BPSK 信号盲处理结果的可靠性检验算法研究[J]. 数据采集与处理, 2011,26(6): 637 – 642.

[6] Levanon N, Mozeson E. Radar signals[M]. Hoboken:John Wiley & Sons,2004.

[7] Richard G. ELINT:the interception and analysis of radar signals[M]. 2nd ed. Dedham:Artech House, 2006.

[8] Peleg S, Porat B. Linear FM signal parameter estimation from discrete – time observations[J]. IEEE Transactions on Aerospace and Electronic Systems, 1991, 27(7):607 – 615.

[9] Dandawate A V, Giannakis G B. Statistical tests for presence of cyclostationarity[J]. IEEE Transactions on Signal Processing, 1994,42(9):2355 – 2369.

[10] Dobre O A, Rajan S, Inkol R. Joint signal detection and classification based on first – order cyclostationarity

for cognitive radios[J]. EURASIP Journal on Advances in Signal Processing, 2008,2009(1):1:12.

[11] Dobre O A, Oner M, Rajan S, et al. Cyclostationarity – based robust algorithms for QAM signal identification [J]. IEEE communications letters, 2012,16(1):12 – 15.

[12] Rao C R. Linear statistical inference and its applications [M]. New York:Wiley, 1973.

[13] 胡国兵. 雷达信号调制识别相关技术研究[D]. 南京:南京航空航天大学, 2011.

[14] Robert N M,Whalen A D. Detection of signals in noise [M]. 2nd ed. San Diego:Academic Press, 1995.

[15] Clarke K K, Hess D T. Communication circuits:analysis and design [M]. Reading:Addison – Wesley, 1971.

[16] Wilfried G, Roberto L V, Mosquera C. Cramér – Rao lower bound and EM algorithm for envelope – based SNR estimation of nonconstant modulus constellations[J]. IEEE Transactions on Communications, 2009,57(6): 1622 – 1627.

[17] Kay S M. Fundamentals of statistical signal processing, volume I:estimation theory [M]. Englewood Cliffs: PTR Prentice Hall, 1993.

[18] Sijbers J. Signal and noise estimation from magnetic resonance images[D]. Antwerpen:Universitaire Instelling Antwerpen,1998.

[19] 胡国兵, 刘渝. 基于正弦波抽取的雷达脉内调制识别[J]. 计算机工程, 2010,36(13):21 – 23.

第7章　BPSK 信号盲分析结果的可信性评估

7.1　引　　言

BPSK 信号是雷达及认知无线电中常用的相位调制样式,其参数主要包括载频、子码宽度、码字等。若用前述处理线性调频信号的 N – P 检验法对 BPSK 信号盲分析结果的可信性进行评估,由于各种参数估计误差的存在与积累,较难得到统计量(相关累加值的变换)在零假设下的数字特征、概率分布参数近似值。因此,不能直接适用于 BPSK 信号情形,本章将研究新的适用于 BPSK 信号盲分析结果的可信性检验方法。

BPSK 信号的盲分析过程由调制方式识别、载频估计、码元宽度估计和解码等环节构成。显然,正确解码的前提是调制方式识别正确,且解码前所需的其他信号参数(如信号的载波频率、子码宽度等)估计值较为准确。为此,可将 BPSK 信号盲分析结果的可信性检验归结为如下假设检验问题:

$$\begin{cases} H_0:调制识别结果正确且无解码错误 \\ H_1:调制识别结果错误或存在解码错误 \end{cases}$$

基本思路仍是根据观测信号样本确定一个能反映 2 种假设下差异的检验统计量及相应的规则,决定选择上述哪一种假设。

针对该问题,文献[1]给出一种基于相关系数检验的 BPSK 信号盲分析结果可信性评估方法。先根据调制识别结果对应的模型进行参数估计、构造参考信号,并将参考信号与接收信号进行相关累加,提取相关累加模值序列曲线,作线性回归,然后对拟合系数进行回归分析。图 7 – 1 所示为对 BPSK 信号相关累加模值曲线进行拟合分析的仿真统计结果(仿真次数为 200,信噪比 3dB,BPSK 信号参数:载频 20MHz,码元宽度 0.5 ~ 1μs,码序列为 13bit 巴克码)。由图 7 – 1(a)可知,全相关系数明显分成两部分,一部分基本接近 1,还有一部分在 0.8 ~ 0.9 之间。由图 7 – 1(b)可知一次项偏相关系数十分接近 1 的部分就是调制方式识别正确的结果,而较小的部分就是调制方式识别错误或者解码错误过多的结果。根据偏相关系数的定义,较大的偏相关系数表明该分量在回归方程中的作用显著。因此,可以通过对相关累加模值曲线进行线性回归,对拟合系数进行回归分析,以一次项的偏相关系数为衡量指标,设定门限为 0.9,大于此门限则判为 H_0(调制方式识别正确且解码无误),否则判为 H_1。该方法为本章新算法的研究提供了借鉴,但缺乏较为严格的统计分析。

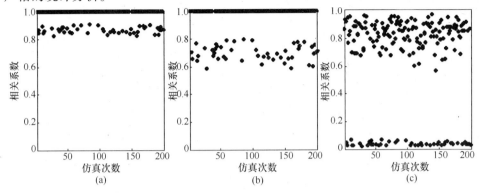

图 7 – 1   BPSK 调制方式识别的曲线拟合回归分析

(a) 全相关系数;(b) 一次项的偏相关系数;(c) 常数项的偏相关系数。

本章将针对 BPSK 信号盲分析结果的可信性检验中由于信号参数较多,各参数估计误差的分析及其与解码性能之间的关联较难进行解析确定的问题,分别以参考信号与观测信号之间相关累加模值序列及相关运算的相位序列为依据,对不同假设下的统计特征进行分析,提出基于线性回归(Linear Regression,LR)失拟检验法、相位分布拟合检验法及自助法(Bootstrap 法)3 种 BPSK 信号盲分析结果可信性检验算法。上述方法均无需对所选择检验特征量统计的概率分布或数字特征进行精确确定,因而为 BPSK 信号盲分析结果的可信性评估提供了有效的解决方案。

7.2   基于线性回归失拟检验的 BPSK 信号盲分析结果可信性检验

7.2.1   线性回归失拟检验

根据文献[2],对于给定的成对观测数据(x_i, y_i), $i = 1, \cdots, N$,选择简单线性模型如下:

$$y_i = b_1 x_i + b_0 + e_i, i = 1, 2, \cdots, N \tag{7-1}$$

式中:e_i 为随机误差;b_1、b_0 为回归系数。用最小二乘法对回归系数 b_1、b_0 进行估计,并得到回归方程如下:

$$\hat{y}_i = \hat{b}_1 x_i + \hat{b}_0, i = 1, 2, \cdots, N$$

称$\hat{e}_i = y_i - \hat{y}_i (i = 1, 2, \cdots, N)$为在 x_i 处的残差,残差平方和定义为 $\mathrm{SSE} = \sum\limits_{i=1}^{N} \hat{e}_i^2$。在

165

线性回归分析中,失拟与否体现了回归方程采用简单线性模型的合适与否。对于线性回归的失拟性检验,可分为有重复样本与无重复样本2种情形。关于有重复样本的检验方法请参阅文献[3]。考虑到本章应用的实际条件,仅将无重复样本时的算法简述如下。

(1) 对观测样本(x_i, y_i),$i = 1, 2, \cdots, N$进行聚类,假定聚为c类,每一类的样本数为N_i,分别定义模型:

$$\begin{cases} A: y_{ij} = x_{ij}b_1 + b_0 + e_{ij} \\ B: y_{ij} = \bar{x}_i b_1 + b_0 + e_{ij} \\ C: y_{ij} = \mu_0 + e_{ij} \end{cases} \qquad (7-2)$$

式中,$i = 1, 2, \cdots, c$;$j = 1, 2, \cdots, N_i$;$\bar{x}_i$为第i类横坐标的类内平均值。

(2) 分别按式(7-2)定义的3种模型进行线性拟合,并分别计算其拟合残差平方和及自由度,构建检验统计量如下:

$$F_1 = \frac{[\text{SSE}(B) - \text{SSE}(C)]/[df(B) - df(C)]}{[\text{SSE}(A) - \text{SSE}(B) - \text{SSE}(C)]/[df(A) - (df(B) - df(C))]} \qquad (7-3)$$

式中:SSE($\cdot$)为回归的残差平方和;$df(\cdot)$为自由度,有$df(A) = N - 2$,$df(B) = N - 2$,$df(C) = N - c$。

(3) 给定显著性水平α,若$F_1 > p_1 = F(1 - \alpha; c - 2, N - c)$(其中$F(1 - \alpha; c - 2, N - c)$表示自由度为$c - 2$和$N - c$的$F$分布$F(c - 2, N - c)$上的$1 - \alpha$分位点),则判为失拟;否则判为不失拟。

7.2.2 特征分析

线性回归失拟检验法的基本思路为:先根据调制识别结果对应的模型进行参数估计、构造参考信号,并将参考信号与接收信号进行相关累加,提取相关累加模值序列曲线作线性回归;然后根据不同假设下相关累加模值序列线性回归是否失拟这一差别,通过检验其失拟性对盲分析结果的可信性进行判决。

在H_0假设下,即BPSK信号的调制方式识别结果正确且无解码错误,对BPSK信号的参数集进行估计,得到相应的参数载频、码字、码长、码元宽度的估计值分别为$\hat{f}_0$、$\hat{c}_k$、$\hat{N}_c$、$\hat{T}_c$,并构造参考信号:

$$y_0(n) = e^{-j2\pi \hat{f}_0 n \Delta t} \sum_{k=1}^{\hat{N}_c} e^{-j\pi \hat{c}_k} \Pi_{\hat{T}_c}(n\Delta t - k\hat{T}_c), 0 \leq n \leq N - 1$$

将观测信号$x(n)$与H_0假设下构造的参考信号$y_0(n)$做相关累加,可得

$$z(n) = \sum_{m=0}^{n} x(m)y_0(m) = s_0(n) + w_0(n), 0 \leq n \leq N - 1 \qquad (7-4)$$

其中,信号部分:

166

$$s_0(n) = \sum_{m=0}^{n} A\mathrm{e}^{\mathrm{j}(2\pi\Delta fn\Delta t + \theta_0)} \sum_{k=1}^{\hat{N}_c} \mathrm{e}^{-\mathrm{j}\pi\hat{c}_k} \Pi_{\hat{T}_c}[n\Delta t - (k-1)\hat{T}_c]$$

$$\sum_{k=1}^{N_c} \mathrm{e}^{\mathrm{j}\pi c_k} \Pi_{T_c}[n\Delta t - (k-1)T_c]$$

式中：$\Delta f = f_0 - \hat{f}_0$ 为载频估计误差；噪声项 $w_0(n) = \sum\limits_{m=0}^{n} w(m)y_0(m)$。

在 H_0 假设下，当信噪比适度时，假定码元位数估计无误（$N_c = \hat{N}_c$）、码元宽度估计较准（$\Delta T_c = T_c - \hat{T}_c \to 0$）、频率估计较准（$\Delta f = f_0 - \hat{f}_0 \to 0$）且不存在解码错误（$c_k = \hat{c}_k$）时，有

$$s_0(n) = \sum_{m=0}^{n} A\mathrm{e}^{\mathrm{j}(2\pi\Delta fn\Delta t + \theta_0)} \left\{ \sum_{k=1}^{N_c} \mathrm{e}^{\mathrm{j}\pi(c_k - \hat{c}_k)} \{ \Pi_{T_c}[n\Delta t - (k-1)T_c] - \Pi_{k\Delta T_c}[n\Delta t - \right.$$

$$\left. k(T_c + \Delta T_c)] \} + \sum_{k=1}^{N_c} \mathrm{e}^{\mathrm{j}\pi(c_k - \hat{c}_k)} \Pi_{k\Delta T_c}[n\Delta t - k(T_c + \Delta T_c)] \right\}$$

$$\approx \sum_{m=0}^{n} A\mathrm{e}^{\mathrm{j}(2\pi\Delta fn\Delta t + \theta_0)} \sum_{k=1}^{N_c} \mathrm{e}^{\mathrm{j}\pi(c_k - \hat{c}_k)} \Pi_{T_c}[m\Delta t - (k-1)T_c]$$

$$\approx A(n+1) \frac{\sin[\pi\Delta f\Delta t(n+1)]}{\pi\Delta f\Delta t(n+1)} \mathrm{e}^{\mathrm{j}(\pi n\Delta f\Delta t + \theta_0)}$$

$$= \sum_{m=0}^{n} A\mathrm{e}^{\mathrm{j}(2\pi\Delta fn\Delta t + \theta_0)} \Pi_{N_c T_c}(m\Delta t) \qquad (7-5)$$

当 Δf 较小时，式（7-5）可近似为 $s_0(n) \approx A(n+1)\mathrm{e}^{\mathrm{j}(\pi n\Delta f\Delta t + \theta_0)}$，则其模值 $|s_0(n)|$ 近似为关于 n 的线性函数。下面考虑有噪声时的情形。将式（7-4）中的噪声项 $w_0(n)$ 写成指数形式为 $w_0(n) = b_n\mathrm{e}^{\mathrm{j}\varphi_{b_n}}$，其中，$b_n$ 为其模值，φ_{b_n} 为辐角。易知，由于 $w_0(n)$ 的实部与虚部分别服从高斯分布，故 b_n 服从瑞利分布，φ_{b_n} 为在 $[0, 2\pi)$ 上的随机相位。再令 $a_n = A(n+1)$，$\varphi_{a_n} = \pi n\Delta f\Delta t + \theta_0$，有

$$z(n) = s_0(n) + w_0(n) \approx a_n\mathrm{e}^{\mathrm{j}\varphi_{a_n}} + b_n\mathrm{e}^{\mathrm{j}\varphi_{b_n}} \qquad (7-6)$$

现对式（7-6）再做进一步处理后可得

$$z(n) \approx a_n\mathrm{e}^{\mathrm{j}\varphi_{a_n}} + b_n\mathrm{e}^{\mathrm{j}\varphi_{b_n}}$$

$$= a_n\mathrm{e}^{\mathrm{j}\varphi_{a_n}}\left[1 + \frac{b_n}{a_n}\mathrm{e}^{\mathrm{j}\phi_n}\right] = a_n\mathrm{e}^{\mathrm{j}\varphi_{a_n}}\left[1 + \frac{b_n}{a_n}\cos\phi_n + \mathrm{j}\frac{b_n}{a_n}\sin\phi_n\right]$$

$$= a_n\mathrm{e}^{\mathrm{j}(\varphi_{a_n} + \beta_n)}\sqrt{\left(1 + \frac{b_n}{a_n}\cos\phi_n\right)^2 + \left(\frac{b_n}{a_n}\sin\phi_n\right)^2} \qquad (7-7)$$

式中：$\phi_n = \varphi_{b_n} - \varphi_{a_n}$；$\beta_n = \arctan \dfrac{b_n\sin\phi_n/a_n}{1+b_n\cos\phi_n/a_n}$；$\phi_n$ 仍为在 $[0,2\pi)$ 上的随机相位。

对式(7-7)取模，有

$$|z(n)| \approx a_n \sqrt{\left(1+\frac{b_n}{a_n}\cos\phi_n\right)^2 + \left(\frac{b_n}{a_n}\sin\phi_n\right)^2} = a_n\sqrt{1+2\frac{b_n}{a_n}\cos\phi_n + \left(\frac{b_n}{a_n}\right)^2}$$

$$(7-8)$$

考虑到

$$\frac{\mathrm{E}(b_n^2)}{a_n^2} = \frac{2(n+1)\sigma^2}{A^2(n+1)} = \frac{1}{(n+1)\mathrm{SNR}}$$

当信噪比 SNR 适度且 n 较大时，$\dfrac{\mathrm{E}(b_n^2)}{a_n^2} \ll 1$，式(7-8)中的平方项可以略去[4]，有

$$|z(n)| \approx a_n\sqrt{1+2\frac{b_n}{a_n}\cos\phi_n} \qquad (7-9)$$

对式(7-9)进行泰勒展开，略去高次项，有

$$|z(n)| \approx a_n\sqrt{1+2\frac{b_n}{a_n}\cos\phi_n} \approx a_n + b_n\cos\phi_n = A(n+1) + b_n\cos\phi_n \quad (7-10)$$

显然，$|z(n)|$ 服从莱斯分布，当信噪比较高时，在其均值附近近似服从高斯分布[5]。式(7-10)中，$A(n+1)$ 是 $|z(n)|$ 的确定性分量，$b_n\cos\phi_n$ 是其等效的噪声分量。这样 $|z(n)|$ 近似等价为一条在噪声背景下的直线。图 7-2(a)显示了 BPSK 信号在 H_0 假设(调制识别正确且解码无误)下相关累加模值序列 $|z(n)|$ 及其线性回归示意图。可见，当 BPSK 信号调制识别正确，且解码无误，$|z(n)|$ 用线性模型进行拟合时，曲线 $|z(n)|$ 与其拟合直线基本重合，这说明用线性模型拟合的残差较小，不失拟。

在 H_1 假设下，可能出现 2 种情况：

(1) H_{1A}：调制方式识别错误。当 BPSK 信号带宽较小或者信号受干扰发生畸变时，在接收端有可能将其判为 NS 信号或其他信号。以误识为常规信号为例，若按照常规信号的模型估计信号的载频，构造参考信号 $y_1(n) = \mathrm{e}^{-\mathrm{j}(2\pi\hat{f}_0 n\Delta t)}$，$0 \leq n \leq N-1$，并将观测信号 $x(n)$ 与之做相关累加，得

$$z(n) = \sum_{m=0}^{n} x(m)y_1(m) = s_1(n) + w_1(n), 0 \leq n \leq N-1$$

式中，$w_1(n)$ 为噪声项，信号部分 $s_1(n) = A\sum_{m=0}^{n}\mathrm{e}^{\mathrm{j}[2\pi\Delta fn\Delta t + \Delta\varphi(n) + \theta_0]}$。

168

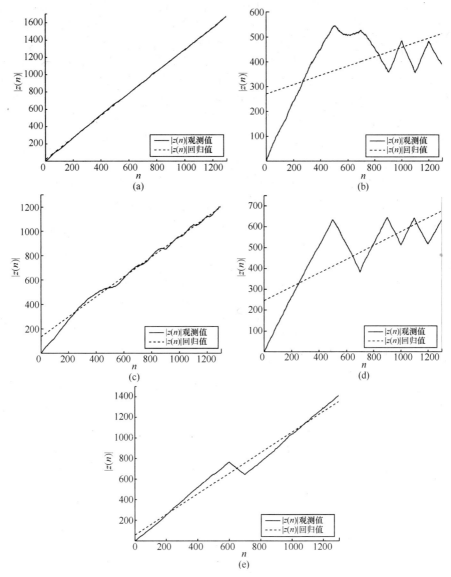

图 7 - 2　BPSK 信号相关累加曲线模值及其线性回归特性示意图(13bit 巴克码,信噪比为 6dB)

(a) BPSK 识别正确,解码无误; (b) BPSK 误识为 NS; (c) BPSK 误识为 LFM;

(d) BPSK 误识为 QPSK; (e) BPSK 识别正确,解码有1bit 错误。

由于信号模型失配,相位误差函数 $\Delta\varphi(n) = -\sum_{k=1}^{N_c} \mathrm{e}^{\mathrm{j}\pi c_k}\Pi_{T_c}(n\Delta t - kT_c)$ 的存在,

导致构造的参考信号与原信号的相关累加模值 $|z(n)|$ 不呈直线。图 7 - 2(b) ~图

7 - 2(d)分别为 BPSK 误识为 NS、LFM、QPSK 时,$|z(n)|$ 的观测值及其线性回归曲

线。由图 7 - 2(b)可知,若误识为 NS 信号,用线性模型对 $|z(n)|$ 进行回归拟合,

169

其残差较大,存在失拟。

(2) H_{1B}:调制方式识别正确,但其他参数估计误差较大,导致解码错误。在这种情形下,虽然调制方式识别正确,但可能由于载频估计误差或者码元宽度估计误差的积累较大,码元位数的估计有误,导致解码错误。图 7 - 2(e) 为 BPSK 识别正确,但存在 1bit 解码错误时相关累加模值 $|z(n)|$ 及其线性回归示意图。可见,当调制方式识别正确,因其他参数估计的误差积累,导致存在解码错误时,相关累加模值序列在码元错误位置存在折断现象,若用线性模型进行拟合,残差也会变大,存在失拟。若解码错误位数增加,产生折断的次数将增加,线性回归拟合的残差将更大。

综上所述,在 H_0 假设下,即 BPSK 信号调制方式识别正确且解码无误时,相关累加模值 $|z(n)|$ 近似为一条被噪声污染的直线,用线性模型进行回归,不存在失拟;在 H_1 假设下,当 BPSK 信号调制方式识别错误或调制方式识别正确,但由于其他参数估计误差的积累导致解码错误时,其相关累加模值 $|z(n)|$ 用线性模型回归,存在失拟。于是,对 BPSK 信号盲分析结果的可信性检验可转化为对相关累加模值 $|z(n)|$ 的线性失拟检验,即对 $|z(n)|$ 进行整段线性回归,若不失拟,则判为 H_0,否则判为 H_1。

7.2.3 算法描述

本节提出的基于相关累加模值线性回归失拟检验的 BPSK 信号盲分析结果可信性检验算法总结如下:

(1) 参数估计与参考信号建立:先进行调制方式识别,根据识别结果对应的模型估计相应参数并构建参考信号。

(2) 统计量构造:将参考信号与接收信号相关累加,得到 $|z(n)|$,对其进行线性回归,并构造统计量 F_1。

(3) 统计判决:设定显著性水平 α,计算出判决门限 p_1。若 $F_1 < p_1$,则 H_0 成立,否则判 H_1。

图 7 - 3 所示为 SNR = 3dB 时,BPSK 信号在 H_0、H_1 不同假设下,按前述方法得到的统计量 F_1 及其门限 p_1 的关系,仿真条件与 7.5 节中表 7 - 1 的设定相同。仿真中显著性水平 $\alpha = 0.01$。由图 7 - 3(a) 可知,当 H_0 假设成立,即调制方式识别正确且无解码错误时,统计量 F_1 小于门限 p_1,不存在失拟。图 7 - 3(b)、图 7 - 3(c) 分别对应于 H_1 假设下 2 种情形(调制方式错误为 NS 或调制识别正确但存在 1bit 解码错误),其统计量 F_1 与门限 p_1 的关系。由图可知,统计量 F_1 均远大于门限 p_1,即存在失拟。可见,在一定信噪比条件下,统计量 F_1 能够较好地反映 BPSK 信号在 H_0、H_1 假设下相关累加模值线性回归失拟性的差异,相应的门限也能很好地区分这种差异。因此,通过检验相关累加模值 $|z(n)|$ 线性回归的失拟与否对 BPSK 信号盲分析结果的可信性检验是有效的。

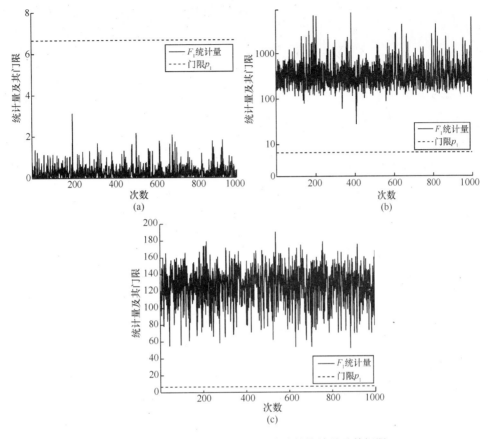

图 7 - 3   BPSK 信号盲处理结果检验的统计量及其门限

（a）调制识别正确；（b）调制识别错误，误识为常规信号；（c）调制识别正确，但存在 1bit 解码错误。

7.3   基于相位序列拟合优度检验的 BPSK 信号盲分析结果可信性检验

7.3.1   拟合优度检验

在数理统计中,拟合优度检验常用于检验一组样本是否符合指定概率分布。此方法在信号处理领域广泛应用于信号调制方式识别、认知无线电频谱感知等场合。设 $\{x_i\}, i=1,2,\cdots,N$ 为从具有未知概率分布的总体中抽取的一组样本,$F_0(x)$ 为指定的概率分布, 检验样本是否服从概率分布 $F_0(x)$ 可以表示为如下的假设检验:

$$\begin{cases} H_0 : \{x_i\} \text{服从} F_0(x) \\ H_1 : \{x_i\} \text{不服从} F_0(x) \end{cases}$$

171

拟合优度检验方法主要可分为两大类[6]：一类是基于 χ^2 检验及其变形；另一类是基于经验分布函数（Empirical Distribution Function，EDF），如 Cramer - Von Mises（CVM）检验、Anderson - Darling（A - D）检验、Kolmogorov - Smirnov（K - S）检验等。但 χ^2 检验适用于任意维数分布，且对理论分布无限制。当总体分布是一维分布且处处连续，不存在未知参数的条件下，前一类方法优于后一类。下面分别就几类典型的拟合优度检验方法作介绍。

1. χ^2 检验

χ^2 检验统计量是 1900 年由英国统计学家 Karl Pearson 首先提出的，而后众多学者又对此进行了进一步研究，推广到非独立样本的情形。

在 H_0 假设下，假定分布中不含未知参数时，将总体 X 可能取值的全体划分成 k 个互不相交的子集 $A_1,A_2,\cdots,A_k$，设 $f_i(i=1,2,\cdots,k)$ 为各样本观测值落在子区间 A_i 中的个数，用 f_i/n 表示在 n 次事件中 A_i 发生的频率。同时，在 H_0 假设下，可以根据相应的概率分布函数来计算事件 A_i 发生的概率，在实验次数较大时，两者之间的差异应较小，为此定义统计量：

$$\chi^2 = \sum_{i=1}^{k} \frac{n}{p_i}\left(\frac{f_i}{n} - p_i\right)^2 = \sum_{i=1}^{k} \frac{f_i^2}{np_i} - n \tag{7-11}$$

作为检验统计量。

若 $\chi^2 \geqslant G(G$ 为正常数），则拒绝 H_0。门限 G 由给定的显著性水平 α 决定，即解

$$P\{\chi^2 \geqslant G \mid H_0\} = \alpha \tag{7-12}$$

得到。

2. 基于 EDF 的拟合优度检验

设待检验样本序列 $x_1 \leqslant x_2 \cdots \leqslant x_n$ 是按升序排列的 n 个独立同分布观测样本，均来自总体累积分布函数 $F_n(x)$，需检验零假设 $H_0:F_n(x) = F(x,\theta)$，此处 F 表示分布簇，θ 是其参数。EDF 拟合优度检验的基本思想是比较假定分布 $F(x,\theta)$ 与经验分布 $F_n(x)$ 之间的距离。

经验分布 $F_n(x)$ 可通过下式计算得到：

$$F_n(x) = \begin{cases} 0, x < x_i \\ i/n, x_i < x < x_{i+1}, i=1,\cdots,n-1 \\ 1, x_n \leqslant x \end{cases} \tag{7-13}$$

度量 2 个分布之间距离的统计量的不同，形成了不同类型 EDF 拟合优度检验方法。其主要形式如下：

（1）Kolmogorov - Smirnov 检验：其检验统计量为 $\max|F_n(x) - F(x,\theta)|$。

（2）Cramer – Von Mises 检验[7]：其检验统计量为

$$Q^2 = n\int \left[F_n(x) - F(x,\theta) \right]^2 \Psi(x)\mathrm{d}F(x) \tag{7-14}$$

式中，$\Psi(x)$ 是权重函数。当 $\Psi(x) = 1$ 时，称为 Cramer – Von Mises 统计量，又称 W^2 统计量，此统计量体现了假定分布 $F(x,\theta)$ 与经验分布 $F_n(x)$ 均方意义上的距离。

（3）Anderson – Darling 检验统计量[8]：当权重函数 $\Psi(x) = \left[F(x,\theta)(1 - F(x,\theta)) \right]^{-1}$ 时，分布的尾部权重大于中心部分，此时得到 Anderson – Darling 检验统计量，又称 A^2 统计量。

实际中，W^2 与 A^2 可由有限离散样本进行估计，具体如下：

$$W^2 = \sum_{i=1}^{n} \left[F(x_i,\theta) - \frac{2i-1}{2n} \right]^2 + \frac{1}{12n}$$

$$A^2 = -n - \frac{1}{n}\sum_{i=1}^{n} (2i-1)\ln\left[F(x_i,\theta) \right] + (2n+1-2i)\ln\left[1 - F(x_i,\theta) \right]$$

上述两式中的参数 θ 未知时，可用其估计值 $\hat{\theta}$ 代替。

若令 $z = F(x,\theta)$，则式（7-14）可以写为

$$Q^2 = n\int_0^1 \left[F_n(z) - z \right]^2 \Psi(z)\mathrm{d}z = \int_0^1 y_n^2(z)\mathrm{d}z \tag{7-15}$$

式中：$F_n(z)$ 是变量 z 的 EDF；$y_n(z) = \sqrt{n}\left(F_n(z) - z \right)\sqrt{\Psi(z)}$。根据文献[9]，$y_n(z)$ 的极限分布服从高斯分布，其均值为 0，方差为

$$\rho(z,s) = \left[\min(z,s) - zs - \boldsymbol{g}(z)^{\mathrm{T}}\boldsymbol{\Sigma}^{-1}g(s) \right]\sqrt{\Psi(s)\Psi(z)}, s \geq 0, z \leq 1 \tag{7-16}$$

式中，$\boldsymbol{g}(z) = \left.\dfrac{\partial z}{\partial \theta}\right|_{\theta=\hat{\theta}}$，$\boldsymbol{\Sigma} = \mathrm{E}\left(\left.\dfrac{\partial\ln(f(x,\theta))}{\partial\theta}\dfrac{\partial\ln(f(x,\theta))}{\partial\theta^{\mathrm{T}}}\right|_{\theta=\hat{\theta}} \right)$ 为 Fisher 信息矩阵，$\boldsymbol{\Sigma}^{-1}$ 是其逆矩阵，$f(x,\theta)$ 是对应于 $F(x,\theta)$ 的概率密度函数，$\boldsymbol{g}(z)^{\mathrm{T}}$ 是向量 $\boldsymbol{g}(z)$ 的转置。若 $y_n(z)$ 服从高斯分布，则 $Q^2 = \int_0^1 y_n^2(z)\mathrm{d}z$ 可以视为若干独立 χ_1^2 变量的线性组合。关于 CVM 及 A – D 检验的更深入分析请参阅文献[9,11]，限于篇幅此处不再详述。

7.3.2 特征分析

在 H_0 假设下，BPSK 信号的调制方式识别结果正确且参数估计误差较小，无解码错误。对 BPSK 信号的参数集进行估计，得到相应参数载频、码字、码长、码元

宽度及初相位的估计值分别为$\hat{f}_0$,$\hat{c}_k$,$\hat{N}_c$,$\hat{T}_c$,$\hat{\theta}_0$,在此基础上构造参考信号:

$$y_0(n) = \mathrm{e}^{-\mathrm{j}\hat{\theta}_0}\mathrm{e}^{-\mathrm{j}\pi\hat{f}_0 n\Delta t}\sum_{k=1}^{\hat{N}_c}\mathrm{e}^{-\mathrm{j}\pi\hat{c}_k}\Pi_{\hat{T}_c}(n\Delta t - k\hat{T}_c),0 \leq n \leq N-1$$

将观测信号$x(n)$与H_0假设下构造的参考信号$y_0(n)$作相关,得

$$z_0(n) = x(n)y_0(n) = s_0(n) + w_0(n),0 \leq n \leq N-1 \tag{7-17}$$

其中信号部分

$$s_0(n) = A\mathrm{e}^{\mathrm{j}(2\pi\Delta fn\Delta t + \Delta\theta)}\sum_{k=1}^{\hat{N}_c}\mathrm{e}^{-\mathrm{j}\pi\hat{c}_k}\Pi_{\hat{T}_c}[n\Delta t - (k-1)\hat{T}_c]$$

$$\sum_{k=1}^{N_c}\mathrm{e}^{\mathrm{j}\pi c_k}\Pi_{T_c}[n\Delta t - (k-1)T_c] \tag{7-18}$$

式中:$\Delta f = f_0 - \hat{f}_0$,$\Delta\theta = \theta_0 - \hat{\theta}_0$分别为载频估计误差;噪声项$w_0(n) = w(n)y_0(n)$。在$H_0$假设下,当信噪比适度时,假定码元位数估计无误($N_c = \hat{N}_c$)、码元宽度估计较准($\Delta T_c = T_c - \hat{T}_c \rightarrow 0$)、频率估计较准($\Delta f = f_0 - \hat{f}_0 \rightarrow 0$)、初相估计较准($\Delta\theta = \theta_0 - \hat{\theta}_0 \rightarrow 0$)且不存在解码错误($c_k = \hat{c}_k$)时,有

$$z_0(n) = s_0(n) + w_0(n) \tag{7-19}$$

式中:$s_0(n) \approx A\mathrm{e}^{\mathrm{j}(2\pi\Delta fn\Delta t + \Delta\theta)}$;$w_0(n)$是一个等效零均值复高斯白噪声过程,其实部与虚部相互独立,方差为$2\sigma^2$。显然,$z_0(n)$近似为频率为Δf,初相位为$\Delta\theta$的正弦波加高斯白噪声序列,其相位样本序列为

$$\phi_n = \angle[z_0(n)] = \arctan\frac{\mathrm{Im}[z_0(n)]}{\mathrm{Re}[z_0(n)]},n = 0,\cdots,N-1 \tag{7-20}$$

由式(7-20)可以看成是正弦波加高斯白噪声信号相位ϕ的N个独立同分布相位样本序列,即$\phi = \{\phi_n\}$,$n = 0,\cdots,N-1$。图7-4(a)所示为H_0假设下$z_0(n)$的瞬时相位曲线,可见ϕ_n是围绕0随机波动的相位序列。易知,式(7-20)相位ϕ的概率密度函数[10]为

$$p(\phi|\Delta\theta,H_0) = \frac{\mathrm{e}^{-\gamma}}{2\pi} + \sqrt{\frac{\gamma}{\pi}}\cos(\phi - \Delta\theta)\mathrm{e}^{-\gamma\sin^2(\phi - \Delta\theta)}Q(-\sqrt{2\gamma}\cos(\phi - \Delta\theta))$$

$$\tag{7-21}$$

式中:$|\phi - \Delta\theta| < \pi$且$Q(x) = \frac{1}{\sqrt{2\pi}}\int_x^\infty \mathrm{e}^{-\frac{1}{2}y^2}\mathrm{d}y$。

显然,在H_0假设下,由于$\Delta\theta \rightarrow 0$,故式(7-21)可写为

$$p(\phi|H_0) \approx \frac{\mathrm{e}^{-\gamma}}{2\pi} + \sqrt{\frac{\gamma}{\pi}}\cos\phi\mathrm{e}^{-\gamma\sin^2\phi}Q(-\sqrt{2\gamma}\cos\phi) \tag{7-22}$$

图 7 - 5(a)所示为 $\{\phi_n\}$ 的统计直方图,可见其分布服从式(7 - 22)定义的概率分布。

H_1 假设下,可能存在以下两种情况:

1. H_{1A}:调制方式识别错误

当 BPSK 信号带宽较小或者信号受干扰发生畸变时,在接收端有可能将其判为常规信号或其他信号。以误识为 NS 例,若按照常规信号的模型估计信号的载频,并构造参考信号 $y_1(n) = \mathrm{e}^{-\mathrm{j}(2\pi\hat{f}_0 n\Delta t)}$,$0 \leq n \leq N-1$,并将观测信号 $x(n)$ 与之作相关,得到

$$z_1(n) = x(n)y_1(n) = s_1(n) + w_1(n), 0 \leq n \leq N-1 \qquad (7-23)$$

式中:信号部分 $s_1(n) = A\mathrm{e}^{\mathrm{j}[2\pi\Delta fn\Delta t + \Delta\varphi(n) + \Delta\theta]}$;$w_1(n)$ 为噪声项,是一个等效零均值高斯白噪声,其实部与虚部相互独立,方差为 $2\sigma^2$,$\Delta\varphi(n)$ 为相位误差函数。取式(7 - 23)的相位 $\phi_n = \angle[z_1(n)]$,$n = 0, 1, \cdots, N-1$,由于信号模型失配,相位误差函数 $\Delta\varphi(n) = -\sum_{k=1}^{N_c-1}\mathrm{e}^{\mathrm{j}\pi c_k}\Pi_{T_c}(n\Delta t - kT_c)$ 的存在,将导致构造的参考信号与原信号进行相关曲线的相位 $\phi_n = \angle[z_1(n)]$ 存在明显的相位偏移、跳变现象。图 7 - 4(b)为 BPSK 信号被误识为 NS 时,相关序列的瞬时相位曲线。简而言之,在这种情况下相关相位序列 $\{\phi_n\}$ 的特点为:当解码结果与常规信号相位一致(常规信号可以看成码元恒为 1 的 BPSK 信号)时,由于频偏较大,瞬时相位序列近似看成一个斜坡函数与随机相位的叠加;当解码结果与常规信号相位不一致时,其相位可以看成一个负值的斜坡脉冲与随机相位的叠加。图 7 - 5(b)所示为 BPSK 误识为 NS 信号时,相关序列相位的统计直方图。显然,此时相位序列的直方图与 H_0 时的情形差异明显,不满足式(7 - 22)的概率分布。

2. H_{1B}:调制方式识别正确,但其他参数估计误差较大,导致解码错误

在这种情形下,同样先对 BPSK 信号的参数集进行估计,得到相应参数载频、码字、码长、码元宽度及初相位的估计值分别为 $\hat{f}_0, \hat{c}_k, \hat{N}_c, \hat{T}_c, \hat{\theta}_0$,并按 $y_0(n)$ 模型构造参考信号:

$$y_1(n) = \mathrm{e}^{-\mathrm{j}\hat{\theta}_0}\mathrm{e}^{-\mathrm{j}\pi\hat{f}_0 n\Delta t}\sum_{k=1}^{\hat{N}_c}\mathrm{e}^{-\mathrm{j}\pi\hat{c}_k}\Pi_{\hat{T}_c}(n\Delta t - k\hat{T}_c), 0 \leq n \leq N-1$$

并计算 $z_1(n) = x(n)y_0(n) = s_0(n) + w_0(n)$,$0 \leq n \leq N-1$。此时,调制方式识别结果虽正确,但可能由于信噪比较低或者其他因素的影响,BPSK 信号参数,如载频估计、码元宽度估计的误差较大,从而导致解码错误。图 7 - 4(c)所示为 BPSK 识别正确,但存在 1 位解码错误时相关序列的相位曲线。由图可知,当调制方式识别正确,因其他参数估计的误差积累,存在 1 位解码错误时,相关序列的相位在错误

175

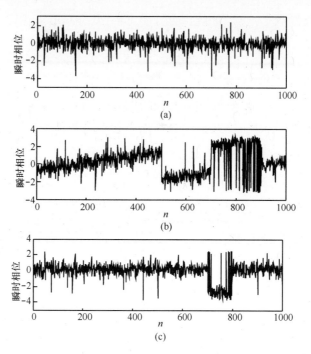

图 7 - 4　不同假设下相关序列相位的瞬时曲线(13 位巴克码,信噪比 3dB)

（a）BPSK 识别正确,解码无误；（b）BPSK 误识为 NS；（c）BPSK 识别正确,有 1bit 错误解码。

解码区间内,存在相位跳变。显然,若解码错误位数增加,则相位跳变次数增加。此时,相位序列的特点为:在无解码错误区间内,其相位序列仍可以看成是围绕 0 附近波动的随机相位;在错误解码对应的区间内,其相位可以看成是一个负值的矩形脉冲与随机相位的叠加。图 7 - 5(c)所示为此种情形下,仿真得到的相关序列相位$\{\phi_n\}$的统计直方图。由图可知,相位序列的统计直方图与 H_0 时的情形存在一定差别,主要体现在尾部变大,但这个差异不是非常明显。后面将讨论有效区分 H_{1A} 与 H_0 假设的特征量。

综上所述,H_0 假设成立时,观测到的 BPSK 信号与参考信号作相关后的序列,其相位服从式(7-22)给出的概率分布。于是,对 BPSK 信号盲分析结果的可信性检验,可以归结为对相关序列相位的分布拟合检验。

7.3.3　算法描述

定理 7.1　若随机相位 ϕ 服从式(7-22)定义的概率分布,即

$$p(\phi|\Delta\theta,H_0) \approx \frac{e^{-\gamma}}{2\pi} + \sqrt{\frac{\gamma}{\pi}}\cos\phi e^{-\gamma\sin^2(\phi-\Delta\theta)} Q(-\sqrt{2\gamma}\cos(\phi-\Delta\theta))$$

则其均值为 $\mu_\phi = 0$,方差为 $\sigma_\phi^2 = \frac{\pi^2}{3} + 4\exp(-\gamma/2)\sqrt{\gamma}\sum_{m=1}^{\infty}a_m\frac{(-1)^m}{m^2}$。

176

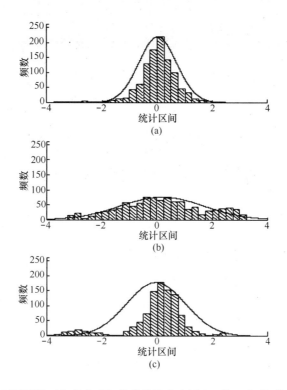

图 7-5 不同假设下相关序列相位的统计直方图(13 位巴克码,信噪比 6dB)

(a) BPSK 识别正确,解码无误;(b) BPSK 误识为 NS;(c) BPSK 识别正确,有 1bit 错误解码。

证明: 随机相位 ϕ 的均值为

$$\mu_\phi = \int_{-\pi}^{\pi} \phi p(\phi \mid \Delta\theta, H_0) \, d\phi$$

式(7-22)在$[-\pi,\pi]$对称区间上是关于ϕ的偶函数,即$p(\phi|\Delta\theta,H_0) = p(-\phi|\Delta\theta,H_0)$,于是上式中的被积函数项$\phi p(\phi|\Delta\theta,H_0)$在$[-\pi,\pi]$对称区间上是关于$\phi$的奇函数,因此,$\mu_\phi = 0$。

随机相位 ϕ 的方差为

$$\sigma_\phi^2 = \int_{-\pi}^{\pi} \phi^2 p(\phi \mid \Delta\theta, H_0) \, d\phi$$

根据文献[11],可得

$$\sigma_\phi^2 = \int_{-\pi}^{\pi} \phi^2 p(\phi \mid \Delta\theta, H_0) \, d\phi = \frac{\pi^2}{3} + 4\exp(-\gamma/2)\sqrt{\gamma} \sum_{m=1}^{\infty} a_m \frac{(-1)^m}{m^2}$$

$$(7-24)$$

由上述定理可知,在 H_0 假设成立时,随机相位序列$\{\phi_n\}$的均值为零,其样本

177

值在 0 上下作随机波动。这一点与前述的分析相印证。

定理 7.2 当 $\Delta\theta \rightarrow 0$ 时,式 $(7-22)$ 的概率分布函数近似为

$$F_0(\varphi) \approx \frac{1}{2\pi}(\varphi + \pi) + \frac{\exp(-\gamma/2)\sqrt{\gamma}}{\pi} \sum_{m=1}^{\infty} \frac{a_m}{m}\sin(m\varphi), \mid \varphi \mid \leqslant \pi$$

$$(7-25)$$

证明: 对式 $(7-22)$ 作傅里叶级数展开,记为[12, 13]

$$p(\phi \mid \Delta\theta, H_0) = \frac{1}{2\pi} + \frac{\exp(-\gamma/2)\sqrt{\gamma}}{\pi} \sum_{m=1}^{\infty} a_m \cos[m(\phi - \Delta\theta)], \mid \phi - \Delta\theta \mid < \pi$$

$$(7-26)$$

式中系数项:

$$a_m = \frac{\Gamma[(m+1)/2]\Gamma(m/2+1)\gamma^{m/2}}{\Gamma(m+1)}[I_{(m-1)/2}(\gamma/2) + I_{(m+1)/2}(\gamma/2)]$$

$$(7-27)$$

式中: $I_n(x)$ 是 n 阶第一类修正贝塞尔函数; $\Gamma(x) = \int_0^{\infty} t^{x-1}e^{-t}dt$ 是 Gamma 函数。

下面利用式 $(7-26)$ 来计算式 $(7-22)$ 所表达的相位分布的概率分布函数,有

$$F_0(\varphi) = \int_{-\pi}^{\varphi} p(\phi \mid \Delta\theta, H_0)d\phi \approx \int_{-\pi}^{\varphi} p_F(\phi \mid \Delta\theta, H_0)d\phi$$

$$= \int_{-\pi}^{\varphi} \left[\frac{1}{2\pi} + \frac{\exp(-\gamma/2)\sqrt{\gamma}}{\pi} \sum_{m=1}^{\infty} a_m\cos[m(\phi - \Delta\theta)] \right]d\phi$$

$$= \frac{1}{2\pi}(\varphi + \pi) + \frac{\exp(-\gamma/2)\sqrt{\gamma}}{\pi} \int_{-\pi}^{\varphi} \sum_{m=1}^{\infty} a_m\cos[m(\phi - \Delta\theta)]d\phi$$

$$(7-28)$$

式中

$$\int_{-\pi}^{z} \sum_{m=1}^{\infty} a_m\cos[m(\phi_n - \Delta\theta)]d\phi_n$$

$$= \int_{-\pi}^{z} \sum_{m=1}^{\infty} a_m\cos[m(\phi_n - \Delta\theta)]d[m(\phi_n - \Delta\theta)]$$

$$= \sum_{m=1}^{\infty} a_m\int_{-\pi}^{z} \cos[m(\phi_n - \Delta\theta)]d[m(\phi_n - \Delta\theta)]$$

$$= \sum_{m=1}^{\infty} \frac{a_m}{m}\{\sin[m(z - \Delta\theta)] + \sin[m(\pi + \Delta\theta)]\}$$

178

$$= \sum_{m=1}^{\infty} \frac{a_m}{m} \{ \sin[m(z - \Delta\theta)] + (-1)^m \sin m\Delta\theta \} \qquad (7-29)$$

将式(7-29)代入式(7-28),并考虑到在 H_0 下,有 $\Delta\theta \approx 0$,从而有

$$F_0(\varphi) \approx \frac{1}{2\pi}(\varphi + \pi) + \frac{\exp(-\gamma/2)\sqrt{\gamma}}{\pi} \sum_{m=1}^{\infty} \frac{a_m}{m} \sin(m\varphi) \qquad (7-30)$$

在实际计算中,式(7-30)中的无穷级数求和,需要用有限项级数之和近似。式(7-27)定义的系数 a_m 随 m 变化的规律如图7-6所示,可见,其收敛趋势较快,当求和项数超过8后,系数趋于零。为此,后文仿真计算中,式(7-30)中求和项数选择8。

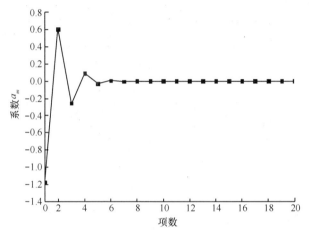

图7-6　系数 a_m 的收敛趋势示意图

图7-7所示为 H_0 假设下不同信噪比时,相关序列相位分别用式(7-22)及用式(7-26)傅里叶级数求和近似时,其概率密度函数及概率分布函数的对比示意图。由图可见,前述推导的概率分布函数具有较好的近似性能。

下面分别讨论如何利用相关序列相位的概率分布拟合检验实现对 BPSK 信号盲处理结果的可信性评估。

1. 区分 H_0 与 H_{1A}

由7.3.2节的分析可知,BPSK 信号盲处理结果的可信性评估,可通过检验相关序列相位是否满足式(7-22)的概率分布进行。若假设观测信号与参考信号作相关运算后提取的相位序列样本集 $\{\phi_n\}, n = 0, \cdots, N-1$ 的经验积累分布函数为 $\hat{F}_1(\varphi)$,则区分 H_0 与 H_{1A} 的假设检验问题,可转化为如下概率分布拟合检验:

$$\begin{cases} H_0 : \hat{F}_1 = F_0 \\ H_{1A} : \hat{F}_1 \neq F_0 \end{cases} \qquad (7-31)$$

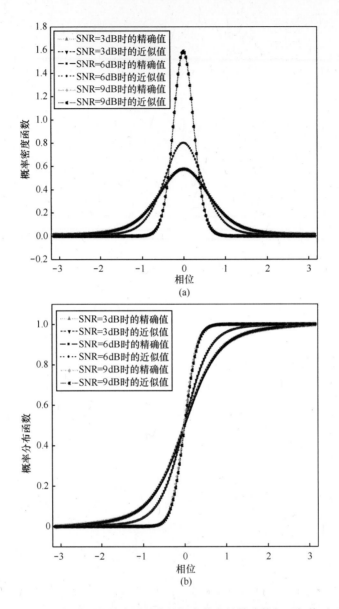

图 7 - 7　H_0 假设下相关序列相位的概率分布的精确值与近似值对比

(a) 概率密度函数；(b) 概率分布函数。

此处，利用 Kolmogorov - Smirnov 方法进行分布拟合检验，具体方法如下[14, 15]：

（1）利用相关序列相位序列样本 $\{\phi_n\}$，$n = 0,\cdots,N-1$，构造经验分布函数：

$$\hat{F}_1(\varphi) = \frac{1}{N} \sum_{n=0}^{N-1} I(\phi_n \leqslant \varphi) \tag{7-32}$$

式中:$I(\cdot)$为示性函数,当输入条件满足时,取1,否则为0。

(2) 将$\hat{F}_1$与F_0之间差异的最大值作为分布拟合检验的统计量,即

$$D = \sup_{\varphi \in [-\pi,\pi]} |\hat{F}_1(\varphi) - F_0(\varphi)| \qquad (7-33)$$

实际中,可由下式对D进行估计:

$$\hat{D} = \max_{0 \leqslant n \leqslant N-1} |\hat{F}_1(\varphi_n) - F_0(\varphi_n)| \qquad (7-34)$$

$\hat{D}$的显著性水平$\hat{\alpha}$为

$$\hat{\alpha} = P(D > \hat{D}) = Q_1\left(\left[\sqrt{N} + 0.12 + \frac{0.11}{\sqrt{N}}\right]D\right) \qquad (7-35)$$

式中:$Q_1(x) = 2\sum_{m=1}^{\infty} (-1)^{m-1} e^{-2m^2x^2}$。

(3) 给定显著性水平α,若$\hat{\alpha} > \alpha$,则H_0假设成立,否则H_0不成立。

为了便于表达,定义特征量:

$$C_1 = \begin{cases} 1, \text{若 } H_0 \text{ 成立} \\ 0, \text{若 } H_{1A} \text{ 成立} \end{cases} \qquad (7-36)$$

由式(7-36)可知,若$C_1 = 1$,则H_0成立。

图7-8所示为不同假设下,由相关相位序列的瞬时观测值计算得到的经验分布与H_0假设下通过式(7-30)计算得到的理论分布之间的差异示意图。由图可知:

(1) 当BPSK信号调制识别结果正确,且解码无误时,由相关序列相位的有限个样本$\{\phi_n\}$,$n = 0, \cdots, N-1$,计算得到的经验分布函数与理论分布函数差别较小。

(2) 当BPSK信号调制识别结果正确,但存在1位解码错误时,两者的差异增加。相位值在$[-\pi,1]$区间内时两者差别明显,相位值在$[1,\pi]$两者之间时差别较小。显然,解码位数增加,则两者的差异也变大。

(3) 当BPSK信号调制识别结果错误时,两者的差别显著。

因此,可以利用C_1特征将H_{1A}与H_0进行区分。而H_{1B}与H_0的区分还要进一步利用其他特征,以增加其检验可靠性。

2. 区分H_0与H_{1B}

为了更有效区分H_0与H_{1B},此处将相位序列$\{\phi_n\}$,$n = 0, \cdots, N-1$进行前后分段,前一半及后一半分别定义为$\{\phi_{ai}\}$,$\{\phi_{bi}\}$,$i = 0, 1, \cdots, [N/2-1]$。在$H_0$假设下,两序列$\{\phi_{ai}\}$,$\{\phi_{bi}\}$均服从式(7-22)给出的概率分布;在$H_{1B}$假设下,因存在解

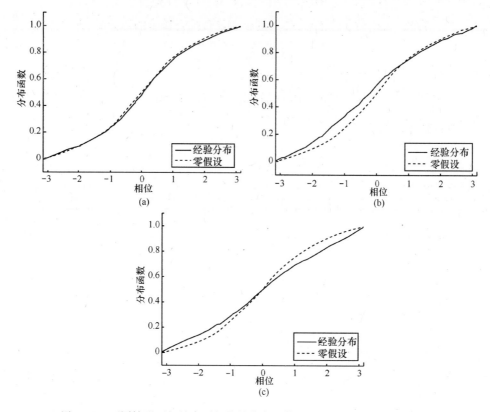

图7-8　不同情形下相关序列相位的分布函数(13 位巴克码,信噪比 0dB)

(a) BPSK 识别正确,解码无误; (b) BPSK 识别正确,有 1bit 错误解码; (c) BPSK 误识为 NS。

码错误,故$\{\phi_{ai}\}$,$\{\phi_{bi}\}$中至少有一个不服从式(7-22)给出的概率分布。图7-9 所示为 H_0 与 H_{1B} 假设下,不同情形时相关序列前后折半分段后相位分布函数之间差异示意图。由图可知:若 H_0 成立,两序列$\{\phi_{ai}\}$,$\{\phi_{bi}\}$的经验分布函数近似与式(7-30)给出的概率分布重合;若 H_{1B} 成立,即存在 1 位解码错误时,两序列$\{\phi_{ai}\}$,$\{\phi_{bi}\}$的经验分布函数至少有一个与式(7-30)给出的概率分布不同。因此,可通过检验$\{\phi_{ai}\}$,$\{\phi_{bi}\}$是否同时满足式(7-30)给出的概率分布来区分 H_0 与 H_{1B}。

　　于是,定义特征:

$$C_2 = \begin{cases} 1, \hat{F}_{10} = F_0 \text{ 且} \hat{F}_{11} = F_0 \\ 0, \hat{F}_{10} \neq F_0 \text{ 或} \hat{F}_{11} \neq F_0 \end{cases} \qquad (7-37)$$

式中:$\hat{F}_{10}(\varphi) = \dfrac{1}{N} \sum_{i=0}^{[N/2-1]} I(\phi_{ai} \leqslant \varphi)$,$\hat{F}_{11}(\varphi) = \dfrac{1}{N} \sum_{i=0}^{[N/2-1]} I(\phi_{bi} \leqslant \varphi)$ 分别表示前半相

位序列及后半相位序列的经验分布函数。

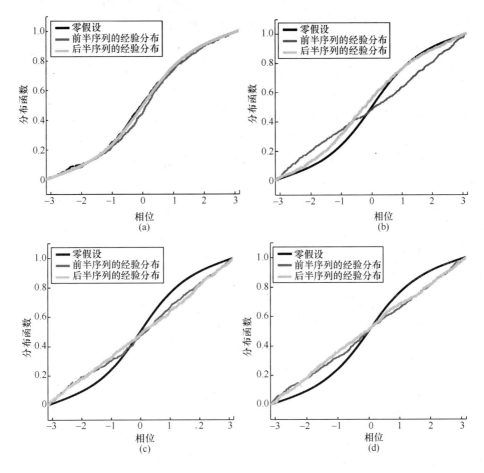

图 7 - 9   不同情形下相关序列分段相位分布函数(13 位巴克码,信噪比 0dB)

(a)BPSK 识别正确,解码无误;(b)BPSK 识别正确,1bit 错误解码位于前半段;

(c)BPSK 识别正确,1bit 错误解码位于后半段;(d)BPSK 识别正确,1bit 错误解码位于中间位置。

本节提出的基于 Kolmogorov - Smirnov 检验的 BPSK 信号盲分析结果可信性评估算法流程如图 7 - 10 所示。其主要步骤说明如下:

(1)参数估计与参考信号建立:先进行调制方式识别,根据识别结果对应的模型估计相应参数并构建参考信号。

(2)特征提取:将参考信号与接收信号相关并取其相位,得相位序列$\{\phi_n\}$,并计算特征 C_1 及特征 C_2。

(3)检验判决:若 $C_1 = 1$ 且 $C_2 = 1$,则 H_0 成立;若 $C_1 = 0$ 或 $C_1 = 1$ 但 $C_2 = 0$,则判 H_1 成立。

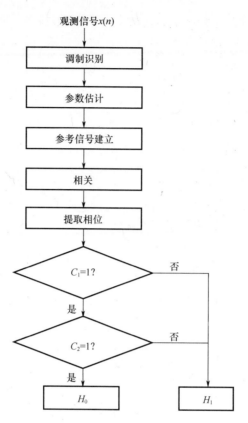

图 7 – 10　基于 Kolmogorov – Smirnov 检验的 BPSK 信号盲分析结果可信性评估算法流程

7.4　基于 Bootstrap 方法的 BPSK 信号 盲分析结果可信性检验

在前述中,本书分别讨论了正弦波频率估计的可信性检验、LFM 信号及 BPSK 信号盲分析结果的可信性检验,其方法不外乎假设检验与模式识别,属于经典统计学范畴。这种方法在实际中的缺陷在于:一是对信号模型中噪声分布、大样本、正态性的假设依赖性强,如果模型假设与真实模型有偏差,算法的性能会受影响;二是某些统计量是样本的复杂函数,很难得到其概率密度函数的解析表达,从而无法进行门限的精确设定,门限的设定只能依赖大量仿真。当传统统计方法条件不足时,一般会考虑重采样法,Bootstrap 法就是其中一种,该方法由 Bradley Efron 于 1979 年在 *Annals of Statistics* 上提出。其核心思想称为随机可置换采样,即对某一次样本集,进行有放回的均匀抽样,其中特定的某一样本值,等可能地被再次选中并被再次添加到新的样本集中。与蒙特卡罗方法不同之处在于,Bootstrap 法不需要多次重复试验,只需一次试验的样本集,通过多次有放回的重采样,得到多个样本集,然后利用这些样本集进行参数估计、假设检验及性能评估。对于样本来自非正态总体、小数据集情形,该方法具有重要价值,近年来在环境工程、医学工程、图像处理及雷达信号处理等诸多领域得到广泛应用[16-18]。具体可参见 2004 年德国学者 Abdelhak Zoubir 及澳大利亚学者 D. Robert Iskander 合著的 *Bootstrap Techniques for Signal Processing* 一书。

本章将非经典统计方法引入到信号盲分析结果的可信性检验,以 BPSK 信号为例,介绍 Bootstrap 方法在信号盲分析结果可信性评估中的应用,并对算法的有效性进行仿真分析。

7.4.1 Bootstrap 意义下的假设检验

假定随机样本序列 $\chi = \{X_1, \cdots, X_N\}$ 服从特定分布 F,但具体样式不定。设 ϑ 为分布 F 的未知参数。考虑如下假设检验:

$$\begin{cases} H_0 : \vartheta \leqslant \vartheta_0 \\ H_1 : \vartheta > \vartheta_0 \end{cases} \tag{7-38}$$

式中:ϑ_0 是一个确定的参数。令 $\hat{\vartheta}$ 为 ϑ 的估计值,$\hat{\sigma}^2$ 为参数估计值 $\hat{\vartheta}$ 方差 σ^2 的估计量。

为了对式(7-38)的假设检验进行判决,定义统计量:

$$T_n = \frac{\hat{\vartheta} - \vartheta_0}{\hat{\sigma}} \tag{7-39}$$

若在 H_0 假设下,统计量 T_n 服从分布 G,则在一定显著性水平 α 下,当 $T_n \geqslant T_\alpha$ 时,拒绝原假设 H_0,此处门限 T_α 由 $G(T_a) = 1 - \alpha$ 决定。例如:如果分布 F 的均值为 μ_0,方差未知,则:

$$T_n = \frac{\frac{1}{n} \sum_{i=1}^{n} X_i - \mu_0}{\sqrt{\frac{1}{n(n-1)} \sum_{i-1}^{n} \left(X_i - \frac{1}{n} \sum_{i=1}^{n} X_i \right) - \mu_0}} \tag{7-40}$$

当样本量 n 很大时,T_n 近似服从自由度为 $(n-1)$ 的 t 分布。

Bootstrap 意义下的假设检验流程如图 7-11 所示[19]。其具体流程说明如下:

(1)原始样本获取:进行随机试验,并得到样本集 $\chi = \{X_1, \cdots, X_n\}$。

(2)重采样:通过对 $\chi = \{X_1, \cdots, X_n\}$ 进行重采样,得到与原始样本集相同容量的 Bootstrap 样本集 χ^*。

(3)计算 Bootstrap 统计量:针对重采样样本集 χ^*,计算

$$T_n^* = \frac{\hat{\vartheta}^* - \hat{\vartheta}}{\hat{\sigma}^*}$$

式中各参数$\hat{\vartheta}^*$,$\hat{\vartheta}$,$\hat{\sigma}^*$分别对应于χ样本集下的参数$\hat{\vartheta}$,ϑ_0,$\hat{\sigma}$,不同的是参数$\hat{\vartheta}^*$,$\hat{\vartheta}$,$\hat{\sigma}^*$是基于重采样样本集χ^*进行计算的。

（4）重采样:重复步骤(2)和(3),作B次重采样,得到B个 Bootstrap 统计量$T_{n,1}^*$,$T_{n,2}^*$,$\cdots T_{n,B}^*$。

（5）排序将B个 Bootstrap 统计量由小到大进行排序,得到$T_{n,(1)}^* < T_{n,(2)}^* \cdots < T_{n,(B)}^*$。

（6）检验:当$T_n > T_{n,(q)}^*$时,拒绝H_0假设,反之接受H_0,其中q确定检测的显著性水平α,即$\alpha = (B+1-q)/(B+1)$。

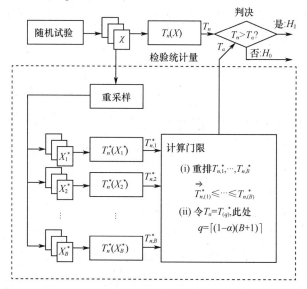

图 7-11　Bootstrap 意义下的假设检验流程

上述步骤适用于单边检验情形,而对于双边检验,有

$$\begin{cases} H_0 : \vartheta = \vartheta_0 \\ H_1 : \vartheta \neq \vartheta_0 \end{cases} \tag{7-41}$$

在进行 Bootstrap 双边检验时,只须将前述的流程作如下修正:将$\hat{\vartheta}^* - \hat{\vartheta}$换成$|\hat{\vartheta}^* - \hat{\vartheta}|$,从而$T_n^* = \frac{|\hat{\vartheta}^* - \hat{\vartheta}|}{\hat{\sigma}^*}$。有时为了减少运算量,也可取$T_n^* = |\hat{\vartheta}^* - \hat{\vartheta}|$。

7.4.2　特征分析

由 7.2 节可知,对于 BPSK 信号,在H_0假设下,参考信号与原始信号相关累加

的模值曲线近似为一条噪声背景下的直线。由于进行了相关累加,对于每一个相关累加值,其序号越大,则信噪比增益越高。可以证明,当累加到最后一点时,该点相关累加值的信噪比增益大约为信号长度的 N 倍,累加到 $N/2$ 点,信噪比增益为 $N/2$。若令 $g_1 = |z(N-1)|$,$g_2 = \left| z\left(\dfrac{N-1}{2}\right) \right|$,当 N 较大时,g_1 及 g_2 分别近似服从高斯分布。若假设 N 为偶数,显然,分别从 $n=0$ 开始累加到 $(N-1)$,与从 $n=0$ 开始累加到 $(N-1)/2$ 点,得到的两个值 g_1 与 g_2 分别近似服从高斯分布 $N(\mu_1, \sigma_1^2)$ 及 $N(\mu_2, \sigma_2^2)$。此时,前者的均值应近似是后者的两倍,即 $\mu_1 \approx 2\mu_2$。由于 g_1 与 g_2 的均值与方差较难得到精确值。因此,此处拟考虑利用 $\mu_r = \mu_1/\mu_2$ 来作为两个均值差异的度量。显然,在 H_0 假设下,$\mu_r = 2$;在 H_1 假设的各种情形下,$\mu_r \neq 2$。

于是,BPSK 信号的盲分析结果可信性评估可转化为如下假设检验:

$$\begin{cases} H_0 : \mu_r = 2 \\ H_1 : \mu_r < 2 \end{cases} \tag{7-42}$$

显然,要对式 (7-42) 进行检验,需要得到若干 g_1 与 g_2 的样本集。但实际上,只有一个样本集,此时需要更多的样本集,可以考虑利用非参量 Bootstrap 方法,通过重采样得到一定容量的 Bootstrap 样本集,而如何获得此类样本是必须考虑的第一个问题。同时,对于式 (7-42) 的假设检验,若利用传统的检验方法,需要计算统计量 $Y = g_1/g_2$ 的概率密度函数,并求取逆累积概率,以获取一定显著性水平下的判决门限。由文献 [20] 可知,对于两个非独立的非零均值高斯变量 $Y = g_1/g_2$ 之比,其概率密度函数为

$$p_Y(y) = \frac{\sigma_1 \sigma_2 (1-\rho^2)^{1/2}}{\pi(\sigma_1^2 y^2 - 2\rho\sigma_1\sigma_2 y + \sigma_2^2)} \exp\left[-\frac{1}{2(1-\rho^2)}\left(\frac{\mu_1^2}{\sigma_1^2} - 2\rho\frac{\mu_1}{\sigma_1} \cdot \frac{\mu_2}{\sigma_2} + \frac{\mu_2^2}{\sigma_2^2} \right) \right]$$

$$+ \frac{\mu_1\sigma_2^2 - \mu_2\rho\sigma_1\sigma_2 + (\mu_2\sigma_1^2 - \mu_1\rho\sigma_1\sigma_2)y}{\sqrt{2\pi}(\sigma_1^2 y^2 - 2\rho\sigma_1\sigma_2 y + \sigma_2^2)^{2/3}} \times \exp\left[-\frac{(\mu_2 - \mu_1 y)^2}{2(\sigma_1^2 y^2 - 2\rho\sigma_1\sigma_2 y + \sigma_2^2)} \right]$$

$$\times \left\{ 2\Phi\left[\frac{\mu_1\sigma_2^2 - \mu_2\rho\sigma_1\sigma_2 + (\mu_2\sigma_1^2 - \mu_1\rho\sigma_1\sigma_2)y}{\sigma_1\sigma_2(1-\rho^2)^{1/2}(\sigma_1^2 y^2 - 2\rho\sigma_1\sigma_2 y + \sigma_2^2)^{1/2}} \right] - 1 \right\} \tag{7-43}$$

式中,ρ 表示 g_1 与 g_2 之间的相关系数,显然,这个概率分布较为复杂,且其数字特征也较难计算,无闭合表达式。因此,考虑用 Bootstrap 假设检验法,因为这种方法不需要考虑统计量服从什么分布,而且在有限样本时,其性能与传统检验方法相当,但需要进行重采样,其流程如图 7-11 所示。

7.4.3 算法描述

显然,如果只有一次处理结果,则特征量无法进行统计计算。因此,需要考虑如何利用重采样方法获得一定容量的 Bootstrap 样本集,具体步骤如下:

（1）残留项提取：考虑原始信号与重构信号序列之差，即

$$\hat{c}(n) = r(n) - \hat{s}(n), n = 0, \cdots, N-1$$

式中：重构信号 $\hat{s}(n) = \hat{A}y(n)$，$\hat{A}$ 为幅度估计值。显然，$\hat{c}(n)$ 近似看成是高斯白噪声序列。图 7-12 所示为不同假设下残留项示意图。

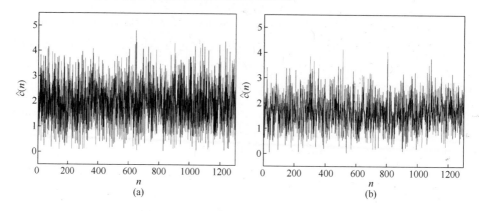

图 7-12 残留项示意图

（a）H_0 假设；（b）H_1 假设。

（2）对残留项 $\hat{c}(n)$ 中的 N 个样本值 $\hat{c}(0), \hat{c}(1), \hat{c}(2), \cdots, \hat{c}(N-1)$ 进行重采样，得到 $c^*(n) = [c^*(0), c^*(1), \cdots, c(N-1)]$。

（3）产生 Bootstrap 样本：$r^*(n) = \hat{s}(n) + c^*(n), n = 0, \cdots, N-1$。

（4）重复（2）、（3）B 次，得到 B 个 Bootstrap 样本集 $r_0^*(n), r_2^*(n), \cdots, r_{B-1}^*(n)$。

通过上述步骤得到一定的样本集之后，便可以利用其计算特征 $\mu_r = \mu_1/\mu_2$。图 7-13 所示为信噪比为 3dB 时，利用前述的 Bootstrap 样本集（样本个数 100）得到的不同假设下特征量 μ_r 在不同信噪比条件下的对比图。由图可知，在 H_0 假设下，μ_r 近似为 2，在 H_1 假设下，μ_r 不等于 2，这印证了前面的分析结果。图中 H_{1A} 表示调制方式识别错误；H_{1B} 表示调制方式识别正确，但其他参数估计误差较大，导致解码错误。

从前面的分析可知，如果利用经典的假设检验方法进行盲分析结果的可信性评估，需要确定统计量 $Y = g_1/g_2$ 的概率分布。显然，式（7-43）给出的概率密度公式相当复杂，且其均值的解析解难以得到。而通过 Bootstrap 法获取样本集，并利用 Bootstrap 假设检验方法可以简化这种分析。图 7-14 所示为利用 Bootstrap 方法得到的不同假设下特征量 $\mu_{r_0} = \mu_r - 2$ 的统计直方图及门限（13 位巴克码，信噪比 3dB，显著性水平 $\alpha = 0.01$）。由图可知，利用 Bootstrap 方法得到的统计量及门限，能较好地区分不同可信性假设情形。需要指出的是 Bootstrap 方法是基于数据的，每次得到的统计直方图及门限均有所不同。

188

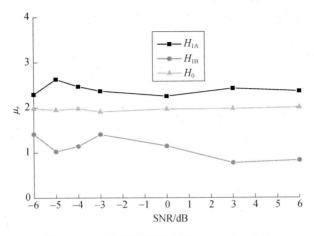

图 7-13　不同假设下特征量 $\mu_r = \mu_1 / \mu_2$ 对比

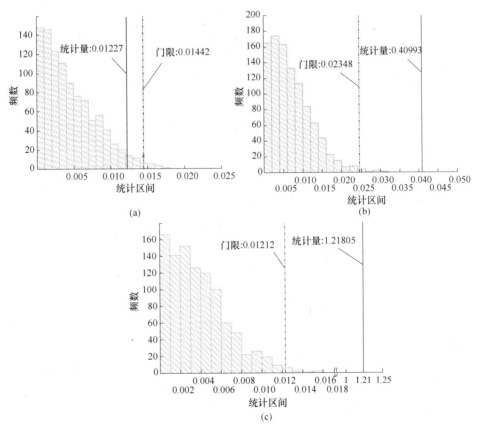

图 7-14　不同假设下特征量 μ_{r_0} 的统计直方图及门限

（a）BPSK 识别正确,解码无误；（b）BSPK 识别正确,有 1bit 错误解码；（c）BPSK 误识为 NS。

本章提出的基于 Bootstrap 方法的 BPSK 信号盲分析结果可信性检验算法主要步骤如下：

（1）参数估计与信号重构：先进行调制方式识别，根据识别结果对应的模型，估计相应参数，分别得到参考信号 $y_0^*(n)$ 及重构信号 $\hat{s}(n)$。

（2）Bootstrap 样本集获取：利用 7.4.3 节提供的方法，得到观测信号的 B 个 Bootstrap 样本集 $r_0^*(n), r_2^*(n), \cdots, r_{B-1}^*(n)$。

（3）特征提取：将参考信号 $y(n)$ 与观测信号 B 个 Bootstrap 样本集分别作 N 点及 $[N/2]$ 点相关累加并取模，得到 B 个样本值 $\{g_{1,i}^*\}$，$\{g_{2,i}^*\}$，$i = 0, 1, \cdots, B-1$，提取两个随机样本集均值比特征 $\mu_{r_0} = \mu_1/\mu_2 - 2$。

（4）检验判决：利用基于 Bootstrap 的假设检验方法，在给定的显著水平 α 下，得到判决门限 $\mu_{r_0}^*(q)$，后通过比较统计量与门限的大小进行判决。判决规则为当 $\mu_{r_0} > \mu_{r_0}^*(q)$ 时，拒绝 H_0 假设，反之接受 H_0，其中 q 与显著性水平 α 之间关系为 $\alpha = (B+1-q)/(B+1)$。

7.5 性能仿真与分析

7.5.1 仿真条件

假设接收到的观测信号 $x(n)$ 为被加性高斯白噪声污染的 BPSK 信号。本节将在不同条件下，对提出的 3 种方法应用于 BPSK 信号盲分析结果可信性评估时的算法性能进行仿真与分析。

仿真中所用调制识别算法为文献[21]提出的基于能量聚焦效率检验法，信号的参数估计方法采用文献[22]提出的一套算法。仿真次数 $N_s = 1000$ 次，采样频率为 100MHz。为了表达方便，后续描述中将满足 H_0 假设的情形（单次调制方式识别正确且解码无误）称为可信处理，将满足 H_1 假设的情形（单次调制方式识别错误或者单次调制方式识别正确但存在至少 1bit 解码错误）称为不可信处理。表 7-1 至表 7-9 中：n_{00} 表示实际假设为 H_0，利用所提出的可信性检验算法判为 H_0 的次数；n_{01} 表示实际假设为 H_0，但利用检验算法判为 H_1 的次数；n_{10} 表示实际假设为 H_1，但利用检验算法判为 H_0 的次数；n_{11} 表示实际假设为 H_1，利用检验算法判为 H_1 的次数。此处，定义第一类错误为实际假设为 H_0，但利用检验算法判为 H_1，第二类错误为实际假设为 H_1，但利用检验算法判为 H_0，故两类错误概率 $P_e = (n_{10} + n_{01})/N_s$。当 $(n_{11} + n_{10}) \neq 0$，定义检错率 $P_d = n_{11}/(n_{11} + n_{10})$，实质上就是检测概率的大小。以两类错误概率及检错率作为性能分析的两大指标。

7.5.2 信噪比对检验性能的影响

表 7-1 至表 7-3 所列为 BPSK 信号取载频为 19.8MHz，码元宽度为 1μs，码

序列为 13bit 巴克码,其码序列为[1, 1, 1, 1, 1, 0, 0, 1, 1, 0, 1, 0, 1],初相为 $\pi/4$,样本长度为 1300 点时,分别利用本章给出的 3 种方法对 BPSK 信号盲分析结果可信性进行检验的统计性能。由上述诸表可知:

(1) 本章提出的各算法在适度信噪比范围内,门限选择合适时能有效完成对 BPSK 信号盲处理结果的可信性检验。

① 线性回归失拟检验法:由表 7 - 1 可知,当信噪比大于 0dB 时,所选择的处理算法 1000 次仿真中不可信处理结果的次数为 0,当显著性水平取 0.001 时,其对 BPSK 信号盲处理结果可信性进行检验的两类错误概率为 0。信噪比在[- 4dB, 0dB]区间内时,1000 次仿真中出现不可信处理的次数有所增加,本方法具有较好的检验性能。以信噪比等于 - 4dB 为例,当显著性水平取 0.001 时,检测算法可将 84 次不可信处理情形中的 76 次检测出来,检错率达 99.7%,两类错误概率约为 2.5%。随着信噪比进一步下降,所用处理算法的不可信性处理次数增加,两类错误概率也随之增加,但本方法仍具有一定的检错能力。以信噪比等于 - 5dB 为例,门限取 0.001 时,检测算法可将 243 次不可信性处理情形中的 223 次检测出来,检验率达到 91.8% 以上,两类错误概率约为 3.7%。信噪比进一步下降时,本算法的检验性能急剧变差。

② 分布拟合检验法:表 7 - 2 所列为利用相关相位分布拟合法对 BPSK 信号盲分析结果的可信性进行处理时的统计性能。所用分布拟合检验方法为 KS 法。当信噪比大于 0dB 时,显著性水平选择为 0.0001 时,利用本算法对 BPSK 信号处理结果进行可信性检验的两类错误概率为 0。随着信噪比的下降,不可信处理的次数增加。当信噪比为 - 3dB,显著性水平为 0.0001 时,本算法可将 16 次不可信处理情形中的 15 次检出,检错率大于 93%。信噪比为 - 4dB 时,1000 次仿真中出现不可信处理的次数增加到 81 次,显著性水平取 0.0001 时,检测算法可将 76 次不可信处理情形检测出来,检错率达 93.8%,两类错误概率仅为 0.7%。信噪比进一步下降时,所用处理算法的不可信性处理次数增加,两类错误概率也随之增加,但本方法仍具有较强的检错能力。以信噪比为 - 6dB 为例,显著性水平取 0.0001 时,检测算法可将 596 次不可信性处理情形中的 568 次检测出来,检错率达到 95% 以上,两类错误概率约为 3%。因此,本算法的有限信噪比门限约为 - 6dB。

③ Bootstrap 方法:表 7 - 3 所列为利用 Bootstrap 法对 BPSK 信号盲分析结果的可信性进行检验时的统计性能。由表可知:当信噪比大于 0dB 时,三种显著性水平条件下,利用本算法对 BPSK 信号处理结果进行可信性检验的两类错误概率为 0。随着信噪比下降,不可信处理的次数增加。当信噪比为 - 4dB,显著性水平选择为 0.01 时,本算法可将 77 次不可信处理的情形中的 70 次检出,检错率达到 90.9%,两类错误概率为 1.9%。信噪比进一步下降时,所用处理算法的不可信性处理次数增加,两类错误概率也随之增加,但本方法仍具有较强的检错能力。以信

191

噪比为 -5dB 为例,显著性水平取 0.01 时,该算法可将 245 次不可信性处理情形中的 226 次检测出来,检错率达 92% 以上,两类错误概率约为 3.6%。

(2) 在相同信噪比条件下,各算法对 BPSK 信号盲分析结果可信性检验的性能受显著性水平取值的影响。显然,显著性水平决定了各处理方法的判决门限,而门限大小对两类错误的概率大小有影响。门限选择是一个折中行为,一般而言,一个门限选择不可能同时使两种错误概率同时减少。

表 7 - 1　不同信噪比时的检验性能(失拟检验法)

SNR/dB	α	n_{00}	n_{01}	n_{11}	n_{10}	P_e	P_d
	0.01	1 000	0	0	0	0	—
3	0.001	1 000	0	0	0	0	—
	0.000 1	1 000	0	0	0	0	—
	0.01	998	2	0	0	0.002	—
0	0.001	1 000	0	0	0	0	—
	0.000 1	1 000	0	0	0	0	—
	0.01	944	23	31	2	0.025	0.988
-3	0.001	965	2	30	3	0.005	0.998
	0.000 1	967	0	30	3	0.003	0.999
	0.01	863	53	78	6	0.059	0.990
-4	0.001	899	17	76	8	0.025	0.997
	0.000 1	909	7	74	10	0.017	0.998
	0.01	703	54	228	15	0.069	0.938
-5	0.001	740	17	223	20	0.037	0.918
	0.000 1	753	4	221	22	0.026	0.909
	0.01	346	66	562	26	0.092	0.956
-6	0.001	384	28	557	31	0.059	0.947
	0.000 1	395	17	550	38	0.055	0.935

表 7 - 2　不同信噪比时的检验性能(K - S 检验)

SNR/dB	α	n_{00}	n_{01}	n_{11}	n_{10}	P_e	P_d
	0.001	1 000	0	0	0	0	—
3	0.000 1	1 000	0	0	0	0	—
	0.000 01	1 000	0	0	0	0	—
	0.001	1 000	0	0	0	0	—
0	0.000 1	1 000	0	0	0	0	—
	0.000 01	1 000	0	0	0	0	—
	0.001	981	3	15	1	0.004	0.938
-3	0.000 1	984	0	15	1	0.001	0.938
	0.000 01	984	0	15	1	0.001	0.938

SNR/dB	α	n_{00}	n_{01}	n_{11}	n_{10}	P_e	P_d
−4	0.001	909	10	76	5	0.015	0.938
	0.000 1	917	2	76	5	0.007	0.938
	0.000 01	919	0	74	7	0.007	0.914
−5	0.001	706	19	257	18	0.037	0.935
	0.000 1	720	5	255	20	0.025	0.927
	0.000 01	724	1	249	26	0.027	0.905
−6	0.001	393	11	574	22	0.033	0.963
	0.000 1	402	2	568	28	0.03	0.953
	0.000 01	402	2	562	34	0.036	0.943

表 7-3　不同信噪比时的检验性能（Bootstrap 法）

SNR/dB	显著性水平	n_{00}	n_{01}	n_{11}	n_{10}	P_e	P_d
3	0.05	1000	0	0	0	0	—
	0.025	1000	0	0	0	0	—
	0.01	1000	0	0	0	0	—
0	0.05	1000	0	0	0	0	—
	0.025	1000	0	0	0	0	—
	0.01	1000	0	0	0	0	—
−3	0.05	970	8	22	0	0.008	1
	0.025	970	8	22	0	0.008	1
	0.01	971	7	22	0	0.007	1
−4	0.05	903	20	73	4	0.024	0.948
	0.025	905	18	73	4	0.022	0.948
	0.01	911	12	70	7	0.019	0.909
−5	0.05	731	24	230	15	0.039	0.939
	0.025	735	20	227	18	0.038	0.927
	0.01	738	17	226	19	0.036	0.922
−6	0.05	382	16	545	57	0.073	0.905
	0.025	382	16	543	59	0.075	0.902
	0.01	385	13	536	66	0.079	0.890

7.5.3　信号参数变化对检验性能的影响

1. 载频变化

表 7-4 至表 7-6 所列为码元宽度、初相及码序与 7.5.2 节仿真条件相同，载波频率分别为 19.8MHz、20.8MHz、21.8MHz 时，显著性水平一定时，分别利用本章提出的 3 种方法对 BPSK 信号盲分析结果进行可信性检验的统计性能。由表可

知,在一定信噪比条件(大于-5dB)下,三种方法的检验性能受载频变化的影响均较小。

表7-4 不同载频时的检验性能(线性回归失拟检验法,显著性水平为0.0001)

SNR/dB	f_0/MHz	n_{00}	n_{01}	n_{11}	n_{10}	P_e	P_d
	19.8	1 000	0	0	0	0	—
3	20.8	1 000	0	0	0	0	—
	21.8	1 000	0	0	0	0	—
	19.8	1 000	0	0	0	0	—
0	20.8	1 000	0	0	0	0	—
	21.8	1 000	0	0	0	0	—
	19.8	967	0	30	3	0.003	0.999
-3	20.8	976	2	19	3	0.005	0.864
	21.8	967	1	28	4	0.005	0.875
	19.8	909	7	74	10	0.017	0.998
-4	20.8	912	4	76	8	0.012	0.905
	21.8	912	2	76	10	0.012	0.884
	19.8	753	4	221	22	0.026	0.909
-5	20.8	748	8	231	13	0.021	0.947
	21.8	745	10	226	19	0.029	0.922
	19.8	395	17	550	38	0.055	0.935
-6	20.8	377	9	582	32	0.041	0.948
	21.8	387	11	579	23	0.034	0.962

表7-5 不同载频时的检验性能(KS检验法,显著性水平为0.0001)

SNR/dB	f_0/MHz	n_{00}	n_{01}	n_{11}	n_{10}	P_e	P_d
	19.8	1 000	0	0	0	0	—
3	20.8	1 000	0	0	0	0	—
	21.8	1 000	0	0	0	0	—
	19.8	1 000	0	0	0	0	—
0	20.8	999	1	0	0	0.001	—
	21.8	1 000	0	0	0	0	—
	19.8	981	3	14	2	0.005	0.875
-3	20.8	974	1	19	6	0.007	0.760
	21.8	987	1	9	3	0.004	0.750
	19.8	931	1	59	9	0.01	0.868
-4	20.8	922	1	69	8	0.009	0.896
	21.8	892	5	94	9	0.014	0.913
	19.8	719	4	253	24	0.028	0.913
-5	20.8	726	6	249	19	0.025	0.929
	21.8	713	2	268	17	0.019	0.940

194

SNR/dB	f_0/MHz	n_{00}	n_{01}	n_{11}	n_{10}	P_e	P_d
	19.8	399	1	567	33	0.034	0.945
-6	20.8	414	3	550	33	0.036	0.943
	21.8	421	3	546	30	0.033	0.948

表 7-6 不同载频时的检验性能（Bootstrap 法,显著性水平为 0.01）

SNR/dB	f_0/MHz	n_{00}	n_{01}	n_{10}	n_{11}	P_e	P_d
	19.8	1000	0	0	0	0	—
3	20.8	1000	0	0	0	0	—
	21.8	1000	0	0	0	0	—
	19.8	1000	0	0	0	0	—
0	20.8	1000	0	0	0	0	—
	21.8	1000	0	0	0	0	—
	19.8	971	7	22	0	0.007	1.000
-3	20.8	975	5	19	1	0.006	0.950
	21.8	977	1	19	3	0.004	0.864
	19.8	911	12	70	7	0.019	0.909
-4	20.8	883	8	99	10	0.018	0.908
	21.8	905	7	82	6	0.013	0.932
	19.8	738	17	226	19	0.036	0.922
-5	20.8	697	15	269	19	0.034	0.934
	21.8	740	18	225	17	0.035	0.930
	19.8	385	13	536	66	0.079	1
-6	20.8	399	14	535	52	0.066	1
	21.8	399	19	542	40	0.059	1

2. 初相变化

表 7-7 至表 7-9 所列为码元宽度、码序列及载频与 7.5.2 节相同,显著性水平一定,初相分别取 $\pi/6$、$\pi/4$、$\pi/3$ 时,利用本章的 3 种方法分别对 BPSK 信号盲分析结果进行可信性检验的统计性能。由表可知,信噪比适度时,其检测性能基本不受初相变化的影响。

表 7-7 不同初相位时的检验性能（失拟检验法,显著性水平为 0.0001）

SNR/dB	θ	n_{00}	n_{01}	n_{11}	n_{10}	P_e	P_d
	$\pi/3$	1 000	0	0	0	0	—
3	$\pi/4$	1 000	0	0	0	0	—
	$\pi/6$	1 000	0	0	0	0	—
	$\pi/3$	1 000	0	0	0	0	—
0	$\pi/4$	1 000	0	0	0	0	—
	$\pi/6$	1 000	0	0	0	0	—

（续）

SNR/dB	θ	n_{00}	n_{01}	n_{11}	n_{10}	P_e	P_d
	$\pi/3$	980	0	17	3	0.003	0.850
-3	$\pi/4$	967	0	30	3	0.003	0.999
	$\pi/6$	967	3	25	5	0.008	0.833
	$\pi/3$	911	2	79	8	0.01	0.908
-4	$\pi/4$	909	7	74	10	0.017	0.998
	$\pi/6$	909	8	78	5	0.013	0.940
	$\pi/3$	719	7	256	18	0.025	0.934
-5	$\pi/4$	753	4	221	22	0.026	0.909
	$\pi/6$	719	13	241	27	0.04	0.899
	$\pi/3$	360	11	596	33	0.044	0.948
-6	$\pi/4$	395	17	550	38	0.055	0.935
	$\pi/6$	381	13	566	40	0.053	0.934

表 7-8　不同初相位时的检验性能（K-S 检验法，显著性水平为 0.0001）

SNR/dB	θ	n_{00}	n_{01}	n_{11}	n_{10}	P_e	P_d
	$\pi/3$	1000	0	0	0	0	—
3	$\pi/4$	1000	0	0	0	0	—
	$\pi/6$	1000	0	0	0	0	—
	$\pi/3$	1000	0	0	0	0	—
0	$\pi/4$	1000	0	0	0	0	—
	$\pi/6$	1000	0	0	0	0	—
	$\pi/3$	980	2	17	1	0.003	0.944
-3	$\pi/4$	976	0	19	5	0.005	0.792
	$\pi/6$	983	2	13	2	0.004	0.867
	$\pi/3$	917	6	69	8	0.014	0.896
-4	$\pi/4$	908	1	78	13	0.014	0.857
	$\pi/6$	913	2	76	9	0.011	0.894
	$\pi/3$	740	7	235	18	0.025	0.929
-5	$\pi/4$	743	2	237	18	0.02	0.929
	$\pi/6$	740	3	238	19	0.022	0.926
	$\pi/3$	398	4	567	31	0.035	0.948
-6	$\pi/4$	389	2	567	42	0.044	0.931
	$\pi/6$	379	1	593	27	0.028	0.956

表 7 - 9　不同初相位时的检验性能(Bootstrap 法,显著性水平为 0.01)

SNR/dB	θ	n_{00}	n_{01}	n_{11}	n_{10}	P_e	P_d
3	$\pi/3$	1000	0	0	0	0	—
	$\pi/4$	1000	0	0	0	0	—
	$\pi/6$	1000	0	0	0	0	—
0	$\pi/3$	1000	0	0	0	0	—
	$\pi/4$	1000	0	0	0	0	—
	$\pi/6$	1000	0	0	0	0	—
-3	$\pi/3$	977	3	20	0	0.003	1
	$\pi/4$	982	0	16	2	0.002	0.889
	$\pi/6$	971	7	22	0	0.007	1.000
-4	$\pi/3$	923	10	64	3	0.013	0.955
	$\pi/4$	904	9	83	4	0.013	0.954
	$\pi/6$	911	12	70	7	0.019	0.909
-5	$\pi/3$	728	10	236	26	0.036	0.901
	$\pi/4$	712	11	256	21	0.032	0.924
	$\pi/6$	738	17	226	19	0.036	0.922
-6	$\pi/3$	368	14	570	48	0.062	0.922
	$\pi/4$	367	15	562	56	0.071	0.909
	$\pi/6$	385	13	536	66	0.079	0.890

7.5.4　复杂度分析

本节对算法复杂度分析的基本依据是,一次复数乘法需要 6 次浮点运算,一次复加需要 2 次浮点运算[23]。根据前述各节的推导与分析过程,分别将三种算法中主要处理环节的运算量分析如下。

1. 线性回归失拟检验法

线性回归失拟检验法的主要环节如下:

(1) 相关累加:假设观测信号及构造的参考信号长度均为 N,则作相关累加运算需 N 次复乘及 $N-1$ 次复加;取模运算需要作 $2N$ 次实乘(折合为 $N/2$ 次复乘), N 次实加(折合为 $N/2$ 复加),这样相关累加运算总的浮点运算次数近似为 $12N-2$。此外,取模时还要作开方运算,开方运算通常是通过调用内置函数或 IP 核来进行,计算时一般通过泰勒级数展开实现,具体的运算量根据不同的精度要求而变化,较难精确得到。

(2) F 统计量计算:根据 F 统计量的公式需要对相关累加模值数据先进行聚类,然后按照式(7-2)给出的三种不同模型分别进行线性回归并分别计算残差,故需约 $3N/2$ 次复乘、$3(3N-1)$ 次复加,相应地浮点运算次数约为 $27N-6$ 次。

197

2. 相位序列拟合优度检验法

相位序列拟合优度检验法的主要环节如下：

（1）相关运算：需 N 次复乘运算。

（2）相位提取与校正：实部与虚部相除，需要进行 N 次实乘运算，折合为 $N/4$ 次复乘。此外，瞬时相位的计算还要进行 N 次反正切运算及相位校正。反正切运算也是通过泰勒近似来实现，相位校正主要是一系列逻辑比较环节，较难精确得到其运算量度量。

（3）统计量计算：此处有 C_1 及 C_2 两个特征量计算。对前者而言，其主要环节中经验分布函数构造，需 $N-1$ 次实加，拟合优度统计量计算需要 N 次实加，共计折合约 N 次复加；对后者而言，实质是将相关相位数据一分为二，分别进行拟合优度检验，其运算量与前者一样，也可近似折合为 N 次复加。于是，统计量计算环节的复加次数约为 $2N$。

3. Bootstrap 方法

Bootstrap 方法的主要环节如下：

（1）特征提取：该环节主要是做相关累加运算，分别做 N 点及 $[N/2]$ 点相关累加并取模。假设观测信号及构造的参考信号长度均为 N，考虑到计算 N 点相关累加可利用前 $[N/2]$ 点相关累加的结果，则该环节需 N 次复乘及 $N-1$ 次复加；取模运算需要作 4 次实乘（折合为 2 次复乘），2 次实加（折合为 1 次复加），相关累加环节的运算量为 $N+2$ 次复乘及 $N+1$ 次复加。这样相关累加运算总的浮点运算次数近似为 $8N+14$ 次。

（2）门限计算：在 Bootstrap 方法的框架中，判决门限实质上是通过重采样得到 B 个 Bootstrap 集，针对每一个 Bootstrap 集，分别计算其特征，即要分别作 B 次 N 点及 $[N/2]$ 点相关累加并取模。因此，该环节的浮点运算次数近似为 $B(8N+14)$ 次。

综上，线性回归失拟检验法主要运算环节所需的浮点运算次数为 $39N-8$ 次，算法的时间复杂度为 $O(N)$ 阶；相位序列拟合优度检验法主要环节所需的浮点运算次数约为 $23N/2$ 次，算法的时间复杂度也是 $O(N)$ 阶。两者均是线性阶复杂度，这就意味着用现有的 FPGA 或微处理器在工程上是可以实现的。Bootstrap 检验法主要运算环节所需的浮点运算次数为 $(B+1)(8N+14)$ 次，算法的时间复杂度为 $O(N)$ 阶。此外，Bootstrap 检验法中，还有一些非计算性环节，也需要耗费一定的处理资源，如 Bootstrap 样本集的获取本身也要进行多次重采样。因此，该方法适用于对实时性要求不高的场合。

7.6　本　章　小　结

本章针对 BPSK 信号盲分析结果的可信性评估问题，借鉴匹配滤波原理，先利用给定处理算法对信号进行调制识别及参数估计,根据处理结果建立参考信号,并计算其与原始信号相关累加模值,以此作为可信性分析的依据,对 BPSK 信号盲处理结果进行检验。基于传统统计检验及模式识别原理,本章分别从幅度与相位特征两个角度,介绍了相关累加模值回归失拟检验、相位序列拟合优度检验两种不同算法。此外,本章将非经典统计技术引入到信号盲分析结果的可信性评估中,介绍了一种基于 Bootstrap 方法的 BPSK 信号盲分析结果可信性评估算法。按照 Bootstrap 假设检验的流程,详细分析了重复样本获取、门限设定的具体方法,最后对算法进行了仿真与分析,验证其有效性。该方法无须知道统计量确切的概率分布及数字特征,可进行门限的自适应设定,为统计量概率分布无确切的解析表达形式或较为复杂的情形,提供了一种可行的解决思路。最后对三种方法的性能进行了仿真分析与比较,同时对各算法核心环节的时间复杂度作了分析与对比。

参 考 文 献

［1］ Eldemerdash Y A, Marey M, Dobre O A, et al. Fourth – order statistics for blind classification of spatial multiplexing and alamouti space – time block code signals ［J］. IEEE Transactions on Communications, 2013, 61 (6):2420 – 2431.

［2］ Christensen R. Plane answers to complex questions:the theory of linear models ［M］. New York:Springer, 2011.

［3］ Daniel C,Wood F S . Fitting equations to data［M］. New York :Wiley – Interscience,1971.

［4］ 齐国清. FMCW 液位测量雷达系统设计及高精度测距原理研究［D］.大连:大连海事大学, 2001.

［5］ 沈凤麟. 信号统计分析与处理 ［M］.合肥:中国科学技术大学出版社, 2001.

［6］ Stephens M A. EDF statistics for goodness of fit and some comparisons ［J］. Journal of the American statistical Association, 1974, 69(347):730 – 737.

［7］ Eadie W T, James F. Statistical methods in experimental physics ［M］. Singapore :World Scientific, 2006.

［8］ Laio F. Cramer – von Mises and Anderson – Darling goodness of fit tests for extreme value distributions with unknown parameters［J］. Water Resources Research, 2004, 40(9):333 – 341.

［9］ Darling D A. The Cramér – Smirnov test in the parametric case［J］. Annals of Mathematical Statistics, 1955, 1 (1):1 – 20.

［10］ Robert N M,Whalen A D. Detection of signals in noise ［M］. 2nd ed. San Diego:Academic Press, 1995.

［11］ Defreitas J M. Probability density functions for intensity induced phase noise in CW phase demodulation systems［J］. Measurement Science & Technology, 2007, 18(11):3592 – 3602.

［12］ Blachman N. The effect of phase error on DPSK error probability ［J］. IEEE Transactions on Communications, 1981, 29(3):364 – 365.

［13］ Nicholson G. Probability of error for optical heterodyne DPSK system with quantum phase noise ［J］. Electronics Letters, 1984, 20(24):1005 – 1007.

［14］ Massey F J. The Kolmogorov – Smirnov test for goodness of fit［J］. Journal of the American Statistical Association, 1951, 46(253):68 – 78.

［15］ Wang F, Wang X. Fast and robust modulation classification via Kolmogorov – Smirnov test ［J］. IEEE Transactions on Communications, 2010, 58(8):2324 – 2332.

[16] Zoubir A M, Boashash B. The bootstrap and its application in signal processing [J]. IEEE Signal Processing Magazine, 1998, 15(1):56 – 76.

[17] Brcich R F, Zoubir A M, Pelin P. Detection of sources using bootstrap techniques [J]. IEEE Transactions on Signal Processing, 2002, 50(2):206 – 215.

[18] Zoubir A M, Iskander D R. Bootstrap methods and applications [J]. IEEE Signal Processing Magazine, 2007, 24(4):10 – 19.

[19] Zoubir A M, Iskander D R. Bootstrap techniques for signal processing [M]. Cambridge :Cambridge University Press, 2004.

[20] Simon M K. Probablity distributions involving Gaussian variables – A Handbook for Engineers and Scientists [M]. NewYork:Spinger, 2006.

[21] 胡国兵, 徐立中, 徐淑芳, 等. 基于能量聚焦效率检验的信号脉内调制识别[J]. 通信学报, 2013, 36 (6):136 – 145.

[22] 胥嘉佳. 电子侦察信号处理关键算法和欠采样宽带数字接收机研究[D]. 南京:南京航空航天大学, 2010.

[23] Karami E, Dobre O A. Identification of SM – OFDM and AL – OFDM signals based on their second – order cyclostationarity [J]. IEEE Transactions on Vehicular Technology, 2015, 64(3):942 – 953.

第8章 复合调制信号盲分析结果的可信性评估

8.1 引 言

在雷达电子侦察中,为了进一步提高性能及战场生存概率,应对电磁环境的复杂化,复合调制信号被广泛采用,常见的复合调制信号包括 LFM/BPSK,FSK/BPSK,S 型非线性调频[1-5]等。显然,此类信号因其调制机制复杂,在解调过程中发生识别错误或参数估计误差大的可能性比单一调制信号更大。因此,对复合调制信号盲分析结果的可信性评估更具实用价值。目前的相关研究,大多集中于对单一调制信号分析结果的可信性评估(见本书第 5 至 7 章),而缺乏针对复合调制信号盲分析结果可信性评估方法的研究。本章针对此问题,以 LFM/BPSK 信号为例提出了两种基于顺序统计量理论的盲分析结果可信性评估方法。两种方法的基本思路为:先根据调制识别结果构造参考信号,并将其与观测信号作相关运算;然后分析不同可信性假设下相关谱的最大值分布特性,在此基础上分别提出了基于相关谱最大值存在性检验、相关谱广义极值(Generalised Extreme Value,GEV)模型分布拟合检验的两种处理方法。

本章首先对顺序统计量理论中的最大值分布及 GEV 分布模型等基本理论与方法进行回顾,而后分别从特征分析、判决规则及门限、性能分析及算法的复杂度等几个方面对所提出的两种可信性评估算法作详细阐述。

8.2 顺序统计量基础

本节将列出本章涉及的一维极值分布、最大值极限分布的相关知识,其他更深入的相关议题可参考文献[6-8]。

8.2.1 一维顺序统计量分布

设一组独立同分布随机变量 $X_1, X_2, \cdots, X_n$,其分布函数为 $F(x)$(亦称 $F(x)$ 为底分布),将其按降序排列后得到顺序统计量 $X_{(n)}, X_{(n-1)}, \cdots, X_{(1)}$,记 $F_{(r)}(x), r = 1, \cdots, n$ 为第 r 大顺序统计量的分布函数,可写为

$$F_{(r)}(x) = P\{X_{(r)} \leqslant x\}$$
$$= P\{\text{至少有 } r \text{ 个 } X_i \text{ 小于等于 } x\}$$
$$= \sum_{i=r}^{n} \binom{n}{i} F^i(x) [1 - F(x)]^{n-i} \tag{8-1}$$

特别地,随机变量 $X_1, X_2, \cdots, X_n$ 中最大值 $X_{(n)}$ 的分布函数为

$$F_{(n)}(x) = F^n(x)$$

其最小值 $X_{(1)}$ 的分布函数为

$$F_{(1)}(x) = 1 - [1 - F(x)]^n$$

说明:

(1) 根据随机变量的概率密度函数与其分布函数之间的微积分关系,也可以得到相应顺序统计量的概率密度函数为

$$f_{(r)}(x) = \frac{\partial F_{(r)}(x)}{\partial x} = r\binom{r}{n} F^{r-1}(x) [1 - F(x)]^{n-r} f(x)$$

$$= F^{r-1}(x) [1 - F(x)]^{n-r} \frac{f(x)}{B(r, n-r+1)} \tag{8-2}$$

式中,$B(p, q)$ 为 Beta 函数,定义为

$$B(p, q) = \int_0^1 x^{p-1} (1-x)^{q-1} \mathrm{d}x$$

(2) 若随机变量 $X_1, X_2, \cdots, X_n$ 相互独立但不同分布,假定对应于 X_i 的概率密度函数及其分布函数分别为 $f_i(x)$,$F_i(x)$,$i = 1, \cdots, n$,则其最大值的分布函数为

$F_{(n)}(x) = \prod_{i=1}^{n} F_i(x)$,其概率密度函数为

$$f_{(n)}(x) = \left[\prod_{i=1}^{n} F_i(x) \right] \sum_{i=1}^{n} \left(\frac{f_i(x)}{F_i(x)} \right) \tag{8-3}$$

8.2.2　一维最大值分布的极限分布

如果给定底分布,且各个随机变量满足独立同分布的条件,则其极值分布的分布函数可以精确给出。但在有些应用场合,$F(x)$ 无法确切知道(如某个参数未知),从而限制了其在统计分析及工程实际中的应用,极值分布理论对极值的类型及其极限分布、极限分布类型与底分布之间的关系作了回答。下面将对本章中涉及到的最大值极限分布理论进行介绍,有关最小值极限分布的内容请参考文献[6,7]。

1. 最大值极限分布

定理 8.1　Fisher – Tippett 极值类型定理:设 $X_1, X_2, \cdots, X_n$ 是独立同分布的随

机序列,分布函数为 $F(x)$,其最大值定义为

$$X_{(n)} = \max(X_1, X_2, \cdots, X_n)$$

若存在常数列 $\{a_n > 0\}$,使得

$$\lim_{n \to \infty} P\left(\frac{X_{(n)} - a_n}{b_n} \leqslant x\right) = G(x), x \in \mathbf{R} \tag{8-4}$$

成立,其中 $G(x)$ 是非退化的分布函数,则其形式必属于以下三种分布类型之一:

I 型分布(Gumbel 分布):

$$G_1(x) = \exp\{-e^{-x}\}, x \in \mathbf{R} \tag{8-5}$$

II 型分布(Frechet 分布):

$$G_2(x, \beta) = \begin{cases} 0, x \leqslant 0 \\ \exp\{-x^{-\beta}\}, x > 0, \beta > 0 \end{cases} \tag{8-6}$$

III 型分布(Weibull 分布):

$$G_3(x, \beta) = \begin{cases} \exp\{-(-x)^\beta\}, x \leqslant 0, \beta > 0 \\ 1, x > 0 \end{cases} \tag{8-7}$$

以上三种分布统称为极值分布(Extreme Value Distribution, EVT)。上述分布中的参数 β 与底分布 $F(x)$ 的尾部有关。Fisher – Tippett 极值类型定理说明,对于独立同分布的随机变量,无论其底分布属于哪一种类型,经过适当地规范化后,得到规范化最大值随机量 $\frac{X_{(n)} - a_n}{b_n}$ 必以分布收敛于上述的三种极值分布类型之一。也就是说,知道了随机变量的底分布就可以推断出其最大值的极限分布类型。

2. 广义极值分布

可以将上述三种最大值极限分布形式统一为

$$G(x; \theta) = \exp\{-(1 + x\theta^{-1})^{-\theta}\}, 1 + x\theta^{-1} > 0, x \in \mathbf{R} \tag{8-8}$$

称广义极值(GEV)分布。当参数 $\theta < 0$ 时, $G(x; \theta)$ 与 $G_3(x; -\theta)$ 属同一分布;当 $\theta \to \pm \infty$ 时, $G(x; \theta)$ 与 $G_1(x; \theta)$ 属同一分布。

3. 极值分布的最大值吸引场

对于不同的底分布,其极值的极限分布属于上述三种类型的哪一种,需要利用吸引场理论来进行判断。所谓的最大值吸引场,是指若

$$\lim_{n \to \infty} P\left(\frac{X_{(n)} - a_n}{b_n} \leqslant x\right) = \lim_{n \to \infty} F^n(a_n x + b_n) = G(x) \tag{8-9}$$

成立,则称随机变量 X 属于极值分布 $G(x)$ 的最大值吸引场(Maximum Domain of Attraction, MDA),记作 $X \in \mathrm{MDA}(G)$ 。

定理 8.2 三种极值分布的最大值吸引场(充要条件):对于给定的底分布 $F(x)$,其最大值极限分布属于三种最大值极限分布吸引场的充分必要条件如下。

(1)属于 $G_1(x)$ 当且仅当

$$\lim_{n \to \infty} n\{1 - F[X_{1-1/n} + x(X_{1-1/(ne)} - X_{1-1/n})]\} = \exp(-x) \qquad (8-10)$$

此处 X_α 是底分布 $F(x)$ 的 100α 分位数。其规范化系数为

$$a_n = F^{-1}\left(1 - \frac{1}{n}\right), b_n = F^{-1}\left(1 - \frac{1}{ne}\right) - a_n \qquad (8-11)$$

(2)属于 $G_2(x)$ 当且仅当 $\omega(F) = \infty$ 且有

$$\lim_{x \to \infty} \frac{1 - F(tx)}{1 - F(t)} = x^{-\alpha}; \alpha > 0 \qquad (8-12)$$

式中:$\omega(F) = \sup\{x : F(x) < 1\}$ 为 $F(x)$ 的上端点。其规范化系数为

$$a_n = 0, b_n = F^{-1}\left(1 - \frac{1}{n}\right) \qquad (8-13)$$

(3)属于 $G_3(x)$ 当且仅当 $\omega(F) < \infty$ 且函数 $F^*(x) = F\left(\omega(F) - \frac{1}{x}\right), x > 0$,满足

$$\lim_{x \to \infty} \frac{1 - F^*(tx)}{1 - F^*(t)} = x^{-\alpha}; \alpha > 0 \qquad (8-14)$$

且规范化系数为

$$a_n = \omega(F), b_n = \omega(F) - F^{-1}\left(1 - \frac{1}{n}\right) \qquad (8-15)$$

有关三种不同极值分布最大值吸引场问题的更详细介绍可参考文献[7];关于工程中常用分布的最大值吸引场问题可参考文献[9];有关多元极值分布,非独立同分布情形的极值分布等内容可参考文献[10]。

8.3 基于恒虚警准则的 LFM/BPSK 信号盲分析结果可信性检验

假设叠加了高斯白噪声的 LFM/BPSK 混合调制信号模型为

$$x(n) = s(n) + w(n)$$

$$= A\exp[j(2\pi f_0 \Delta tn + \pi l\Delta t^2 n^2 + \theta(n) + \theta_0)] + w(n), 0 \leq n \leq N-1$$

$$(8-16)$$

式中:A 为信号幅度;f_0 为起始频率;l 为调频系数;Δt 为采样间隔;BPSK 分量的相位函数 $\theta(n) = \pi d_2(n)$(其中 $d_2(n)$ 为二元编码信号,其码元宽度为 T_c,码元个数 N_c,码字为 c_m,$m = 1, \cdots, N_c$);θ_0 为初相位;N 为样本点数;$w(n)$ 为零均值加性复高斯白噪声过程,其实部与虚部相互独立,且与信号互不相关,方差为 $2\sigma^2$。

通常在电子侦察中,解 LFM/BPSK 信号采用分步处理算法[11],其流程由调制方式识别、平方运算、LFM 信号分量参数估计及 BPSK 信号分量解码四个环节构成,如图 8 - 1 所示。

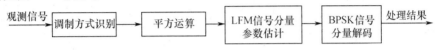

图 8 - 1 LFM/BPSK 信号盲分析的一般流程

LFM/BPSK 信号的调制识别可通过文献[1]提出的相位特征法或文献[12]提出的谱相关法等方法完成,而参数估计分步处理的具体算法可简述如下:

(1) 将 LFM/BPSK 信号平方,得到含噪的线性调频信号。

(2) 对线性调频信号进行参数估计,得到其起始频率 $\hat{f}_1$,调频系数 $\hat{l}_1$,则 LFM/BPSK 混合信号的调频系数估计值 $\hat{l} = \hat{l}_1/2$,起始频率 $\hat{f}_0 = \hat{f}_1/2$。

(3) 利用估计值 $\hat{f}_0$,$\hat{l}$ 构造参考信号,与观测信号作共轭相乘,得到基带 BPSK 信号,并对其解码。

显然,分步处理算法的主要思想是通过平方运算及共轭相乘将 LFM/BPSK 混合调制信号分别降阶成单一 LFM 信号与 BPSK 信号,然后再利用解 LFM 及 BPSK 信号的相关算法进行参数估计。图 8 - 1 所示的几个处理环节之间是相互关联的,如调制方式识别正确是 LFM 信号分量参数估计及 BPSK 信号分量正确解码的共同前提,而 LFM 信号分量参数估计误差小又是 BPSK 信号解码正确的前提;就 BPSK 信号解码本身而言,正确解码的前提是信号的子码宽度、码元个数等估计值准确。为此,可将 LFM/BPSK 信号盲分析结果的可信性评估归结为如下假设检验问题:

$$\begin{cases} H_0: \text{调制方式识别结果正确,且参数估计误差较小、无解码错误} \\ H_1: \text{调制方式识别结果错误,或者识别结果正确但存在至少 1bit 错误解码} \end{cases}$$

$$(8 - 17)$$

对于 LFM/BPSK 信号中的 LFM 信号分量,其参数估计误差的定量指标为:
若同时满足

$$|\Delta f| \le 0.5\Delta F, \quad |\Delta l| \le 3/\Delta F^2 \tag{8 - 18}$$

则认为参数估计精度较高,误差较小(式中:Δf 为起始频率估计误差;Δl 为调频系数估计误差;$\Delta F = 1/(N\Delta t)$为量化频率间隔)[13]。

本节将重点从统计量的确定、判决规则的选择两个方面对 LFM/BPSK 混合调制信号分析结果可信性评估算法加以阐述。其基本思路为:先根据调制识别结果构造参考信号,并将其与观测信号作相关运算;然后通过检测相关谱中是否存在峰值点,实现对 LFM/BPSK 信号盲分析结果的可信性评估。

需要说明的是,在本书中对 LFM/BPSK 信号,当识别正确且参数估计误差小、无解码错误时,称为模型适配,即 H_0。模型适配时,按适配模型(LFM/BPSK)对观测信号进行估计得到的参数集,称为适配参数集,由适配模型及适配参数集建立的参考信号称为适配参考信号。当 LFM/BPSK 信号调制识别正确但参数估计误差大、存在解码错误时(记为 H_{1A}),或被错识为其他调制形式时(记为 H_{1B}),两种情形均称为模型失配。模型失配时,按失配模型进行参数估计得到的参数集,称为失配参数集。显然,在 H_{1A} 情形下,失配参数集与适配参数集的结构相同,但前者的估计误差偏大;在 H_{1B} 情形下,失配参数集与适配参数集的结构不同,有可能导致估计误差变大或者发生估计错误①。

8.3.1　相关谱特征分析

在 H_0 假设下,即为模型适配,此时调制方式识别正确、LFM 信号分量的参数估计误差小且 BPSK 信号分量无解码错误。利用估计得到的适配信号参数集,包括起始频率估计值$\hat{f}_0$、调频系数估计值$\hat{l}$及相位函数$\hat{\theta}(n)$,构造适配参考信号:

$$y_0(n) = \exp\left\{ -j\left[2\pi \hat{f}_0 n\Delta t + \pi \hat{l}(n\Delta t)^2 + \hat{\theta}(n) \right] \right\}, 0 \leq n \leq N-1 \quad (8-19)$$

定义相关序列:

$$z_0(n) = x(n)y_0(n) = A\exp\left[j(2\pi\Delta f\Delta tn + \pi\Delta l\Delta t^2 n^2 + \Delta\theta(n) + \theta_0) \right] + w(n)y_0(n)$$

$$= s_0(n) + w_0(n) \quad (8-20)$$

式中:$s_0(n)$ 与 $w_0(n)$ 分别表示相关序列 $z_0(n)$ 中的信号分量与噪声分量。易知,在 H_0 假设下,当信噪比适度时,假定起始频率及调频系数均估计较准($\Delta f = f_0 - \hat{f}_0 \to 0, \Delta l = l - \hat{l} \to 0$),且 BPSK 信号分量的相位函数 $\theta(n)$ 估计准确($\Delta\theta(n) = \theta(n) - \hat{\theta}(n) \to 0$),不存在解码错误时,有 $z_0(n) \approx Ae^{j\theta_0} + w_0(n)$。对 $z_0(n)$ 作 DFT 变换,有

$$Z_0(k) = \mathrm{DFT}\left[z_0(n) \right] = S_0(k) + W_0(k), 0 \leq k \leq N-1 \quad (8-21)$$

---

①　例如,模型适配时,LFM/BPSK 信号的参数集结构为起始频率、调频系数、相位函数等,但若被错识为 BPSK 信号,按照失配模型 BPSK 的参数估计机制对 LFM/BPSK 信号进行参数估计,所得到的参数集为载频、相位函数。

式中，$S_0(k) = \mathrm{DFT}[s_0(n)] = \sum_{n=0}^{N-1} s_0(n)\mathrm{e}^{-\mathrm{j}\frac{2\pi}{N}nk} = NA\mathrm{e}^{\mathrm{j}\theta_0}\delta(k)$，$W_0(k) = \mathrm{DFT}[w_0(n)] = \sum_{n=0}^{N-1} w_0(n)\mathrm{e}^{-\mathrm{j}\frac{2\pi}{N}nk}$。

由式（8 - 21）可知，$Z_0(k)$ 可近似看作直流信号叠加了噪声的情形。为了分析方便，将 $Z_0(k)$ 中直流分量滤除并取模值，得到修正的相关谱，记为 $Z_{0m}(k) \approx |W_0(k)|$。后文若无特别说明，相关谱均指去直流后的情形。$W_0(k)$ 为均值为零，方差 $\sigma_z = N\sigma^2$ 的高斯白噪声过程，故 $Z_{0m}(k)$ 服从瑞利分布，其波形如图 8 - 2（a）所示。由图可知，去直流后的相关谱模值 $Z_{0m}(k)$ 中不存在峰值点。

H_1 假设下，即为模型失配时，存在两种可能情况：一是调制方式识别正确，但由于参数估计误差较大存在解码错误，记为 H_{1A}；二是调制方式识别错误，记为 H_{1B}。下面分别针对两种不同失配情形下的相关谱峰值特性进行分析：

（1）H_{1A}：调制方式识别正确但参数估计误差较大存在解码错误。此时，仍根据 BPSK/LFM 信号模型估计其参数，得到失配参数集，包括起始频率估计值 $\hat{f}_{01A}$、调频系数估计值 $\hat{l}_{1A}$ 及 BPSK 信号分量的相位函数 $\hat{\theta}_{1A}(n)$，并建立失配参考信号：

$$y_{1A}(n) = \exp\{-\mathrm{j}[2\pi\hat{f}_{01A}n\Delta t + \pi\hat{l}_{1A}(n\Delta t)^2 + \hat{\theta}_{1A}(n)]\}, 0 \leqslant n \leqslant N-1$$

计算相关序列：

$$z_1(n) = x(n)y_{1A}(n) = A\exp[\mathrm{j}(2\pi\Delta f\Delta tn + \pi\Delta l\Delta t^2 n^2 + \Delta\theta(n) + \theta_0)] + w(n)y_{1A}(n)$$
$$= s_{1A}(n) + w_{1A}(n) \tag{8-22}$$

式中：$s_{1A}(n)$，$w_{1A}(n)$ 分别表示相关序列 $z_1(n)$ 的信号分量与等效噪声分量；$\Delta f = f_0 - \hat{f}_{01A}$，$\Delta l = l - \hat{l}_{1A}$，$\Delta\theta(n) = \theta(n) - \hat{\theta}_{1A}(n)$ 分别为失配时的参数估计误差。由于基于分步处理的 LFM/BPSK 信号解调过程是先通过平方运算去除相位编码信息，将其降阶为 LFM 信号，而后估计 LFM 信号分量的各个参数并构造参考信号，将 LFM/BPSK 信号下变频后得到基带 BPSK 信号，再对其进行解码。因此，一般 LFM 参数估计的误差会影响 BPSK 信号解码的性能，LFM 信号分量的参数估计误差大，将可能导致基带 BPSK 信号解码时出现错误。

为了便于分析，将 $s_{1A}(n)$ 分解成

$$s_{1A}(n) = \underbrace{A\mathrm{e}^{\mathrm{j}\theta_0}\exp[\mathrm{j}(2\pi\Delta f\Delta tn + \pi\Delta l\Delta t^2 n^2)]}_{s_{1ALFM}}\underbrace{\exp[\Delta\theta(n)]}_{s_{1ABPSK}}$$
$$= s_{1ALFM}(n)s_{1ABPSK}(n) \tag{8-23}$$

由于模型失配，估计误差 Δf 及 Δl 较大，且 $\Delta\theta(n) \neq 0$，故 $s_{1A}(n)$ 无法近似成一个直流信号，而是相当于起始频率为 Δf，调频系数为 Δl，码字为 $\Delta\theta(n)$ 的 LFM/BPSK 信号，s_{1ALFM}，s_{1ABPSK} 分别为 $s_{1A}(n)$ 中的 LFM 分量及 BPSK 信号分量。显然，

$s_{1A}(n)$ 的频谱是 BPSK 分量与 LFM 分量的卷积,即

$$S_{1A}(e^{j\omega}) = S_{1ALFM}(e^{j\omega}) * S_{1ABPSK}(e^{j\omega})$$

式中,$S_{1A}(e^{j\omega}) = \text{DTFT}[s_{1A}(n)]$,$S_{1ALFM}(e^{j\omega}) = \text{DTFT}[s_{1ALFM}(n)]$,$S_{1ABPSK}(e^{j\omega}) = \text{DT-FT}[s_{1ABPSK}(n)]$。由于 $\Delta f \ll f_0$,$\Delta l \ll l$,式(8-23)定义的 LFM/BPSK 信号带宽较小,此时信号频谱的包络由 BPSK 信号频谱所具有的辛克函数变化规律决定,主瓣宽度大约为 $2/T_c$,其带内起伏较大,带外波动由辛克函数的尾部决定,存在较小的波动[5]。故此时 $z_1(n)$ 去直流后的幅度谱 $Z_{1m}(k)$ 与 H_0 时不同,其带内存在若干峰值。图 8-2(b)及 8-2(c)所示分别为存在 1 位解码错误,2 位解码错误时的相关谱 $Z_{1m}(k)$。由图可知,当信号调制识别结果正确但存在解码错误时,相关谱 $Z_{1m}(k)$ 中存在至少一个峰值点,且随着解码错误位数的增加,带内峰值个数也相应增加。

(2) H_{1B}:LFM/BPSK 信号的调制识别结果错误。必须注意到,一方面,调制识别结果与信号真实的调制方式不同,导致所建立的参考信号与信号真实模型之间产生了失配;另一方面,此时的失配参数集结构与真实信号模型对应的参数集结构不同。这些因素均会对相关谱的峰值特性产生影响。

下面,以误识为 LFM 信号及 BPSK 信号为例进行说明。

1. 误识为 LFM 信号

首先,按照失配模型时,即 LFM 信号的相位函数,构造参考信号:

$$y_{1BLFM}(n) = \exp\left[-j(2\pi \hat{f}_{0BLFM}\Delta tn + \pi \hat{l}_{BLFM}\Delta t^2 n^2)\right]$$

式中 $\hat{f}_{0BLFM}$,$\hat{l}_{BLFM}$ 为失配参数集,即将 LFM/BPSK 信号误识为 LFM 信号时,失配模型 LFM 信号的起始频率及调频系数估计值。

然后,计算相关序列:

$$
\begin{aligned}
z_1(n) &= x(n)y_{1BLFM}(n) = A\exp\left[j(2\pi\Delta f\Delta tn + \pi\Delta l\Delta t^2 n^2\right. \\
&\quad \left. + \theta(n) + \theta_0)\right] + w(n)y_{1BLFM}(n) \\
&= s_{1BLFM}(n) + w_{1BLFM}(n)
\end{aligned}
\tag{8-24}
$$

式中:$\Delta f = f_0 - \hat{f}_{0BLFM}$,$\Delta l = l - \hat{l}_{BLFM}$ 分别指失配模型为 LFM 时起始频率及调频系数估计误差。由式(8-24)可知,$z_1(n)$ 的信号部分 $s_{1BLFM}(n)$ 变成一个起始频率及调频系数分别为 Δf、Δl,相位函数为 $\theta(n)$ 的 LFM/BPSK 信号,噪声分量 $w_{1BLFM}(n) = w(n)y_{1BLFM}(n)$。

下面分析模型失配对 Δf、Δl 的影响。当 LFM/BPSK 信号被误识为 LFM 信号时,若采用离散多项式变换[14]方法处理 LFM/BPSK 调制信号,其处理机制如下:

(1) 对观测信号进行延时相关,计算

$$
\begin{aligned}
c_1(n) &= x(n)x^*(n-\tau) = s(n)s^*(n-\tau) + w_c(n) \\
&= A\exp\left\{j\left[2\pi f_0\Delta tn + \pi l\Delta t^2 n^2 + \theta(n) + \theta_0\right]\right\}
\end{aligned}
$$

$$\cdot A\exp\{-j[2\pi f_0\Delta t(n-\tau)+\pi l\Delta t^2(n-\tau)^2$$
$$+\theta(n-\tau)+\theta_0]\}+w_c(n)$$
$$=A^2\exp\{j[2\pi f_0\Delta t\tau+\pi l\Delta t^2(2n\tau-\tau^2)+\nabla\theta(n)]\}+w_c(n)$$
$$=A^2\exp\{j[2\pi\underbrace{(\tau l\Delta t)}_{f_1}\Delta tn+\nabla\theta(n)+\underbrace{2\pi f_0\Delta t\tau-\pi l\Delta t^2\tau^2}_{\theta_1}]\}+w_c(n)$$
$$=A^2\exp[j(2\pi f_1 n\Delta t+\nabla\theta(n)+\theta_1)]+w_c(n) \qquad (8-25)$$

式中：$f_1=\tau l\Delta t$，$\nabla\theta(n)=\theta(n)-\theta(n-\tau)$，$\theta_1=2\pi f_0\Delta t\tau-\pi l\Delta t^2\tau^2$，等效噪声分量为

$$w_c(n)=s(n)w^*(n-\tau)+w(n)s^*(n-\tau)+w(n)w^*(n-\tau)$$

由式(8-25)可知，$c_1(n)$实际上是一个二相位编码信号，其频谱近似按辛克函数规律变化。若按解 LFM 信号的 DPT 处理算法，则是将$c_1(n)$视为正弦波信号，并按正弦波频率估计的方法对f_1进行估计，而后得到调频系数的估计值$\hat{l}_\text{BLFM}=\hat{f}_1/(\tau\Delta t)$。但由于相位编码信号频谱与正弦波信号频率谱不同，其能量不能聚焦在最大谱线上。此外，加上噪声影响，对于基于 DFT 的各种频率估计器，最大谱线位置的不确定性将导致f_1估计误差变大，从而调频系数的估计误差$\Delta l=l-\hat{l}_\text{BLFM}$也相应偏大。

（2）利用失配时的调频系数估计值$\hat{l}_\text{BLFM}$构造参考信号：

$$d_1(n)=x(n)\exp(-j\pi\hat{l}_\text{BLFM}n^2\Delta t^2)$$
$$=A\exp[j(2\pi f_0 n\Delta t+\pi\Delta l\Delta t^2 n^2+\theta(n)+\theta_0)]+w_d(n) \qquad (8-26)$$

式中，等效噪声分量$w_d(n)=w(n)\exp(-j\pi\hat{l}_\text{BLFM}n^2\Delta t^2)$。由式(8-26)可知，$d_1(n)$是一个起始频率为$f_0$，调频系数为$\Delta l$，相位函数为$\theta(n)$的 LFM/BPSK 混合调制信号。由于此时 LFM/BPSK 信号被误识为 LFM 信号，按 DPT 法解 LFM 信号的机制来处理时，应视式(8-26)为近似的正弦波信号，并通过估计其载波频率作为 LFM 信号（实质上是 LFM/BPSK 信号）起始频率的估计$\hat{f}_\text{0BLFM}$。由于模型失配，$d_1(n)$无法近似为一个正弦波，而是一个 LFM/BPSK 信号。而一般有$\Delta l\ll l$，故$d_1(n)$的频谱带宽较小，其频谱主要由 BPSK 信号分量决定，即带内的频谱按辛克函数变化[5]，加上受噪声的影响，其频谱中最大谱线位置的不确定性增加，从而导致失配时起始频率估计误差$\Delta f=f_0-\hat{f}_\text{0BLFM}$变大。

从上述分析可知，当 LFM/BPSK 误识为 LFM 信号时，由于模型失配及噪声的影响，失配参数估计误差Δf、Δl均可能变大，相关序列$z_1(n)$的频谱$Z_{1m}(k)$按辛克函数规律变化，且其谱线中存在若干峰值，如图 8-2(d)所示。

2. 误识为 BPSK 信号

同样地，若将 LFM/BPSK 调制信号误识为 BPSK 信号，即失配模型为 BPSK 信

号。首先,按照 BPSK 信号的相位函数,建立失配参考信号:

$$y_{1BPSK}(n) = \exp\{-j[2\pi\hat{f}_{0BPSK}\Delta tn + \hat{\theta}_{BPSK}(n)]\} \quad (8-27)$$

式中,失配参数集$\hat{f}_{0BPSK}$,$\hat{\theta}_{BPSK}(n)$分别表示将 LFM/BPSK 信号按 BPSK 失配模型进行处理时得到的载频及相位函数估计。

然后,计算相关序列:

$$\begin{aligned} z_1(n) &= x(n)y_{1BPSK}(n) \\ &= A\exp[j(2\pi\Delta f\Delta tn + \pi l\Delta t^2n^2 + \Delta\theta(n) + \theta_0)] + w(n)y_{1BPSK}(n) \\ &= s_{1BPSK}(n) + w_{1BPSK}(n) \end{aligned} \quad (8-28)$$

式中:频率估计误差 $\Delta f = f_0 - \hat{f}_{0BPSK}$;相位函数估计误差 $\Delta\theta(n) = \theta(n) - \hat{\theta}_{BPSK}(n)$。

下面分析模型失配对这两个误差的影响。若使用平方法处理被误识为 BPSK 信号的 LFM/BPSK 信号,其处理机制为,对观测信号进行平方运算,得

$$c_2(n) = x^2(n) = A^2 \cdot \exp[j(2\pi f_2\Delta tn + \pi l_2\Delta t^2n^2 + 2\theta_0)] + w_2'(n) \quad (8-29)$$

由式(8-29)可知,$c_2(n)$是一个带噪的 LFM 信号,其中起始频率为 $f_2 = 2f_0$,调频系数为 $l_2 = 2l$,$w_2'(n)$为等效的噪声分量。但必须注意到,当 LFM/BPSK 调制信号被误识为 BPSK 信号时,按平方法来处理时,将 $c_2(n)$ 看成一个正弦波。于是,按正弦波频率估计方法对 $c_2(n)$ 进行载频估计,得到失配的载波估计$\hat{f}_{0BPSK}$。而实质上 $c_2(n)$是 LFM 信号,其频谱按 Fresnel 积分[15]规律变化,其中不存在线谱,加之受噪声的影响,必将导致其频率估计误差 $\Delta f = f_2 - \hat{f}_{0BPSK}$ 较大。若再以失配频率估计$\hat{f}_{0BPSK}$为依据构造参考信号,将 BPSK 下变频到基带进行解码时,由于所得基带信号频偏较大,易使解码发生错误,从而导致 $\Delta\theta(n) = \theta(n) - \hat{\theta}_{BPSK}(n)$ 误差变大。显然,式(8-28)对应的 $s_{1BPSK}(n)$仍是一个起始频率及调频系数分别为 Δf、l,相位函数为 $\Delta\theta(n)$ 的 LFM/BPSK 信号,其带宽主要由 l 决定,从而导致相关谱 $Z_{1m}(k)$ 带宽增加,带内的峰值个数相较误识为 LFM 信号时有所增加,如图 8-2(e)所示。

类似地,当 LFM/BPSK 信号被误识为其他调制样式时,由于模型失配等原因,其相关谱中也存在峰值。

综上所述,得出如下结论:

(1) H_0 假设成立时,相关谱 $Z_{0m}(k)$ 中不存在峰值,且近似服从瑞利分布。

(2) H_1 假设成立时,相关谱 $Z_{1m}(k)$ 中至少含有一个峰值,峰值部分近似服从莱斯分布,非峰值部分近似服从瑞利分布。

(3) H_1 假设的不同失配情形下,其相关谱中峰值的分布特性不同,具体体现在峰值的个数与峰值大小差异。

于是,对于 LFM/BPSK 信号盲分析结果的可信性检验,可以归结为对相关谱 $Z_m(k)$ 中是否存在峰值的检测。

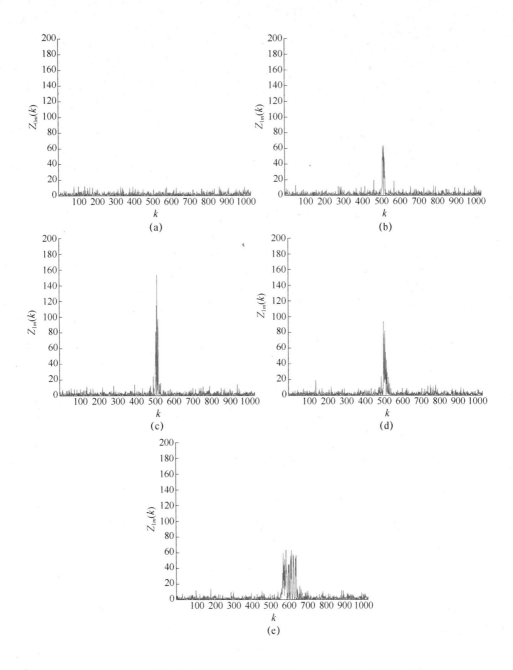

图8-2 不同假设下的相关谱模值波形(13bit 巴克码,信噪比0dB)

(a) 识别正确,参数估计误差小且无解码错误;(b) 识别正确,但存在1bit 解码错误;
(c) 识别正确,但存在2bit 解码错误;(d) 误识为 LFM 信号;(e) 误识为 BPSK 信号。

8.3.2 算法描述

根据前面的分析,本节提出的 LFM/BSPK 信号盲分析结果可信性评估算法主要依赖于对相关谱 $Z_m(k)$ 中是否存在峰值的检测。可以将此检测建模为一个二元假设检验,即 H_0(无峰值存在,盲分析结果可信),H_1(至少有一个峰值存在,盲分析结果不可信)。下面给出峰值存在性的统计检验方法。

为了方便处理,定义随机变量 $R(k) = Z_m^2(k)/\sigma_z^2$。

在 H_0 假设下,$R(k)$ 为自由度为 2 的独立同分布指数分布随机序列[16],其概率密度及分布函数分别为

$$f_0(r) = \frac{1}{2}\exp\left(-\frac{r}{2}\right), r \geqslant 0 \tag{8-30}$$

$$F_0(r) = \begin{cases} 1 - \exp\left(-\frac{r}{2}\right) & ,r \geqslant 0 \\ 0 & ,r < 0 \end{cases} \tag{8-31}$$

在 H_1 假设下,假定 L 为相关谱中峰值的个数,$R(k)$ 可表示为

$$R(k) = \{\underbrace{R_0, R_1, \cdots, R_{k_0-1}}_{\text{独立同分布指数随机变量}}, \underbrace{R_{k_0}, R_{k_0+1}, \cdots, R_{k_0+L-1}}_{\text{独立同分布非中心卡方随机变量}}, \underbrace{R_{k_0+L}, \cdots, R_{N-2}}_{\text{独立同分布指数随机变量}}\} \tag{8-32}$$

由式(8-32)可知,$R(k)$ 分成两组,其中一组是 L 个峰值(k_0 为峰值的起点位置),即 $R_i, i \in (k_0, k_0+L-1)$,服从自由度为 2,参数为 ς_i 的独立非同分布的非中心卡方分布,其概率密度及分布函数分别为

$$f_{1i}(r) = \frac{1}{2}\exp\left(-\frac{\varsigma_i+r}{2}\right)I_0(\sqrt{\varsigma_i}r), r \geqslant 0, i = 0, L-1 \tag{8-33}$$

$$F_{1i}(r) = 1 - Q_1(\sqrt{\varsigma_i}, \sqrt{r}), i = 0, L-1 \tag{8-34}$$

式中:$I_0(x)$ 是零阶修正贝塞尔函数;$Q_1(a,b)$ 是一阶通用 Q 函数(马库姆函数)[16],定义为

$$Q_1(a,b) = \int_a^b x\exp\left(-\frac{x^2+a^2}{2}\right)I_0(ax)\mathrm{d}x \tag{8-35}$$

另一组则是除 L 个峰值之外的噪声谱,服从自由度为 2 的独立同分布指数分布,其概率特性与 H_0 假设时相同。

定义统计量 $\Gamma = \max\limits_{0 \leqslant k \leqslant N-2} R(k)$,根据顺序统计量理论[17]可知

$$\begin{cases} F_{\Gamma 0}(r) = [F_0(r)]^{N-1} \\ F_{\Gamma 1}(r) = [F_0(r)]^{N-L-1}\prod\limits_{i=0}^{L-1}F_{1i}(r) \end{cases} \tag{8-36}$$

利用概率密度与分布函数的微积分关系,可推得

$$f_{0\Gamma}(r) = \frac{\partial F_{0\Gamma}(r)}{\partial r} = (N-1)[F_0(r)]^{N-2}f_0(r)$$

$$= \frac{N-1}{2}\exp\left(-\frac{r}{2}\right)\left[1-\exp\left(-\frac{r}{2}\right)\right]^{N-2}, r \geqslant 0 \qquad (8-37)$$

$$f_{1\Gamma}(r) = \frac{\partial F_{1\Gamma}(r)}{dr} = \frac{\partial\left\{[F_0(r)]^{N-L-1}\left(\prod_{i=0}^{L-1}F_{1i}(r)\right)\right\}}{\partial r}$$

$$= [F_0(r)]^{N-L-1}\left(\prod_{i=0}^{L-1}F_{1i}(r)\right)\sum_{i=0}^{L-1}\frac{f_{1i}(r)}{F_{1i}(r)}$$

$$+ (N-L-1)\left(\prod_{i=0}^{L-1}F_{1i}(r)\right)[F_0(r)]^{N-L-2}f_0(r)$$

$$= [F_0(r)]^{N-L-1}\left(\prod_{i=0}^{L-1}F_{1i}(r)\right)\left\{\sum_{i=0}^{L-1}\frac{f_{1i}(r)}{F_{1i}(r)} + (N-L-1)\frac{f_0(r)}{F_0(r)}\right\}$$

$$= \frac{1}{2}\left[1-\exp\left(-\frac{r}{2}\right)\right]^{N-L-1}\prod_{i=0}^{L-1}[1-Q_1(\sqrt{\varsigma_i},\sqrt{r})]$$

$$\left\{\sum_{i=0}^{L-1}\frac{\exp\left(-\frac{\varsigma_i+r}{2}\right)I_0(\sqrt{\varsigma_i r})}{1-Q_1(\sqrt{\varsigma_i},\sqrt{r})} + (N-L-1)\frac{\exp\left(-\frac{r}{2}\right)}{1-\exp\left(-\frac{r}{2}\right)}\right\} \qquad (8-38)$$

考虑到式(8-37)、式(8-38)的概率密度函数较为复杂,用似然比方法较难解析处理,故采用恒虚警[18](Constant False Alarm Rate,CFAR)准则来确定判决门限,即若 $\Gamma \leqslant \eta$,则认为在 $R(k)$ 中无峰值存在,判为 H_0;反之,则判为 H_1。门限 η 可由下式确定:

$$P_f = P(\Gamma > \eta | H_0) = 1 - F_{\Gamma 0}(\eta) \qquad (8-39)$$

解式(8-39),得到门限

$$\eta = -2\ln\left[1-(1-P_f)^{\frac{1}{N-2}}\right] \qquad (8-40)$$

需要说明的是,实际中因没有信号及噪声参数的先验信息,计算统计量 Γ 时需要对方差 σ_z^2 进行估计,具体方法如下:先利用二阶四阶矩方法对接收信号的方差进行估计,而后利用式 $\hat{\sigma}_z = N\hat{\sigma}$ 即可得到。图8-3所示分别为利用式(8-37)、式(8-38)与仿真计算得到的不同假设下统计量 Γ 的概率密度函数及其统计直方图。图8-3(a)中垂直的虚线为根据式(8-39)计算得到的判决门限 η(P_f 取0.0001)。由图可知:

(1)不同假设下,理论推导得到的统计量 Γ 的概率密度函数与其仿真值之间

213

能较好吻合。

（2）不同假设下,统计量 Γ 的概率分布存在较大差异。

（3）信噪比适度时,由 CFAR 准则得到的判决门限可以有效区分两种不同假设。

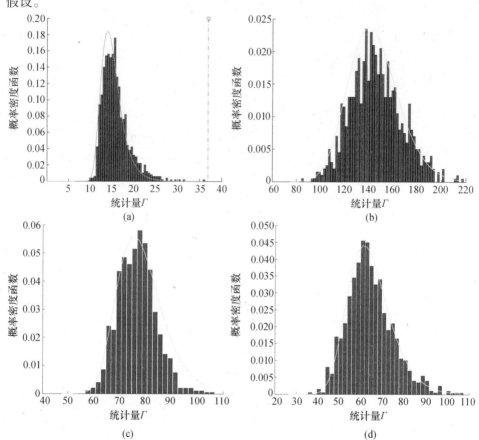

图 8-3　不同假设下相关谱极大值的概率分布及判决门限

(13 位巴克码,信噪比 0dB,仿真次数 10000 次)

(a) H_0:识别正确且无解码错误; (b) H_{1BLFM}:误识为 LFM 信号;

(c) H_{1BPSK}:误识为 BPSK 信号; (d) H_{1A}:识别正确,但存在 1bit 解码错误。

综上,本节提出的基于相关谱极大值存在性检验的 LFM/BPSK 信号盲处理结果可信性评估算法的步骤如下:

（1）参数估计与参考信号建立:先进行调制方式识别,根据识别结果对应的模型,估计相应参数并构建参考信号。

（2）统计量选取:将参考信号与接收到的观测信号相关,去均值后作 DFT 并取模,得到相关幅度谱 $R(k)$,并取其最大值 Γ 作为统计量。

（3）判决门限确定：基于 CFAR 规则，给定虚警概率 P_f，利用式（8-40）计算得到判决门限 η。

（4）可信性判决：若 $\Gamma > \eta$，判 H_1 成立；反之，判为 H_0。

8.3.3　性能的理论分析

考虑到对 LFM/BPSK 信号盲分析结果的可信性评估，实质就是针对每一次具体的处理结果，根据所提出的判决式，从统计意义上将其判决为可信处理（D_0）或不可信处理（D_1）。因此，对可信性评估性能的评价指标需要同时体现对可信处理与不可信处理两种情形的正确辨别能力。本节定义平均校验正确概率作为对 LFM/BPSK 信号盲分析结果可信性评估算法性能评价的指标，具体为

$$P_c = P(D_1 | H_1)\Pr(H_1) + \Pr(D_0 | H_0)\Pr(H_0) \tag{8-41}$$

式中，$P(D_i | H_j)$，$i,j = 0,1$ 是指真实情况为 H_j，利用判决式判定为 D_i 的概率；$P(H_i)$，$i = 0,1$ 表示 H_i 假设的先验概率。

易知

$$\begin{cases} P(D_1 | H_1) = \int_\eta^\infty p_{1\Gamma}(r)\,\mathrm{d}r = 1 - F_{\Gamma1}(th) \\ P(D_0 | H_0) = \int_0^\eta p_{0\Gamma}(r)\,\mathrm{d}r = F_{\Gamma0}(th) \end{cases} \tag{8-42}$$

将式（8-42）代入式（8-41），得到

$$P_c = \left\{ 1 - \left[1 - \exp\left(-\frac{\eta}{2} \right) \right]^{N-L-1} \prod_{i=0}^{L-1} \left[1 - Q_1(\sqrt{\varsigma_i}, \sqrt{\eta}) \right] \right\} \Pr(H_1)$$
$$+ \left[1 - \exp\left(-\frac{\eta}{2} \right) \right]^{N-1} P(H_0) \tag{8-43}$$

实际中由于 H_1 假设下，失配的可能情形较多且难以确定，因此其参数 L 及 ς_i 的取值也较难精确估计与确定，对上述公式的验证带来一定的困难。为此设定了三种特定的情形：

（1）LFM/BPSK 信号错误识别为 LFM 信号；

（2）LFM/BPSK 信号错误识别为 BPSK 信号；

（3）LFM/BPSK 信号调制识别正确，但存在 1 位解码错误。

仿真参数设定与表 8-1 相同，P_f 取 0.0001，信噪比从 -9dB 变化到 3dB，每种情形各仿真 2000 次，H_0 假设与 H_1 假设各 1000 次，设定先验概率 $\Pr(H_0) = \Pr(H_1) = 0.5$。

图 8-4 所示为三种不同失配情形下算法的平均正确校验概率的理论值 P_{ct} 与仿真值 P_{cs} 对比示意图。由图可见：

（1）三种不同失配情形下，信噪比适度时，理论值 P_{ct} 与仿真值 P_{cs} 之间能较好地吻合。

（2）三种不同失配情形下，其平均正确校验概率不同。当信噪比大于 $-5dB$ 时，H_{1LFM} 情形下的平均正确校验率最大，H_{1BPSK} 次之，H_{1A} 最差。

下面从理论上对这种差异存在的原因进行说明。

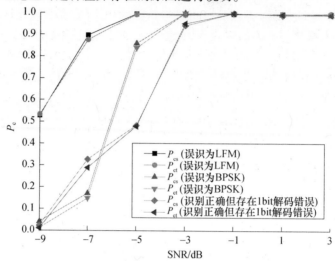

图 8 - 4　不同失配情形下平均正确校验概率的示意图

令 $\varsigma = (\varsigma_i)_{1 \times L}$，并定义

$$p(\varsigma) = \left\{ \left[1 - \exp\left(-\frac{\eta}{2} \right) \right]^{N-L-1} \prod_{i=0}^{L-1} \left[1 - Q_1(\sqrt{\varsigma_i}, \sqrt{\eta}) \right] \right\} \qquad (8-44)$$

由式（8 - 43）及式（8 - 44）可知，当信号样本长度 N、判决门限 η 及两种假设的先验概率一定时，$p(\varsigma)$ 小，则 P_c 相应大。由于 $P_f \to 0$，$\eta \gg 1$，故式（8 - 44）中 $1 - \exp\left(-\frac{\eta}{2} \right) \approx 1$，可以忽略不计，从而有 $p(\varsigma) \approx \prod_{i=0}^{L-1} \left[1 - Q_1(\sqrt{\varsigma_i}, \sqrt{\eta}) \right]$。而 $Q_1(\sqrt{\varsigma_i}, \sqrt{\eta})$ 是关于参数 ς_i 的单调增函数[19]，故而参数 $\varsigma = (\varsigma_i)_{1 \times L}$ 的特性决定了 $p(\varsigma)$ 的大小，从而影响 P_c。不妨将式（8 - 44）改写为

$$p(\varsigma) = \exp\left\{ (N-L-1)\ln\left[1 - \exp\left(-\frac{\eta}{2} \right) \right] \right\} \exp\left\{ \ln \prod_{i=0}^{L-1} \left[1 - Q_1(\sqrt{\varsigma_i}, \sqrt{\eta}) \right] \right\}$$

$$= \exp\left\{ (N-1)\ln\left[1 - \exp\left(-\frac{\eta}{2} \right) \right] \right\} \exp\left\{ -L\ln\left[1 - \exp\left(-\frac{\eta}{2} \right) \right] + \right.$$

$$\left. \sum_{i=0}^{L-1} \ln\left[1 - Q_1(\sqrt{\varsigma_i}, \sqrt{\eta}) \right] \right\} \qquad (8-45)$$

216

式中,当信号长度及虚警概率一定时,第一项为常数,不妨记为

$$c_0 = \exp\left\{(N-1)\ln\left[1 - \exp\left(-\frac{\eta}{2}\right)\right]\right\} > 0 \qquad (8-46)$$

第二项中 $c_1 = -\ln\left[1 - \exp\left(-\frac{\eta}{2}\right)\right] > 0$,由于 $1 - \exp\left(-\frac{\eta}{2}\right) \approx 1$,故 $c_1 \approx 0$。考虑到当 $\varsigma_i \gg 1, \eta \gg 1$ 时,有 $0 < Q_1(\sqrt{\varsigma_i}, \sqrt{\eta}) < 1$,于是有 $\ln[1 - Q_1(\sqrt{\varsigma_i}, \sqrt{\eta})] \approx -Q_1(\sqrt{\varsigma_i}, \sqrt{\eta})$,式(8-45)变为

$$p(\varsigma) = c_0 \exp\left\{Lc_1 - \sum_{i=0}^{L-1} Q_1(\sqrt{\varsigma_i}, \sqrt{\eta})\right\} \approx c_0 \exp\{-E_{Q(\varsigma)}\} \qquad (8-47)$$

式中,$E_{Q(\varsigma)} = \sum_{i=0}^{L-1} Q_1(\sqrt{\varsigma_i}, \sqrt{\eta})$。

由式(8-47)可知,当信号长度及虚警概率一定时,$E_{Q(\varsigma)}$ 大,则 $p(\varsigma)$ 小,从而 P_e 变大。考虑到 $Q_1(\sqrt{\varsigma_i}, \sqrt{\eta})$ 是关于 ς_i 的单调增函数,若某种原因导致 ς_i 增大,$E_\varsigma = \sum_{i=0}^{L} \varsigma_i$ 也变大,$E_{Q(\varsigma)}$ 也相应增大,即 E_ς 与 $E_{Q(\varsigma)}$ 具有相同的单调性。因此,当信号长度及虚警概率一定时,E_ς 大时,也会导致 $p(\varsigma)$ 小,从而 P_e 变大,从某种意义上讲,E_ς 的大小实质上决定了不同失配情形下检验性能 P_e 的优劣。当信噪比为 -5dB 时,由仿真得到的不同失配情形下参数 ς_j 的取值如下:

$$\varsigma_{H_{1LFM}} = \{19.74851, 18.34582, 18.15433, 19.45436, 29.96456,$$
$$18.23953, 34.24005\}, E_{\varsigma H_{1LFM}} = 158.147147$$

$$\varsigma_{H_{1BPSK}} = \{17.64829, 18.20738, 17.37449, 17.13087, 17.26531, \qquad (8-48)$$
$$18.73416, 17.44014\}; E_{\varsigma H_{1LFM}} = 123.800642$$

$$\varsigma_{H_{1A}} = \{19.42394, 19.66634\}; E_{\varsigma H_{1A}} = 39.09027861$$

可见,H_{1LFM} 情形参数 ς_j 的总和 E_ς 最大;H_{1BPSK} 情形下的参数 ς_j 总和 E_ς 次之;H_{1A} 情形时参数 ς_j 的总和 E_ς 最小,图 8-4 中的检验性能也正好按此顺序排列。从直观上理解,其原因在于观测信号与参考信号之间的差异性,两者之间适配时,相关性较大,差异较小,两者的相关谱的峰值向量的参数 ς_i 较小,其和 E_ς 也小,从而检测性能变差;反之,两者之间失配时,差异越大,相关性越小,相关谱中峰值向量的参数 ς_i 较大,其和 E_ς 也大,从而易于检错。

8.4 基于 GEV 分布拟合检验的 LFM/BPSK 信号盲分析结果可信性检验

8.3 节所提出的基于 CFAR 的 LFM/BPSK 信号盲分析结果可信性评估算法的

缺点在于其统计量需要对方差进行估计。

8.4.1　相关谱的 GEV 分布

本节中定义统计量 $U = Z_m^2(k)$，与 8.3 节中不同的是没有引入方差因子 σ_Z，这样可以避免对方差的估计，从而简化处理。显然，在 H_0 假设下，$U = (U_0, U_1, \cdots, U_{N-2})$ 为相互独立且服从自由度为 2 的中心卡方分布，其分布函数为

$$F_U(u) = 1 - \exp\left(-\frac{u}{2\sigma_z^2}\right), u \geqslant 0 \tag{8-49}$$

下面将证明底分布为中心卡方分布（自由度为 2）时，其最大值极限分布为 Gumbel 分布。

定理 8.3　若独立同分布随机变量 $U = (U_0, U_1, \cdots, U_{N-2})$，$U_i, i = 0, \cdots, N-2$ 的分布函数为 $F_U(u)$，$F_U(u)$ 为自由度为 2 的中心卡方分布，则 $\gamma = \max(U_0, U_1, \cdots, U_{N-2})$ 的极限分布为 Gumbel 分布。

证明：根据定理 8.2，给定的底分布 $F_U(u)$，属于 $G_1(u)$ 极大值吸引场的充分必要条件为

$$\lim_{n \to \infty} n\{1 - F_U[U_{1-1/n} + u(U_{1-1/(ne)} - U_{1-1/n})]\} = \exp(-u) \tag{8-50}$$

根据式（8-49），可知

$$U_{1-1/n} = 2\sigma_z^2 \ln n$$

$$U_{1-1/(ne)} = 2\sigma_z^2(\ln n + 1)$$

不失一般性，令 $n = N - 1$。式（8-50）可写为

$$\lim_{n \to \infty} n\{1 - F_U[U_{1-1/n} + u(U_{1-1/(ne)} - U_{1-1/n})]\}$$

$$= \lim_{n \to \infty} n\exp\left\{-\left[\frac{2\sigma_z^2 \ln n + 2\sigma_z^2 u(\ln n + 1 - \ln n)}{2\sigma_z^2}\right]\right\}$$

$$= \lim_{n \to \infty} n\exp[-(\ln n + u)]$$

$$= e^{-u} \tag{8-51}$$

结论得证。

下面再计算规范化的系数：

$$a_n = F^{-1}\left(1 - \frac{1}{n}\right) = 2\sigma_z^2 \ln n$$

$$b_n = F^{-1}\left(1 - \frac{1}{ne}\right) - a_n = 2\sigma_z^2$$

于是，有

$$\lim_{n \to \infty} P\left(\frac{\gamma - a_n}{b_n} \leqslant u\right) = G_1(u)$$

成立。

218

在 H_1 假设下,假定 L 为相关谱中峰值的个数, $U(k)$ 可表示为

$$U(k) = \{\underbrace{U_0, U_1, \cdots, U_{k_0-1}}_{\text{独立同分布指数随机变量}}, \underbrace{U_{k_0}, U_{k_0+1}, \cdots, U_{k_0+L-1}}_{\text{独立同分布非中心卡方随机变量}}, \underbrace{U_{k_0+L}, \cdots, U_{N-2}}_{\text{独立同分布指数随机变量}}\} \quad (8-52)$$

由式(8-52)可知, $U(k)$ 分成两组,其中一组是 L 个峰值(k_0 为峰值的起点位置),即 $U_i, i \in (k_0, k_0+L-1)$,服从自由度为 2 独立非同分布的非中心卡方分布。在 H_1 假设下,其相关谱的概率分布中有若干随机变量服从独立非同分布的非中心卡方分布,有一部分服从独立同分布的指数分布,因此 $U(k)$ 是一组独立非同分布的随机变量,不满足定理 8.1 给出的极大值极限分布的条件限制,显然,不服从 Gumbel 分布。图 8-5 所示为不同假设下相关谱最大值 $\varUpsilon$ 的 GEV 极限分布与其经验分布之间的对比示意图。图中实线所示为根据样本拟合得到的经验分布,虚线对应的是 Gumbel 分布函数。由图可知:① 在 H_0 假设下, $\varUpsilon = \max(U_0, U_1, \cdots, U_{N-2})$ 的 GEV 经验分布与理论 Gumbel 分布基本吻合,说明相关谱极大值 $\varUpsilon$ 近似服从 Gumbel 分布;② 在 H_1 假设下, $\varUpsilon = \max(U_0, U_1, \cdots, U_{N-2})$ 的 GEV 经验分布与理论 Gumbel 分布存在不吻合之处,说明相关谱最大值 $\varUpsilon$ 不服从 Gumbel 分布。于是,对 LFM/BSPK 复合调制信号盲分析结果可信性评估可转化对相关谱最大值 $\varUpsilon$ 的 GEV 分布拟合优度检验。

必须说明,在仿真过程中对相关谱 $U(k)$ 按 GEV 模型计算其经验分布时,需要对样本序列进行分组,然后对每一个分组取其最大值,最后得到由每一个组的最大值构成的数据集,并以此来估计 GEV 的经验分布。

8.4.2 算法描述

将相关谱样本集 $U(k)$ 均匀分成 K 组(一般每组样本个数为 5~15 个),并对每一个分组取最大值 $\gamma_l, l=0, \cdots, K-1$,将 K 个分组最大值构成样本集 $\{\gamma_l\}, l=0, \cdots, K-1$,并根据此样本集计算相关谱的 GEV 经验积累分布函数为 $\hat{F}_1(\gamma)$,则区分 H_0 与 H_1 的假设检验,可转化为如下概率分布拟合检验:

$$\begin{cases} H_0: \hat{F}_1 = F_0 \\ H_1: \hat{F}_1 \neq F_0 \end{cases} \quad (8-53)$$

式中: $F_0 = G_1$, G_1 为即 Gumbel 分布的理论分布。利用 Kolmogorov-Smirnov 方法进行分布拟合检验,则本节提出的 LFM/BPSK 信号盲分析结果可信性评估算法可小结如下[20, 21]:

(1) 利用相关谱分组最大值样本 $\{\gamma_l\}, l=0, \cdots, K-1$,构造经验分布函数:

$$\hat{F}_1(\gamma) = \frac{1}{K} \sum_{l=0}^{K-1} I(\gamma_l \leq \gamma) \quad (8-54)$$

式中: $I(x)$ 为示性函数,当输入条件满足时,取 1,否则为 0。

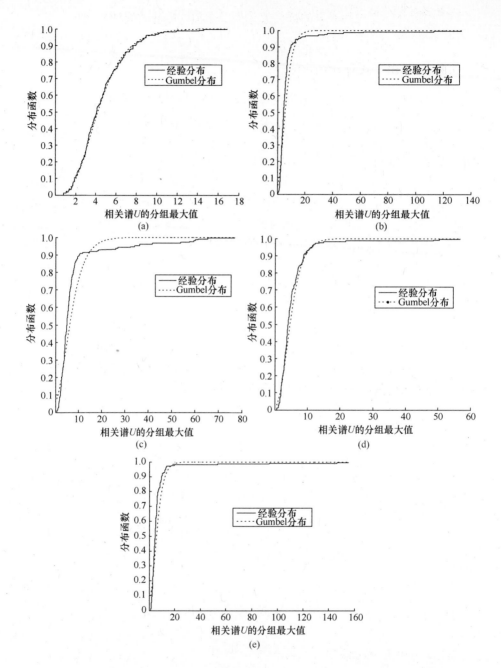

图 8 - 5　不同情形下相关谱最大值极限分布(13bit 巴克码,信噪比 0dB,分组数 5)
(a) 识别正确,参数估计误差小且无解码错误;(b) 误识为 LFM 信号;
(c) 误识为 BPSK 信号;(d) 识别正确,但存在 1bit 解码错误;(e) 识别正确,但存在 2bit 解码错误。

220

（2）将$\hat{F}_1$与F_0之间差异的最大值作为分布拟合检验的统计量，即

$$D = \sup_{\gamma \in [-\infty, \infty]} |\hat{F}_1(\gamma) - F_0(\gamma)| \qquad (8-55)$$

实际中,可由下式对D进行估计:

$$\hat{D} = \max_{0 \leq l \leq K-1} |\hat{F}_1(\gamma_l) - F_0(\gamma_l)| \qquad (8-56)$$

$\hat{D}$的显著性水平$\hat{\alpha}$为

$$\hat{\alpha} = P(D > \hat{D}) = Q_1\left(\left[\sqrt{N} + 0.12 + \frac{0.11}{\sqrt{N}}\right]\hat{D}\right) \qquad (8-57)$$

式中: $Q_1(x) = 2\sum_{m=1}^{\infty}(-1)^{m-1}e^{-2m^2x^2}$。

（3）给定显著性水平α,若$\hat{\alpha} > \alpha$,则H_0假设成立,否则H_0不成立。

8.5　性能分析与仿真

设接收到的观测信号$x(n)$为被加性高斯白噪声污染的 LFM/BPSK 复合调制信号,本节将在不同条件下,对提出的两种基于顺序统计量的 LFM/BPSK 信号盲分析结果的可信性检验算法进行仿真与性能分析。两种方法分别简记为 CFAR 法（8.3 节）及 GEV 法（8.4 节）。仿真中所用调制识别算法采用文献[1]方法。各种条件下的仿真次数N_s为 1000 次,采样频率为$f_s = 2000\text{MHz}$,对 GEV 分布拟合检验法,分组长度设为 5 个样本点（除表 8-13 外）,其他各参数在后文仿真中交待。为了表达方便,后续描述中,将满足H_0假设的情形称为可信处理,将不满足H_0假设的情形称为不可信处理。表 8-1 至表 8-13 中: n_{00}表示实际假设为H_0,利用检验算法判为H_0的次数; n_{01}表示实际假设为H_0,但利用检验算法判为H_1的次数; n_{10}表示实际假设为H_1,但利用检验算法判为H_0的次数; n_{11}表示实际假设为H_1,利用检验算法判为H_1的次数。此处,定义平均正确校验概率$P_c = (n_{00} + n_{11})/N_s$,这一指标与第 5~7 章中采用的错误概率及检错率本质上是一致的。

8.5.1　信噪比对检验性能的影响

表 8-1 及表 8-2 所列为起始频率 100MHz,调频系数$l = 300\text{MHz/s}$,码元宽度 0.4μs,码序列为 13 位巴克码,初相位为 π/4,样本长度为 1040 点时,分别利用本章提出的两种处理算法对 LFM/BPSK 信号盲分析结果可信性进行检验的统计性能。可知:

（1）两种算法在适度信噪比范围内,门限选择合适时,能有效完成对 LFM/BPSK 信号盲分析结果的可信性检验。

① CFAR 法:当信噪比等于 3dB 时,所选择的 LFM/BPSK 信号处理算法,1000 次仿真中不可信处理结果的次数为 1,可信处理结果的次数为 999,P_{fa} 取 0.0001 时,利用本方法对处理结果的可信性进行检验时,平均正确校验概率近似为 99.9%。信噪比小于 −3dB 大于 −7dB 时,1000 次仿真中,出现不可信处理的次数急骤增加,本方法具有较好的校验性能。以 −3dB 为例,虚警概率 P_{fa} 取 0.0001 时,检测算法可将 915 次不可信处理全部检测出来,85 次可信性处理结果也全部得到确认,平均正确校验概率达 100%。信噪比小于 −5dB 之后,可信性评估算法性能变差。

② GEV 法:当信噪比等于 3dB 时,所选择的 LFM/BPSK 信号处理算法,1000 次仿真中不可信处理结果的次数为 2,可信处理结果的次数为 998,P_{fa} 取 0.01 时,利用本方法对处理结果的可信性进行检验时,平均正确校验概率近似为 99.9%。信噪比小于 −3dB 大于 −7dB 时,1000 次仿真中,出现不可信处理的次数急骤增加,本方法具有较好的校验性能。以 −3dB 为例,虚警概率 P_{fa} 取 0.1 时,平均正确校验概率达 98.9%。信噪比小于 −5dB 之后,可信性评估算法性能变差。

(2) 在相同信噪比条件下,两种算法对 LFM/BPSK 信号调制识别结果可信性检验的性能受虚警概率 P_f 或显著性水平 α 取值的影响。对于 CFAR 法,是虚警 P_f,对于 GEV 法,是 K−S 检验时设定的显著性水平 α,两者的大小分别决定了两种方法判决门限高低,同时对于平均正确校验概率大小产生影响。由表 8−1 可知,对于 CFAR 方法,信噪比较高时(信噪比大于 −1dB 时),显著性水平 α 越小,平均正确校验概率越大,信噪比较低时(信噪比小于 −1dB 时),显著性水平 α 越大,平均正确校验概率越大。由表 8−2 可知,对于 GEV 方法,信噪比较高时(信噪比大于 1dB 时),显著性水平 α 越小,平均正确校验概率越大,信噪比较低时(信噪比小于 1dB 时),显著性水平 α 越大,平均正确校验概率越大。一般而言,虚警概率 P_{fa} 与显著性水平 α 具有相同的意义,其值小时,检验的第一类错误概率小,而第二类错误概率就大;反之,亦然。因此,可根据信噪比及实际需要,选择虚警 P_{fa} 或显著性水平 α:当信噪比高时,一般 H_0 的情形占多数,此时为保证第一类错误概率小,宜选择较小的虚警或显著性水平;当信噪比较低时,一般 H_1 的情形占多数,此时要保证第二类错误概率小,宜选择较大的虚警或显著性水平。

表 8−1　不同信噪比及虚警时的检验性能(CFAR 法)

SNR/dB	P_f	n_{00}	n_{01}	n_{11}	n_{10}	P_c
−7	0.001	1	0	759	240	0.76
	0.0001	1	0	555	444	0.556
	0.00001	1	0	392	607	0.393
−5	0.001	37	0	951	12	0.988
	0.0001	37	0	929	34	0.966
	0.00001	37	0	857	106	0.894

SNR/dB	P_f	n_{00}	n_{01}	n_{11}	n_{10}	P_c
	0.001	84	1	915	0	0.999
-3	0.0001	85	0	915	0	1
	0.00001	85	0	915	0	1
	0.001	259	2	739	0	0.998
-1	0.0001	260	1	739	0	0.999
	0.00001	260	1	739	0	0.999
	0.001	794	9	197	0	0.991
1	0.0001	802	1	197	0	0.999
	0.00001	803	0	197	0	1
	0.001	991	8	1	0	0.992
3	0.0001	998	1	1	0	0.999
	0.00001	999	0	1	0	1

表 8-2　不同信噪比及虚警时的检验性能（GEV 法）

SNR/dB	α	n_{00}	n_{01}	n_{11}	n_{10}	P_c
	0.01	87	3	43	867	0.13
-7	0.05	78	12	192	718	0.27
	0.1	62	28	319	591	0.381
	0.01	106	10	211	673	0.317
-5	0.05	93	23	511	373	0.604
	0.1	86	30	675	209	0.761
	0.01	85	0	710	205	0.795
-3	0.05	84	1	879	36	0.963
	0.1	81	4	908	7	0.989
	0.01	266	0	734	0	1
-1	0.05	260	6	734	0	0.994
	0.1	250	16	734	0	0.984
	0.01	806	0	194	0	1
1	0.05	797	9	194	0	0.991
	0.1	777	29	194	0	0.971
	0.01	997	1	2	0	0.999
3	0.05	986	12	2	0	0.988
	0.1	956	42	2	0	0.958

8.5.2　信号参数变化对检验性能的影响

1. 起始频率变化

表 8-3 及表 8-4 所列为保持码元宽度、初相位及码序列与表 8-1 及表 8-2

223

相同,起始频率分别为100MHz、150MHz、200MHz时,分别利用CFAR法及GEV法对LFM/BPSK信号盲分析结果进行可信性检验的统计性能。由表可知,信噪比适度时,CFAR及GEV两种方法的性能基本不受起始频率变化的影响,具有一定的韧性。

表8-3　不同起始频率时的检验性能(CFAR法,$P_f = 0.00001$)

SNR/dB	f_0/MHz	n_{00}	n_{01}	n_{11}	n_{10}	P_c
-7	100	1	0	392	607	0.393
	150	0	0	360	640	0.36
	200	0	0	376	624	0.376
-5	100	37	0	857	106	0.894
	150	8	0	885	107	0.893
	200	3	0	896	101	0.899
-3	100	85	0	915	0	1
	150	26	0	973	1	0.999
	200	2	0	998	0	1
-1	100	260	1	739	0	0.999
	150	167	0	833	0	1
	200	85	0	915	0	1
1	100	803	0	197	0	1
	150	757	0	243	0	1
	200	666	0	334	0	1
3	100	999	0	1	0	1
	150	996	0	4	0	1
	200	999	0	1	0	1

表8-4　不同起始频率时的检验性能(GEV法,$\alpha = 0.01$)

SNR/dB	f_0/MHz	n_{00}	n_{01}	n_{11}	n_{10}	P_c
-7	100	0	0	259	741	0.259
	150	0	0	230	770	0.23
	200	0	0	208	792	0.208
-5	100	42	0	531	427	0.573
	150	9	0	579	412	0.588
	200	3	0	558	439	0.561
-3	100	88	0	885	27	0.973
	150	31	0	946	23	0.977
	200	2	0	959	39	0.961

SNR/dB	f_0/MHz	n_{00}	n_{01}	n_{11}	n_{10}	P_c
	100	262	5	733	0	0.995
−1	150	149	2	849	0	0.998
	200	85	0	915	0	1
	100	826	14	160	0	0.986
1	150	760	13	227	0	0.987
	200	659	8	333	0	0.992
	100	975	23	2	0	0.977
3	150	981	18	1	0	0.982
	200	986	13	1	0	0.987

2. 不同调频系数

表 8 – 5 及表 8 – 6 所列为 LFM/BPSK 信号起始频率取 100MHz,信号样本点数为 1040 点,调频系数分别取 200MHz/s、250MHz/s、300MHz/s 时,分别利用两种方法对 LFM/BPSK 信号盲分析结果进行可信性检验的统计性能。由表可知:信噪比适度时,两种算法的检测性能基本不受调频系数变化的影响。

表 8 – 5 不同调频系数时的检验性能(CFAR 法,$P_f = 0.00001$)

SNR/dB	k/(MHz/s)	n_{00}	n_{01}	n_{11}	n_{10}	P_c
	200	2	0	352	646	0.354
−7	250	0	0	362	638	0.362
	300	1	0	392	607	0.393
	200	70	0	772	158	0.842
−5	250	51	1	833	115	0.884
	300	37	0	857	106	0.894
	200	216	0	782	2	0.998
−3	250	133	0	866	1	0.999
	300	85	0	915	0	1
	200	388	0	612	0	1
−1	250	332	0	668	0	1
	300	260	1	739	0	0.999
	200	882	1	117	0	0.999
1	250	842	1	157	0	0.999
	300	803	0	197	0	1
	200	998	1	1	0	0.999
3	250	999	0	1	0	1
	300	999	0	1	0	1

225

表 8-6 不同调频系数时的检验性能(GEV 法, $\alpha=0.01$)

SNR/dB	$k/(\text{MHz/s})$	n_{00}	n_{01}	n_{11}	n_{10}	P_e
-7	200	1	0	294	705	0.295
	250	1	0	247	752	0.248
	300	0	0	259	741	0.259
-5	200	63	1	573	363	0.636
	250	57	2	559	382	0.616
	300	42	0	531	427	0.573
-3	200	229	2	746	23	0.975
	250	164	7	809	20	0.973
	300	88	0	885	27	0.973
-1	200	425	6	569	0	0.994
	250	330	6	664	0	0.994
	300	262	5	733	0	0.995
1	200	849	13	138	0	0.987
	250	822	14	164	0	0.986
	300	826	14	160	0	0.986
3	200	984	15	1	0	0.985
	250	986	13	1	0	0.987
	300	975	23	2	0	0.977

3. 初相位变化

表 8-7 及表 8-8 所列为码元宽度、码序列、起始频率及调频系数与表 8-1 及表 8-2 保持相同,初相位分别取 $\pi/6$, $\pi/4$, $\pi/3$ 时,分别利用 CFAR 及 GEV 两种方法对 LFM/BPSK 信号盲分析结果进行可信性检验的统计性能。由表可知,信噪比适度时两种算法的检测性能基本不受初相位变化的影响。

表 8-7 不同初相位时的检验性能(CFAR 法, $P_f=0.00001$)

SNR/dB	θ	n_{00}	n_{01}	n_{11}	n_{10}	P_e
-9	$\pi/3$	0	0	86	914	0.086
	$\pi/4$	0	0	89	911	0.089
	$\pi/6$	0	0	112	888	0.112
-7	$\pi/3$	0	0	399	601	0.399
	$\pi/4$	1	0	392	607	0.393
	$\pi/6$	1	0	380	619	0.381
-5	$\pi/3$	35	1	858	106	0.893
	$\pi/4$	37	0	857	106	0.894
	$\pi/6$	34	1	852	113	0.886

SNR/dB	θ	n_{00}	n_{01}	n_{11}	n_{10}	P_c
	$\pi/3$	93	0	907	0	1
−3	$\pi/4$	85	0	915	0	1
	$\pi/6$	90	0	910	0	1
	$\pi/3$	249	1	750	0	0.999
−1	$\pi/4$	260	1	739	0	0.999
	$\pi/6$	257	0	743	0	1
	$\pi/3$	819	1	180	0	0.999
1	$\pi/4$	803	0	197	0	1
	$\pi/6$	842	1	157	0	0.999
	$\pi/3$	997	1	2	0	0.999
3	$\pi/4$	999	0	1	0	1
	$\pi/6$	996	1	3	0	0.999

表 8 − 8　不同初相位时的检验性能（GEV 法, $\alpha = 0.01$）

SNR/dB	θ	n_{00}	n_{01}	n_{11}	n_{10}	P_c
	$\pi/3$	1	0	241	758	0.242
−7	$\pi/4$	0	0	213	787	0.213
	$\pi/6$	0	0	240	760	0.24
	$\pi/3$	42	0	554	404	0.596
−5	$\pi/4$	41	0	559	400	0.6
	$\pi/6$	38	1	544	417	0.582
	$\pi/3$	94	1	880	25	0.974
−3	$\pi/4$	89	3	873	35	0.962
	$\pi/6$	98	1	863	38	0.961
	$\pi/3$	243	5	752	0	0.995
−1	$\pi/4$	261	6	733	0	0.994
	$\pi/6$	265	5	730	0	0.995
	$\pi/3$	801	13	186	0	0.987
1	$\pi/4$	799	19	182	0	0.981
	$\pi/6$	823	13	164	0	0.987
	$\pi/3$	982	18	0	0	0.982
3	$\pi/4$	977	22	1	0	0.978
	$\pi/6$	976	22	2	0	0.978

4. 码元宽度变化

表 8 − 9 及表 8 − 10 所列为码元宽度分别取 0.03μs, 0.04μs, 0.05μs, 其他各参数与表 8 − 1 及表 8 − 2 的参数设定保持相同, 分别利用本章提出的 FAR 及 GEV

两种方法对 LFM/BPSK 信号盲分析结果进行可信性检验的统计性能。由表可知:信噪比相对较高(大于 −3dB)时,算法的检验性能受码元宽度影响较小;当信噪比低时,算法的检验性能随着码元宽度的增加而变好,原因在于码元宽度的增加实质就是信号长度的增加。

表 8−9　不同码元宽度时的检验性能(CFAR 法, $P_f = 0.00001$)

SNR/dB	$T_c/\mu s$	n_{00}	n_{01}	n_{11}	n_{10}	P_c
	0.03	0	0	33	967	0.033
−9	0.04	0	0	89	911	0.089
	0.05	0	0	245	755	0.245
	0.03	0	0	174	826	0.174
−7	0.04	1	0	392	607	0.393
	0.05	0	0	662	338	0.662
	0.03	11	0	629	360	0.64
−5	0.04	37	0	857	106	0.894
	0.05	31	2	949	18	0.98
	0.03	34	0	958	8	0.992
−3	0.04	85	0	915	0	1
	0.05	77	0	923	0	1
	0.03	80	0	920	0	1
−1	0.04	260	1	739	0	0.999
	0.05	217	0	783	0	1
	0.03	304	1	695	0	0.999
1	0.04	803	0	197	0	1
	0.05	886	0	114	0	1
	0.03	742	0	258	0	1
3	0.04	999	0	1	0	1
	0.05	1000	0	0	0	1

表 8−10　不同码元宽度时的检验性能(GEV 法, $\alpha = 0.01$)

SNR/dB	$T_c/\mu s$	n_{00}	n_{01}	n_{11}	n_{10}	P_c
	0.03	0	0	148	852	0.148
−7	0.04	0	0	259	741	0.259
	0.05	1	0	366	633	0.367
	0.03	14	0	341	645	0.355
−5	0.04	42	0	531	427	0.573
	0.05	33	0	733	234	0.766
	0.03	43	1	774	182	0.817
−3	0.04	88	0	885	27	0.973
	0.05	66	3	927	4	0.993

SNR/dB	$T_c/\mu s$	n_{00}	n_{01}	n_{11}	n_{10}	P_c
	0.03	79	3	918	0	0.997
-1	0.04	262	5	733	0	0.995
	0.05	202	2	796	0	0.998
	0.03	294	4	702	0	0.996
1	0.04	826	14	160	0	0.986
	0.05	868	21	111	0	0.979
	0.03	750	9	241	0	0.991
3	0.04	975	23	2	0	0.977
	0.05	977	23	0	0	0.977

5. 码结构变化

表 8-11 及表 8-12 所列为除码结构外,其他信号参数与表 8-1 及表 8-2 保持一致时,选择三种不同码型分别为 $C_1 = [1,1,1,1,1,0,0,1,1,0,1,0,1]$,$C_2 = [1,1,1,1,1,1,0,1,1,0,1,0,1]$,$C_3 = [1,1,1,1,0,0,0,0,1,0,0,1,0,1]$ 时,分别利用本章提出的 FAR 及 GEV 两种方法对 LFM/BPSK 信号盲分析结果的可信性检验性能。由表可知:信噪比适度时,两种算法的检测性能受码结构变化的影响较小。信噪比大于 -3dB 时,虽然仿真所采用的盲分析算法在处理不同码型信号时,其处理性能存在一定差异,三种码型中,C_3 码的处理性能较差,但可信性评估算法的平均正确校验概率受码结构变化影响不大。随着信噪比的下降,两种检验算法的性能变差且波动变大。

表 8-11　不同码结构时的检验性能(CFAR 法,$P_f = 0.00001$)

SNR/dB	码型	n_{00}	n_{01}	n_{11}	n_{10}	P_c
	C_1	1	0	392	607	0.393
-7	C_2	3	0	546	451	0.549
	C_3	0	0	733	267	0.733
	C_1	37	0	857	106	0.894
-5	C_2	32	1	898	69	0.93
	C_3	17	1	933	49	0.95
	C_1	85	0	915	0	1
-3	C_2	89	0	909	2	0.998
	C_3	58	2	930	10	0.988
	C_1	260	1	739	0	0.999
-1	C_2	286	0	714	0	1
	C_3	168	8	824	0	0.992

SNR/dB	码型	n_{00}	n_{01}	n_{11}	n_{10}	P_e
	C_1	803	0	197	0	1
1	C_2	821	1	178	0	0.999
	C_3	524	43	433	0	0.957
	C_1	999	0	1	0	1
3	C_2	992	6	2	0	0.994
	C_3	628	60	312	0	0.94

表 8 – 12　不同码结构时的检验性能（GEV，$\alpha = 0.05$）

SNR/dB	码型	n_{00}	n_{01}	n_{11}	n_{10}	P_e
	C_1	0	0	259	741	0.259
– 7	C_2	1	0	368	631	0.369
	C_3	0	0	462	538	0.462
	C_1	42	0	531	427	0.573
– 5	C_2	32	0	712	256	0.744
	C_3	10	1	833	156	0.843
	C_1	88	0	885	27	0.973
– 3	C_2	94	1	891	14	0.985
	C_3	57	2	931	10	0.988
	C_1	262	5	733	0	0.995
– 1	C_2	253	8	739	0	0.992
	C_3	152	15	830	3	0.982
	C_1	826	14	160	0	0.986
1	C_2	794	23	183	0	0.977
	C_3	489	69	442	0	0.931
	C_1	975	23	2	0	0.977
3	C_2	976	21	3	0	0.979
	C_3	610	93	297	0	0.907

6. 分组长度变化

表 8 – 13 所列为利用 GEV 法对 LFM/BPSK 信号盲分析结果进行可信性检验时，相关谱分组长度变化时算法的性能统计。除相关谱分组长度外，其他信号参数与表 8 – 2 保持一致。由表可知，信噪比较高（ – 1dB 以上）时，算法的检测性能受分段数变化的影响较小；随着信噪比降低，分组长度短时，检验算法的性能更好。

表 8-13　不同分段数时的检验性能（GEV，$\alpha = 0.05$）

SNR/dB	分段数	n_{00}	n_{01}	n_{11}	n_{10}	P_c
-7	5	0	0	259	741	0.259
	10	0	0	147	853	0.147
	15	0	0	100	900	0.1
-5	5	42	0	531	427	0.573
	10	37	0	419	544	0.456
	15	35	0	331	634	0.366
-3	5	88	0	885	27	0.973
	10	104	1	834	61	0.938
	15	106	0	733	161	0.839
-1	5	262	5	733	0	0.995
	10	278	0	722	0	1
	15	237	2	759	2	0.996
1	5	826	14	160	0	0.986
	10	826	3	171	0	0.997
	15	834	4	162	0	0.996
3	5	975	23	2	0	0.977
	10	994	4	2	0	0.996
	15	995	3	2	0	0.997

8.5.3　算法的复杂度分析

本节对算法复杂度分析的基本依据是，一次复数乘法需要 6 次浮点运算，一次复加需要 2 次浮点运算[22]。根据 8.3 节及 8.4 节两种算法的推导与分析过程，其主要环节体现在相关谱及其特征提取中（门限计算及比较运算较小，对算法复杂度的影响较小），具体如下：

（1）观测信号与参考信号之间先作相关运算，需要 N 次复乘。

（2）相关运算后作 N 次 FFT，需要 $0.5N\text{lb}N$ 次复乘，$N\text{lb}N$ 次复加。

这样，CFAR 算法总的运算量约为复乘 $N + 0.5N\text{lb}N$ 次，复加 $N\text{lb}N$ 次，总的浮点运算次数为

$$C_n = 6(N + 0.5N\text{lb}N) + 2N\text{lb}N \tag{8-58}$$

可见，CFAR 算法的时间复杂度阶数为 $O(N\text{lb}N)$。若设样本长度为 2000，一次可信性检验总的浮点运算次数近似为 125656。若采用 Intel Core i7-900 微处理器来实现[23]，其运算速率是 79.992 GFLOPS，完成 CFAR 算法大约需要 0.98 μs。GEV 分布拟合检验法中主要环节为相关谱计算，分组取极大值及统计量计算的运算量较小，因此其运算复杂度与 FAR 方法相当。但必须注意到，GEV 分布拟合检

231

验法无须进行方差估计,某种程度上减少了运算复杂度。

8.6　本　章　小　结

本章将顺序统计量理论引入到 LFM/BPSK 复合调制信号盲分析结果的可信性评估中,在分析参考信号与观测信号相关谱最大值统计量特征差异基础上,分别介绍了两种可信性检验算法。第一种方法从相关谱极值概率分布差异的角度,基于 CFAR 准则对相关谱中峰值的存在性加以检验,以区分 LFM/BPSK 复合调制信号盲分析结果的可信与否。书中对最大值统计量的概率分布进行了理论分析,并推导了算法的统计性能。第二种方法,则将 LFM/BPSK 复合调制信号盲分析结果的可信性检验转化为 GEV 分布拟合检验问题,并从理论上证明了 H_0 假设下相关谱极值的极限分布类型。大量的仿真结果表明,两种算法在适度信噪比范围内,均能有效完成对 LFM/BPSK 复合信号盲分析结果的可信性检验。相较而言,GEV 分布拟合检验法无须估计噪声方差,更为简单。两种算法的复杂度阶数均为 $O(NlbN)$,易于工程实现。此外,两种算法经适当修正后,可推广到其他复合调制信号盲分析结果的可信性评估中。

参 考 文 献

[1] 宋军,刘渝,薛妍妍. LFM – BPSK 复合调制信号识别与参数估计[J].南京航空航天大学学报,2013,45(2):217 – 222.

[2] 宋军,刘渝,王旭东. FSK/BPSK 复合调制信号识别与参数估计[J].电子与信息学报,2013, 35(12):2868 – 2873.

[3] 周新刚,赵惠昌,刘凤格,等. 伪码调相与线性调频复合调制引信[J].宇航学报,2008,29(3):1026 – 1030.

[4] 熊刚,杨小牛,赵惠昌.基于平滑伪 Wigner 分布的伪码与线性调频复合侦察信号参数估计[J].电子与信息学报, 2008, 30(9):2115 – 2119.

[5] Kowatsch M, Lafferl J T. A spread – spectrum concept combining chirp modulation and pseudonoise coding [J]. IEEE Transactions on Communications, 1983, 31(10):1133 – 1142.

[6] David H A. Order Statistics [M]. Berin:Springer Berlin Heidelberg, 2011.

[7] 史道济. 实用极值统计方法[M]. 天津:天津科学技术出版社, 2006.

[8] Castillo E. Extreme value theory in engineering [M]. New York:Academic Press, 1971.

[9] Castillo E. Extreme value theory in engineering (Statistical Modeling and Decision Science) [M]. New York:Academic Press, 1988.

[10] Falk M, Reiss R D, Hüsler J. Laws of small numbers:extremes and rare events [M]. Basel:Springer Basel, 2010.

[11] Marey M, Dobre O A, Inkol R. Blind STBC identification for multiple – antenna OFDM systems [J]. IEEE Transactions on Communications, 2014, 62(5):1554 – 1567.

［12］熊刚，赵惠昌，王李军. 伪码－载波调频侦察信号识别的谱相关方法（Ⅱ）——伪码－载波调频信号的
调制识别和参数估计［J］. 电子与信息学报，2005，27（7）:1087－1092.

［13］Kharbech S, Dayoub I, Zwingelstein C M, et al. Blind digital modulation identification for time－selective MI-MO channels［J］. IEEE Wireless Communications Letters, 2014, 3(4):373－376.

［14］Peleg S, Porat B. Linear FM signal parameter estimation from discrete－time observations［J］. IEEE Transactions on Acoustics, Speech and Signal Processing, 1991, 27(4):607－616.

［15］Levanon N, Mozeson E. Radar signals［M］. Hoboken:John Wiley & Sons,2004.

［16］Robert N M,Whalen A D. Detection of Signals in Noise［M］. 2nd ed. San Diego:Academic Press, 1995.

［17］Marey M, Dobre O A. Blind modulation classification algorithm for single and multiple－antenna systems over frequency－selective channels［J］. IEEE Signal Processing Letters, 2014, 21(9):1098－1102.

［18］Yahia A. Eldemerdash M M, Octavia A,et al. Fourth－order statistics for blind classification of spatial multi-plexing and alamouti space－time block code signals［J］. IEEE Transactions on communications, 2013, 61(6):2420－2431.

［19］Madhavan N. Physical layer algorithms and architectures for accurate detection and classification in cognitive radios［D］. Singapore:Nanyang Technological University,2014.

［20］Massey F J . The Kolmogorov－Smirnov test for goodnees of fit［J］. Journal of the American Statistical Associ-ation, 1951, 46(253):68－78.

［21］Wang F, Wang X. Fast and robust modulation classification via Kolmogorov－Smirnov test［J］. IEEE Trans-actions on Communications, 2010, 58(8):2324－2332.

［22］Karami E, Dobre O A. Identification of SM－OFDM and AL－OFDM signals based on their second－order cy-clostationarity［J］. IEEE Transactions on Vehicular Technology, 2015, 64(3):942－953.

［23］Eldemerdash Y A, Dobre O A, Liao B J. Blind identification of SM and Alamouti STBC－OFDM signals［J］. IEEE Transactions on Wireless Communications, 2015, 14(2):972－982.

附录 A　部分算法的 Matlab 代码

A.1　典型 LPI 雷达信号模型 Matlab 代码

```
% 文件名: LFM. m
%  线性调频信号模型
clc; clear;
fs = 2000;          % 采样频率,下同
dt = 1/fs;
fc = 30;            % 信号初始频率
k = 300;            % 线性调频的系数
N = 1024;
n = 0:1:N - 1;
SNR = 20 ;   %  dB
ddt = n. * dt;
A = sqrt(2 * 10^(SNR/10));
Sig_LFM = A * exp(j * (2 * pi * fc * n * dt + pi * k * n. ^2 * dt. ^2)) + randn(size(n)) + j * randn(size(n));


% 文件名:NLFM_PPS. m
% 具有多项式相位特征的非线性调频信号
clc;   clear;
fs  = 2000;
dt = 1/fs;
f0  = 60;          % 信号初始频率
k0 = 800;          % 线性调频的系数
N  = 1024;
n = 0:1:(N - 1);
ddt = n. * dt;
phase00  = 2 * pi * f0 * n * dt + pi * k0 * n. ^2 * dt. ^2 + 2 * pi/3 * k0 * n. ^3 * dt. ^3;
Sig_pps  = A * exp(j * phase00);


%  文件名:NLFM_SIN. m
```

```
% 基于正弦的 S 型非线性调频信号
clc; clear;
fs = 200e6;
dt = 1/fs;
f0 = 37e6;
T = 100e-6;
N = fs * T;
n = 0:1:(N-1);
Brand = 2e6;
k = [-0.1145, 0.0396, -0.0202, +0.0118, -0.0082, 0.0055, -0.0040];
m = 1:7;
ddt = n. * dt;
phase00 = pi * Brand/T. * (n. ^2). * (dt. ^2) - Brand * T. * (k(1). * cos(2 * pi. * n. *
    dt/T) + k(2)/2. * cos(2 * 2 * pi. * n. * dt/T) + k(3)/3. * cos(3 * 2 * pi. * n. *
    dt/T) + k(4)/4. * cos(4 * 2 * pi. * n. * dt/T) + k(5)/5. * cos(5 * 2 * pi. * n. *
    dt/T) + k(6)/6. * cos(6 * 2 * pi. * n. * dt/T) + k(7)/7. * cos(7 * 2 * pi. * n. *
    dt/T));
Sig_nlfm_sin = exp(j * phase00 + j * 2 * pi * f0. * n. * dt);   % 起始频率一般不为零.


% 文件名:NLFM_TAN. m
% 基于正切的 S 型非线性调频信号
clc; clear;
fs = 200e6;
dt = 1/fs;
T = 100e-6;
N = fs * T;
n = 0:1:(N-1);
Brand = 2e6;
alpha = 0.5;   % parameter of tangent - based SLFM
gamma = 1.4;
f0_tan = 38e6;
n = (-N/2+1):1:(N/2-1);   % 若信号从 -(N-1)/2 ~ (N-1)/2 范围,则信号的中
% 心频率就是 f0
phase00_tan = pi * Brand * alpha * 1/4/tan(gamma)/gamma * T * log(1 + tan(2 * gamma. *
n. * dt/T). ^2) + Brand * pi * (1 - alpha)/T. * (n. ^2). * (dt. ^2);
sig_nlfm_tan = exp(j * phase00_tan + j * 2 * pi * f0_tan. * n. * dt);


% 文件名:BPSK_LFM. m
```

```
%  BPSK /LFM 复合调制信号
clc; clear;
code = [1,1,1,1,1,0,0,1,1,0,1,0,1];     % 13 bit Bac code
    f0 = 100;
    k0 = 300;
    fs = 2000;              % 采样频率 200MHz
    dt = 1/fs;
    tao = 0.04;             % 一个 bac 码长度
    time = length(code) * tao;      % 时间
    n_tao = 0:1:tao * fs - 1;      % 一个 bac 码中的采样点数
    n = 0:1:time * fs - 1;         % 一个单元脉内的采样点数
    pha = 0;
    N = length(n);

sig(1,N) = 0;     % 预分配内存
    for k = 1:N
        if code( fix( (k-1)/(length(n_tao) )) +1) == 1
            pha = pi;
        else
            pha = 0;
        end;
        sig(k) = exp(j * (2 * pi * f0 * k/fs + pi * k0 * k. ^2/fs/fs + pha));
    end


%  文件名:BPSK_FSK. m
%  BPSK/FSK 复合调制信号(4FSK)
clc; clear;
code = [1,1,1,1,1,0,0,1,1,0,1,0,1];     % 13 bit Bac code
    fc1 = 80e6;            % 载频 20MHz
    fc2 = 85e6;            % 载频 40MHz
    fc3 = 90e6;            % 载频 60MHz
    fc4 = 95e6;            % 载频 70MHz

    fc = [fc1,fc2,fc3,fc4];
    fs = 200e6;              % 采样频率 200MHz
    dt = 1/fs;
    tao = 0.1e - 6;           % 一个 bac 码长度
    pulse_tao = length(code) * tao;    % 一个单元脉冲的时间
```

```matlab
    total_pulse_tao = length(fc) * pulse_tao;      % 4 个脉冲的时间
    n_tao = 0:1:tao * fs - 1;          % 一个 bac 码中的采样点数
    n_pulse_tao = 0:1:length(code) * length(n_tao) - 1;  % 一个单元脉内的采样点数
    n = 0:1:(length(fc) * length(n_pulse_tao) - 1);  % 总的采样点数 length(t)
    pha = 0;
    number = length(n);

    s(4,260) = 0;  % 这个效率极高!! 预分配内存

    bpsk_num1 = 0;
    bpsk_num2 = 0;
    bpsk_num3 = 0;
    bpsk_num4 = 0;

for i = 1:length(fc)
    for k = 1:length(code)
        if code(k) == 1
                pha = 0;
        else
                pha = pi;
        end;      % end if
        s(i,(k - 1) * length(n_tao) + 1:k * length(n_tao)) = exp(j * (2 * pi * fc(i) * dt
* (n_tao + 1 + (k - 1) * length(n_tao)) + pha));      % 一个码宽中信号相位不改变
        end;   % end for k
    end;
    sig = [s(1,:),s(2,:),s(3,:),s(4,:)];
```

A.2 DPT 法 LFM 信号参数估计 Matlab 代码

```matlab
% 文件名:DPT_LFM_Estimate. m
% 文件功能:采用 DPT 算法对 LFM 信号解线性调频,同时采用 M-Rife 算法进行正弦波参
% 数估计
% M-Rife 算法参考文献:[1]邓振森,刘渝. 正弦波频率估计的额修正 Rife 算法[J]. 数
% 据采集与处理,2006,21(4):473 - 477.
% [2] Peleg S,Porat B. Linear FM Signal Parameter Estimation from Discrete-time Observations
% [J]. IEEE Trans on Aerospace and Electronic Systems, 1991,27(7): 607 - 615.
clc;clear;
tao = 10e - 6;         % 时间是 10μs
```

```
fc = 0. 5e6;
k = 100e10;
fs = 200e6;              % 采样频率
dt = 1/fs;
t_tao = 0:1/fs:tao - 1/fs;      % 一个码宽中的采样点数
N = length(t_tao);              % 一个码宽中的采样点数
nfft = 2048;
L = fix(0. 45 * N);   % L 的长度影响估计结果的精度
deltaf = fs/N;
n = 0:1:N - 1;
SNR = 6;   % dB
A = sqrt(2 * 10^(SNR/10));
xs = A * exp(j * (2 * pi * fc * n * dt + pi * k * n. ^2 * dt. ^2)) + randn(size(n)) + j * randn(size(n));
for i = 1:N - L
    Rxs(i) = xs(i + L). * conj(xs(i));
end;
fq3 = mrife_dc(Rxs,dt);   % 采用修正 Rife 算法
kc = fq3/(L * dt);
xxs = xs. * exp( - j * pi * kc * n. ^2 * dt. ^2);   % 构建信号已去除调频斜率 K
fcc3 = mrife_dc(xxs,dt);
[fc, fcc3] [k, kc];       % 输出估计结果
```

A. 3　FRFT 法 LFM 信号参数估计 Matlab 代码

```
% 文件名:Frft_lfm. m
% 文件功能:采用 FRFT 方法实现 LFM 信号参数估计
% 旋转角度 α 和 u 的综合插值并对 LFM 信号的幅度、初相、初始频率和调频率
% (a,pha0,f0,k0)都进行估计
% 由于分数阶 α 的搜索步长决定整个参数估计的计算量,因此有必要在 α 的搜索步长比
    较大时,采用插值算法,以期达到小的搜索步长的估计效果。这样很显然能极大地减小
    参数估计的计算量
% 参考文献:宋军,刘渝,朱霞. LFM 信号参数估计的插值 FRFT 算法[J]. 系统工程与电子
% 技术,2011,33(10):2188 - 2193.
clc;clear;
fs = 1850;
dt = 1/fs;
N = 513;   % T = N/fs
```

```matlab
deltaf = fs/N;
f0 = 30;
k0 = 800;                    % 线性调频系数
n = -(N-1)/2:1:(N-1)/2;
xinzao = 0;        % 信噪比的循环
for SNR = -3      % dB
    xinzao = xinzao + 1;
carlo = 100;
A = sqrt(1/(2*10^(SNR/10)));      % 将噪声的幅度改变,而信号的幅度恒定为1
SNR_shu = 1/2/A/A;
CRB_k(xinzao) = sqrt(90*fs.^4/pi/pi/N.^5/SNR_shu);   % 调频系数估计的 CRB 公式
CRB_f(xinzao) = sqrt(6*fs.^2/4/pi/pi/SNR_shu/N.^3);   % 起始频率估计的 CRB 公式
CRB_A(xinzao) = sqrt(A*A/N);
CRB_thita(xinzao) = sqrt(9/8/N/SNR_shu);
                    %% monte carlo 循环 %%
for xunhuan = 1:carlo   % 开始 monte carlo 仿真
    noise = A*randn(size(n));
s1 = 1*exp(j*(2*pi*f0*n*dt+pi*k0*n.^2*dt.^2)+j*0.6)+noise+j*noise;
    counter = 1;
                    %%% 下面是搜索阶数的 %%%
    step = 0.01;
        for p = 1.07:step:1.12
            Yfrft = abs(frft(s1,p));
            [v,ind] = max(Yfrft);
            tempMax(counter) = v;
            counter = counter+1;
        end;
        [v,ind] = max(tempMax);

        p1 = 1.07+(ind-1)*step;
            Yfrft = abs(frft(s1,p1+0.5*step));
            [One_p1,ind00] = max(Yfrft);
            Yfrft = abs(frft(s1,p1-0.5*step));
            [One_p2,ind00] = max(Yfrft);
        if(ind == 1)
            p2 = p1+step;
        elseif(ind == 6)
            p2 = p1-step;
```

```
        elseif( One_p1  <  One_p2 )
            p2  =  p1 - step;
        else
            p2  =  p1 + step;
        end;
            a1  =  p1 * pi/2;
            a2  =  p2 * pi/2;
                %%%      上面是搜索阶数的 %%%
sj_p1( xunhuan )  =  p1;
sj_p2( xunhuan )  =  p2;
yabs1  = abs( frft( s1,p1 ) );
yabs2  = abs( frft( s1,p2 ) );
[ value1 ,index1 ] = max( abs( yabs1 ) );
[ value2 ,index2 ] = max( abs( yabs2 ) );
One_p1  = abs( OnePoint_frftsong( s1,p1,index1 ) );
One_p2  = abs( OnePoint_frftsong( s1,p2,index2 ) );
a000  = interp_a_frftsong( a2,a1,One_p2,One_p1,N );
        Yfrft  =  ( frft( s1,a000/pi * 2 ) );      %% 在 a000 阶上进行变换
            [ v,ind ]  =  max( abs( Yfrft ) );
u000  = interp_u_frftsong( s1,a000/pi * 2,ind );   %  新算法对偏移量的计算
kes000( xunhuan )  =  - cot( a000 ) * fs * fs/N;   %%% a 插值后估计的结果
kespingjun( xunhuan ) = abs( kes000( xunhuan ) - k0 );
fes000( xunhuan )  =  ( ind - 257 + u000 ) * csc( a000 ) * fs/N;   % 修正 r 的判断方法
fespingjunsj( xunhuan )  =  abs( fes000( xunhuan ) - f0 );
                %%%    下面是幅度估计   %%%
A_alpha  = abs( sqrt( 1 - j * cot( a000 ) ) );
% A_es( xunhuan )  = yabs( index1 )/A_alpha/sqrt( N );
A_sj( xunhuan )  = abs( OnePoint_frftsong( s1,a000/pi * 2,ind + u000 ) )/A_alpha/sqrt( N );
                %%%    下面是初相的估计 %%%
ys1  = zeros( 1,N );
ys1( ind - 5:ind + 5 )  = Yfrft( ind - 5:ind + 5 );   % 采用遮峰处理,即 FRFT 域的滤波
ys2  = ( frft( ys1, - a000/pi * 2 ) ).';
sz  = 1 * exp( - j * ( 2 * pi * fes000( xunhuan ) * n * dt + pi * k0 * n.^2 * dt.^2 ) );   % 构造
% 一个信号去除 f0 和 k0
zz  = ys2. * sz;
thita_sj( xunhuan )  = mean( angle( zz ) );
end;       % carlo end monte carlo 循环结束
            %%%%  如下是估计结果 %%%%
```

```
kesmean(xinzao) = mean(kes000);
kessj_var(xinzao) = sqrt(sum((kes000(1,:) - k0).^2)/length(kes000));
kessj_mae(xinzao) = mean(kespingjun);
fessjmean(xinzao) = mean(fes000);
fessj_var(xinzao) = sqrt(sum((fes000(1,:) - f0).^2)/(length(fes000) - 1));
fessj_mae(xinzao) = mean(fespingjunsj);
A_sj_var(xinzao) = sqrt(sum((A_sj(1,:) - 1).^2)/(length(A_sj) - 1));
thita_sj_var(xinzao) = sqrt(sum((thita_sj(1,:) - 0.6).^2)/(length(thita_sj) - 1));
end;                % end of SNR 信噪比的循环


% 文件名:frft.m
% 文件功能:快速分数阶傅里叶变换函数
% input: f = samples of the signal
%        a = fractional power
% output: Faf = fast Fractional Fourier transform
% 参考文献:Ozaktas H M,Arikan O,Kutay M A,et al. Digital computation of the
% fractional Fourier transform[J]. IEEE Transactions on Signal Processing,1996,44(9):
% 2141 - 2150.
function Faf = frft(f, a)
error(nargchk(2, 2, nargin));
f = f(:);
N = length(f);
shft = rem( (0:N-1) + fix(N/2),N ) + 1;
sN = sqrt(N);
a = mod(a,4);
% do special cases    特殊情形
if (a==0), Faf = f; return; end;
if (a==2), Faf = flipud(f); return; end;
if (a==1), Faf(shft,1) = fft(f(shft))/sN; return; end
if (a==3), Faf(shft,1) = ifft(f(shft)) * sN; return; end
% reduce to interval 0.5 < a < 1.5    减至…区间
if (a>2.0), a = a-2; f = flipud(f); end
if (a>1.5), a = a-1; f(shft,1) = fft(f(shft))/sN; end
if (a<0.5), a = a+1; f(shft,1) = ifft(f(shft)) * sN; end
% the general case for 0.5 < a < 1.5    0.5 < a < 1.5 特殊情形
alpha = a * pi/2;
tana2 = tan(alpha/2);
sina = sin(alpha);
```

```
f = [zeros(N-1,1);interp(f);zeros(N-1,1)];
% chirp premultiplication      与调频信号相乘
chrp = exp(-i*pi/N*tana2/4*(-2*N+2:2*N-2)'.^2);
f = chrp.*f;
% chirp convolution      与调频信号卷积
c = pi/N/sina/4;
Faf = fconv(exp(i*c*(-(4*N-4):4*N-4)'.^2),f);
Faf = Faf(4*N-3:8*N-7)*sqrt(c/pi);
% chirp post multiplication?
Faf = chrp.*Faf;
% normalizing constant
Faf = exp(-i*(1-a)*pi/4)*Faf(N:2:end-N+1);


function xint = interp(x)
% sinc interpolation      用 sinc 函数内插
N = length(x);
y = zeros(2*N-1,1);
y(1:2:2*N-1) = x;
xint = fconv(y(1:2*N-1),sinc([-(2*N-3):(2*N-3)]'/2));
xint = xint(2*N-2:end-2*N+3);


function z = fconv(x,y)
% convolution by fft      利用 fft 实现卷积
N = length([x(:);y(:)])-1;
P = 2^nextpow2(N);
z = ifft(fft(x,P) .* fft(y,P));
z = z(1:N);
```

A.4   A-M 法正弦波频率估计 Matlab 代码

```
% 文件名:iter_freq_inter_Four_co. m
% 文件功能:采用傅里叶系数方法实现正弦波信号频率估计
% 参考文献:Aboutanios E,Mulgrew B. Iterative frequency estimation by interpolation on Fourier
% coefficients[J]. IEEE Transactions on Signal Processing, 2005,53(4):1237-1242.
% 利用与最大谱线对应的量化频率点相差半个量化频率的两根谱线进行插值,其性能接
% 近 CRLB
function [d1d,d2d,freq3] = iter_freq_inter_Four_co2014(y,dt)
    XY = fft(y);
```

```
N = length(y);
n = 0:N-1;
[value,index] = max(abs(XY));
% --------------------------------------------
dd = 0;
XP = y*exp(j*2*pi*(index-1+dd+0.5)*n/N)';
XM = y*exp(j*2*pi*(index-1+dd-0.5)*n/N)';
d1d = 0.5*real((XP+XM)/(XP-XM));
d2d = 0.5*(abs(XP)-abs(XM))/(abs(XP)+abs(XM));
% --------------------------------------------
freq1 = (index-1+d1d)/N/dt;
freq2 = (index-1+d2d)/N/dt;
% --------------------------------------------
dd = d1d;
XP = y*exp(j*2*pi*(index-1+dd+0.5)*n/N)';
XM = y*exp(j*2*pi*(index-1+dd-0.5)*n/N)';
d1d = dd+0.5*real((XP+XM)/(XP-XM));
% --------------------------------------------
dd = d2d;
XP = y*exp(j*2*pi*(index-1+dd+0.5)*n/N)';
XM = y*exp(j*2*pi*(index-1+dd-0.5)*n/N)';
d2d = dd+0.5*(abs(XP)-abs(XM))/(abs(XP)+abs(XM));
% --------------------------------------------
freq3 = (index-1+d1d)/N/dt
d1d
index
freq4 = (index-1+d2d)/N/dt;
return
```

A.5 Abatzoglou 迭代法正弦波频率估计 Matlab 代码

% 文件名:NewtonIterativeRISQRT. m

% 文件功能:采用 Abatzoglou 迭代实现正弦波信号频率估计

% 参考文献:Abatzoglou T. A fast maximum likelihood algorithm for frequency estimation of a

% sinusoid based on Newton's method[J]. IEEE Transactions on Acoustics,Speech and Signal

% Processing,1985,33(1):77 - 89.

% 利用与最大谱线对应的量化频率点相差半个量化频率的两根谱线进行插值,其性能接

% 近 CRLB

```
function f_e = NewtonIterativeRISQRT( signal, dt, FreqE, n)
    N = length( signal) ;
    cf = FreqE;
  k = linspace( 0, N - 1, N) ;
    phasSign1 = signal. * exp( - j * 2 * pi * dt * k * cf) ;
  phasSign21 = - j * 2 * pi * dt * sum( k. * phasSign1) ;
  phasSign22 = - 4 * pi * pi * dt * dt * sum( k. * k. * phasSign1) ;
  phasSign1 = sum( phasSign1) ;
  Re = real( phasSign1) ;
  Im = imag( phasSign1) ;
  Re1 = real( phasSign21) ;
  Im1 = imag( phasSign21) ;
  Re2 = real( phasSign22) ;
  Im2 = imag( phasSign22) ;
  h1f = ( Re * Re1 + Im * Im1)/( sqrt( Re * Re + Im * Im)) ;
  h2f = ( ( Re1 * Re1 + Re * Re2 + Im1 * Im1 + Im * Im2) * sqrt( Re * Re + Im * Im) - h1f * ( Re
* Re1 + Im * Im1))/( Re * Re + Im * Im) ;
  f1 = cf - real( h1f/h2f) ;%
  f_e = f1 ;%
  for i = 0 ; n
      phasSign1 = signal. * exp( - j * 2 * pi * dt * k * f1) ;
      phasSign21 = - j * 2 * pi * dt * sum( k. * phasSign1) ;
  phasSign22 = - 4 * pi * pi * dt * dt * sum( k. * k. * phasSign1) ;
  phasSign1 = sum( phasSign1) ;
  Re = real( phasSign1) ;
  Im = imag( phasSign1) ;
  Re1 = real( phasSign21) ;
  Im1 = imag( phasSign21) ;
  Re2 = real( phasSign22) ;
  Im2 = imag( phasSign22) ;
  h1f = ( Re * Re1 + Im * Im1)/( sqrt( Re * Re + Im * Im)) ;
  h2f = ( ( Re1 * Re1 + Re * Re2 + Im1 * Im1 + Im * Im2) * sqrt( Re * Re + Im * Im) - h1f * ( Re
* Re1 + Im * Im1))/( Re * Re + Im * Im) ;
      f1 = f1 - real( h1f/h2f) ;
  end
    f_e = f1 ;
    return, f_e
```

A.6　修正 RIFE 法正弦波频率估计 Matlab 代码

```
% 文件名:Modified_RIFE. m
% 文件功能:采用修正 RIFE 算法实现正弦波信号频率估计
% 参考文献:[1]邓振淼,刘渝. 正弦波频率估计的修正 Rife 算法[J]. 数据采集与处理,
% 2006,21(4):474-477.
% [2] Rife D C, Vincent G A. Use of the discrete Fourier transform in the measurement of
% frequencies and levels of tones[J]. Bell Syst. Tech. J, 1970,49(2):197-228.
function [ freq,pha,amp] = ThreeFFT( x0,dt)
m = length( x0) ;
  t = 0:m - 1 ;
g1 = exp( j * 2 * pi * t/(3 * m)) ;   % 构造信号,实现频移
x1 = x0. * g1 ;
g2 = exp( - j * 2 * pi * t/(3 * m)) ;
x2 = x0. * g2 ;
absfftx0 = abs( fft( x0)) ;absfftx0(1) = 0 ;absfftx0( m) = 0 ;
[ b1,n1] = max( absfftx0) ;
  b2 = absfftx0( n1 + 1) ;
b3 = absfftx0( n1 - 1) ;
if  b2 > = b3
     fx0 = ( n1 - 1 + 1 * b2/( b1 + b2))/( m * dt) ;
else
     fx0 = ( n1 - 1 - 1 * b3/( b1 + b3))/( m * dt) ;
end
  [ b1,n1] = max( absfftx1) ;
b2 = absfftx1( n1 + 1) ;
b3 = absfftx1( n1 - 1) ;
if  b2 > = b3
     fx1 = ( n1 - 1 + 1 * b2/( b1 + b2))/( m * dt) ;
else
     fx1 = ( n1 - 1 - 1 * b3/( b1 + b3))/( m * dt) ;
end
[ b1,n1] = max( absfftx2) ;
b2 = absfftx2( n1 + 1) ;
b3 = absfftx2( n1 - 1) ;
if  b2 > = b3
     fx2 = ( n1 - 1 + 1 * b2/( b1 + b2))/( m * dt) ;
```

```
        else
            fx2 = ( n1 - 1 - 1 * b3/( b1 + b3 ) )/( m * dt ) ;
        end
        divide = 1/( m * dt ) ;
    distx0 = abs( rem( fx0 ,divide) - 0. 5 * divide) ;
    distx1 = abs( rem( fx1 ,divide) - 0. 5 * divide) ;
    distx2 = abs( rem( fx2 ,divide) - 0. 5 * divide) ;
    temp = [ distx0 ,distx1 ,distx2 ] ;
    [ val ,pos ] = min( temp) ;
    if pos = = 1
        freq = fx0 ;
    elseif pos = = 2
        freq = fx1 - 1/( 3 * m * dt) ;
    else
        freq = fx2 + 1/( 3 * m * dt) ;
    end
     ti = dt * ( 0 :m - 1 ) ;
    weight = exp( - j * 2 * pi * freq * ti ) ;
    fsignal = x0 * weight. ' ;
    pha = angle( fsignal) ;
    amp = sqrt( absfftx0( n1 ). ^2 + absfftx0( n1 - 1 ). ^2 + absfftx0( n1 + 1 ). ^2)/m ;
    return ;
```

内 容 简 介

本书系统地阐述了低截获概率(LPI)雷达侦察信号情报分析中信号调制方式识别、参数估计及其处理结果可信性评估的有关概念、原理和方法。本书共8章,内容可分为三大部分:第一部分(第1章、第2章)为LPI雷达侦察信号处理基础,主要介绍了LPI雷达技术的基本概念、发展历程、关键技术的研究现状、信号模型及特征等内容;第二部分(第3章、第4章)为LPI雷达侦察信号分析与处理算法,主要介绍了LPI雷达侦察信号调制方式识别及参数估计算法,重点讨论了复合调制信号的识别与参数估计问题;第三部分(第5章至第8章)为LPI雷达侦察信号分析结果的可信性评估,重点讨论了单一调制信号及复合调制信号盲分析结果的可信性评估算法,分别以正弦波、LFM信号、BPSK信号及LFM/BPSK复合调制信号为例,介绍了常用LPI雷达侦察信号分析结果可信性评估的模型及算法。本书是LPI雷达侦察信号分析与处理方面的专著,反映了作者近年来在这一领域的主要研究成果。

本书内容新颖,理论联系实际,可读性强,适合高等院校及科研院所统计信号处理、智能信息处理及信息安全与对抗等相关专业的高年级本科生、研究生阅读,也可作为相关领域的教师、科研人员及工程技术人员的参考用书。

This book systematically expounds the concepts, principles and methods of signal modulation mode recognition, parameter estimation and credibility evaluation for signal processing results of electronic intelligence information analysis of low probability of intercept (LPI) radar reconnaissance signals. The book has a total of eight chapters, and it can be divided into three parts: Part 1(Chapter 1, Chapter 2) deals with the bases of LPI radar reconnaissance signal processing, which mainly introduces the basic concept and development process of LPI radar technology, the research situation of key technologies, and signal models and characteristics; Part 2(Chapter 3, Chapter 4) deals with analyzing and processing algorithms of LPI radar reconnaissance signal, which mainly introduces the modulation type recognition algorithms and parameter estimation algorithms for common LPI radar reconnaissance signals, especially for hybrid modulation signals; Part 3 (Chapter 5 to Chapter 8) focus on the credibility evaluation for LPI radar reconnaissance signal analyzing results, which analyzes the credibility evaluation algorithm for blind-analyzing results of single modulation signals and hybrid modulation signals, and introduces the credibility evaluation models and algorithms for analyzing results of common LPI radar reconnaissance signals based on examples such as sinusoidal frequency estimation, linear frequency modulation (LFM) signal blind-processing, binary phase shift keying (BPSK) signal blind-processing, and LFM/BPSK hybrid signal blind-processing. This book is a monograph on LPI radar reconnaissance signal analyzing and processing, reflecting the main research achievements of the authors in this field in recent years.

This book has novel and readable contents and combines theory with practice. It applies to high grade undergraduates and postgraduates majoring in statistical signal processing, intelligent information processing, and information security and countermeasure in colleges, universities, and scientific research institutes. It can also be used as a reference by teachers, scientific research personnel, and engineering and technical personnel in related fields.